Faszination Pflanzen

Ulrich Lüttge

Faszination Pflanzen

 Springer

Ulrich Lüttge
FB Biologie
TU Darmstadt
Darmstadt, Deutschland

ISBN 978-3-662-52982-9   ISBN 978-3-662-52983-6 (eBook)
DOI 10.1007/978-3-662-52983-6

Die Deutsche Nationalbibliothek verzeichnet diese Publikation in der Deutschen Nationalbibliografie; detaillierte bibliografische Daten sind im Internet über http://dnb.d-nb.de abrufbar.

Springer

Gedruckt auf säurefreiem und chlorfrei gebleichtem Papier

Planung: Stefanie Wolf
Redaktion: Martina Wiese

Springer ist Teil von Springer Nature
Die eingetragene Gesellschaft ist Springer-Verlag GmbH Deutschland
Die eingetragene Gesellschaft ist: Heidelberger Platz 3, 14197 Berlin, Germany

Vorwort

Die Liebe zu Pflanzen und die Freude am Gärtnern sind in unserer Bevölkerung weit verbreitet. Viele Menschen wollen dabei nicht stehen bleiben, sondern wollen auch wissenschaftliche Grundlagen des Pflanzenlebens begreifen und suchen danach, die Probleme der von Pflanzen belebten grünen Umwelt besser zu verstehen. Pflanzen vollbringen unermessliche Dienstleistungen für unser Leben auf dieser Erde. Durch die Fotosynthese liefern sie die Grundlage für die Ernährung allen Lebens. Sie gestalten unsere Umwelt und Lebensräume. Um dies zu zeigen, befasst sich dieses Buch besonders mit den Höheren Pflanzen und ihrer Eroberung des Festlandes. Es wird geschildert, wie es in der Evolution dazu gekommen ist, denn das Leben ist ursprünglich im Wasser entstanden. Die Darstellung der Biologie der Pflanzen widmet sich den Strukturen und Funktionen, mit denen die Pflanzen die Herausforderungen des Lebens auf dem trockenen Land meistern. Pflanzen sind festgewachsen in der Erde. Sie können nicht herumrennen und bewältigen den Stress der Umweltfaktoren durch hohe Plastizität ihrer Reaktionen an dem Ort, wo sie verwurzelt sind.

Der Mensch nutzt die Leistungen und Dienste der Pflanzen auf die verschiedenste Weise, zur Reparatur zerstörter Landschaft, in technischen Anwendungen durch Bionik und Biotechnologie. Von existenzieller Bedeutung für die Menschheit ist aber die Leistung der Pflanzen für die Welternährung. Dies ist ein Kapitel voll tiefster Sorgen, denn es ist ungewiss, ob und wie lange die Pflanzen bei steigender Weltbevölkerung und globaler Umweltbelastung dies noch leisten und das Überleben der Menschheit sichern können.

Pflanzen sind besondere Lebewesen. Bei allen großen Unterschieden sind sie ganzheitlich integrierte individuelle Lebewesen wie wir. So ist es eines der Vermächtnisse der Biologie der Pflanzen, dass wir etwas über das Leben lernen. Ein anderes Vermächtnis ist Ästhetik. Pflanzen spielen in Schöpfungen der Menschen, in Kunst und Architektur, in Poesie und Literatur, eine herausragende Rolle. Wir sehen Schönheit in Pflanzen, Gärten, Parks und begrünten Landschaften. Warum das so ist, entzieht sich methodisch einer stringenten naturwissenschaftlichen Erforschung. Ästhetik und Schönheit bleiben transzendente Kategorien. So schließt dieses Buch mit einem Dualismus. Eine Rose ist beides: Ein komplexes integriertes Objekt botanischer naturwissenschaftlicher Forschung und eine Blume von überwältigender Schönheit. Ich würde mich sehr freuen, wenn meine Leser mir bis dahin folgen könnten.

Nachdem ich jahrzehntelang an wissenschaftlichen Büchern der Botanik für die Universität gearbeitet habe, möchte ich hier nun fern von allen kanonischen Anforderungen der Systematik von Lehrbüchern in diesem Lese- und Sachbuch Liebhaber und interessierte Laien ansprechen. Ich möchte ihnen das Vermächtnis nahebringen, das die Beschäftigung mit der Biologie der Pflanzen uns schenken kann. Dazu brauchen wir als Grundlage auch die Vermittlung von Sachwissen. Ich hoffe aber, dass eine Leserschaft, die entweder die gymnasiale Oberstufe einer Schule absolviert oder sich auf irgendeinem Gebiet in Handwerk und Beruf höher qualifiziert hat, dem Stil der Darstellung gut folgen kann.

Hier gilt mein ganz besonderer Dank Frau Dipl.-Pol. Karin Walz, die das Buch aus der Warte der Adressaten, der Liebhaber und interessierten Laien, gelesen und viele überaus wertvolle Hinweise gemacht hat. Herrn Professor Dr. Rainer Matyssek danke ich für eine Fülle von Anregungen nach seiner sorgfältigen Lektüre des ganzen Buches und für seine Ermutigung, dass neben den Liebhabern der Pflanzen auch biologische Wissenschaftler aus den besonderen Sichtweisen meines Textes Gewinn ziehen könnten. Freunden und Kollegen, die bei den einzelnen Abbildungen genannt sind, danke ich für die hilfsbereite Unterstützung beim Finden geeigneter Abbildungen. Dem Springer-Verlag und ganz besonders Frau Dr. Meike Barth und Frau Stefanie Wolf danke ich herzlich für die entgegenkommende Betreuung der Veröffentlichung dieses Buches und Frau Martina Wiese für das einfühlsame Copy-Editing.

Darmstadt   Ulrich Lüttge
Juli 2016

Inhaltsverzeichnis

Teil I

Die Pflanzen kleiden die Erde in Grün

1

Pflanzen sind besondere Lebewesen

Mammoth Hot Springs im Yellowstone Park, wo im anaeroben kochenden Schlamm
Mikroorganismen leben

1.1 Die erste Energiekrise des Lebens und die Lösung durch die Fotovoltaik grüner Zellen

Pflanzen sind grün. Ganz am Anfang der Evolution des Lebens waren die
allerersten lebenden Organismen aber noch nicht grün. Das Leben ist im

© Springer-Verlag GmbH Deutschland 2017
U. Lüttge, *Faszination Pflanzen*, DOI 10.1007/978-3-662-52983-6_1

Wasser entstanden. Es war abhängig von vorhandenen Ressourcen. Das waren einfache organische Moleküle als Energiequellen und Baumaterial.

Es gibt heute in der Tiefsee heiße vulkanische Quellen, sogenannte Hydrothermalquellen. Dort leben Mikroorganismen in einigen tausend Metern Tiefe und halten den hohen Druck und die siedend heißen Temperaturen aus, ja sind auf sie angewiesen. In 2000 m Tiefe leben Bakterien bei einem Druck von 200 bar. Sie haben ein Wachstums-Temperaturoptimum von 116 °C. Die Obergrenze der von ihnen ertragenen Temperatur ist 122 °C. Dort ist auch die Konzentration von Wasserstoff (H_2) sehr hoch (10 mM). Unter den herrschenden Bedingungen von Druck und Temperatur können diese Lebewesen unter Energiegewinn den Kohlenstoff (C) von Kohlendioxid (CO_2) mit Wasserstoff zu Methan (CH_4) reduzieren, wobei noch Wasser (H_2O) gebildet wird:

$$4H_2 + CO_2 \rightarrow CH_4 + 2H_2O.$$

An solchen Stellen am Boden der Ozeane könnte auch das Leben entstanden sein. Dort hatten die Organismen durch die vulkanische Aktivität eine schier unerschöpfliche Energiequelle zu Verfügung.

Das ist aber nicht überall so. Die Hydrothermalquellen sind nur an ganz bestimmten Stellen im Ozean lokalisiert. Berühmt geworden ist *Lost City* mit Strukturen, die wie eine verlorene Stadt aussehen, mitten im Atlantischen Ozean auf halbem Wege zwischen Gibraltar und Florida. Anderswo waren die vorhandenen organischen Moleküle als Energiequelle und „Nahrung" früher oder später aufgebraucht. Es kam zur ersten Ernährungs- und vor allem Energiekrise des Lebens. Der Ausweg war die Fotosynthese. Bei der Fotosynthese absorbieren die durch ihr Chlorophyll grünen Organismen Licht. Sie setzen die Lichtenergie in elektrische Energie um, wie wir es in Kap. 2 näher sehen werden. Somit haben schon die ersten grünen Zellen Fotovoltaik betrieben. Da die Sonnenergie unbegrenzt war, erwies sich dies als entscheidender Vorteil für die weitere Evolution. Die gewonnene elektrische Energie half ihnen, das Kohlendioxid zu Kohlenhydraten zu reduzieren und daraus alles andere zu bilden, was das Leben braucht.

1.2   Ständiger Durchfluss von Energie und Material durch die lebenden Systeme

Damit wurde schon deutlich, dass alle Lebewesen fortwährend Energie und Material umsetzen: **Alle Lebewesen sind offene Systeme, durch die ein ständiger Fluss von Materie und Energie stattfindet**. Diesen Satz können wir schnell verstehen, wenn wir an uns selber denken. Mit unserer Nahrung nehmen wir ständig Material auf. Wir setzen es in unserem Energiestoffwechsel (Katabolismus) und unserem Baustoffwechsel (Anabolismus) um und scheiden Abfallprodukte aus. Wir bleiben dabei in unserem energetischen Gleichgewicht. Aber das ist ständig im Fluss. Es ist also ein dynamisches Gleichgewicht oder Fließgleichgewicht. Dies sind Inhalte der Thermodynamik.

Diese theoretischen Aussagen der Thermodynamik sind in Abb. 1.1 illustriert. Ein Tröpfchen ist von einer doppelten Lipidmembran umgeben: **Abgrenzung.** Im Inneren ist ein Katalysatormolekül (K) eingeschlossen, das die Reaktion der roten Moleküle (A) in die blauen Moleküle (B) vermittelt: **Stoffwechsel.** Die Konzentration der roten Moleküle ist außen höher als innen, sodass die treibende Kraft für die Diffusion von außen nach innen größer ist als von innen nach außen. Dadurch ist der Diffusionsfluss (J) der roten Moleküle (A) von außen nach innen $J^A_{a \to i}$ größer als von innen nach außen $J^A_{i \to a}$. Durch den Stoffwechsel ist die Konzentration der blauen Moleküle (B) innen größer als außen und entsprechend ist $J^B_{i \to a}$ größer als $J^B_{a \to i}$. In der Bilanz findet ein ständiger Fluss von roten Molekülen nach innen und von blauen Molekülen nach außen statt, ein ständiger Fluss von Molekülen durch das System.

Was können wir daraus lernen? Wir sehen, dass alle Lebewesen grundlegend drei Einrichtungen brauchen:

1. als System eine Abgrenzung nach außen, die aber für den Fluss von Materie und Energie kontrolliert durchgängig sein muss,
2. den Stoffwechsel,

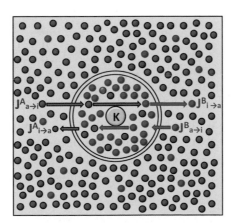

Abb. 1.1 Modell eines offenen Systems im dynamischen Fließgleichgewicht: ein Tröpfchen mit einer doppelten Lipidmembran (schwarze Kreise), das ein ganz früher Vorläufer einer lebenden Zelle, ein sogenannter Progenot, gewesen sein könnte

3. die Information, wie Energie- und Baustoffwechsel ablaufen müssen, um im dynamischen Gleichgewicht zu bleiben.

Wir können also keine einfache Definition des Lebens formulieren, sondern müssen immer eine ganze Reihe von Eigenschaften aufführen, um es zu beschreiben.

Das gilt auch, wenn wir uns mit dem Leben der Pflanzen und seinen allerersten Anfängen in der Evolution beschäftigen. Wie wurden die drei grundlegenden Einrichtungen realisiert? Wie das Leben überhaupt entstanden ist, wissen wir ebenso wenig genau, wie wir die Entstehung des Universums kennen. Für das Auftreten des Lebens auf der Erde gab es aber sicher keinen Sprung wie die Einzigartigkeit oder Singularität des Urknalls am Ursprung des Universums.

1.3   Pflanzen sind Selbstversorger und versorgen alles andere Leben mit

Wir kennen die grünen Pflanzen heute als die primären Produzenten fast aller energiereicher organischer Substanz aus einfachen anorganischen Molekülen, dem Kohlendioxid (CO_2) und dem Wasser (H_2O), durch den Prozess Fotosynthese. Damit erzeugen die Pflanzen primär fast die gesamte Biomasse, das heißt die von Organismen gebildete Substanz, auf der Erde. Es ist wichtig zu sagen „fast". Es gibt nämlich Bakterien, die aus der Umsetzung reduzierter anorganischer Verbindungen Energie für Biomassesynthese gewinnen und damit auch Primärproduzenten sind (Abb. 1.2). Wir sprechen dabei von Chemosynthese im Gegensatz zur Fotosynthese. Im ersteren Fall steckt die Energie in den reduzierten anorganischen Verbindungen, im letzteren Fall kommt sie aus dem Licht. Organismen, die alles, was sie brauchen, aus einfachen anorganischen Vorstufen decken können, nennen wir autotroph, fotoautotroph (Fotosynthese) oder chemoautotroph (Chemosynthese). Die Mikroorganismen der Hydrothermalquellen, die die anorganischen Moleküle H_2 und CO_2 zur Energiegewinnung nutzen, gehören zu den chemoautotrophen Lebewesen. Auch im anaeroben kochenden Schlamm heißer Thermalquellen an der Erdoberfläche leben viele Arten von Mikroorganismen.

Quantitativ tritt die Chemosynthese global gesehen hinter der Fotosynthese ganz weit zurück. Sie könnte aber am Anfang der Evolution des Lebens gestanden haben, z. B. in den Hydrothermalquellen. Dort könnten die drei grundlegenden Einrichtungen der Punkte 1–3 von oben schon verwirklicht gewesen sein. Mineralische Strukturen des Untergrundes hätten schon

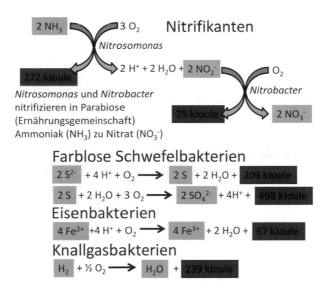

Abb. 1.2 Chemosynthese. Bakterien oxidieren einfache anorganische Verbindungen, wie Ammoniak (NH_3) über Nitrit (NO_2^-) zu Nitrat (NO_3^-), Sulfid (S^{2-}) über elementaren Schwefel (S) zu Sulfat (SO_4^{2-}), zweiwertiges Eisen (Fe^{2+} zu dreiwertigem Eisen Fe^{3+}), Wasserstoff (H_2) zu Wasser (H_2O) (grüne Kästchen), und gewinnen dabei Energie, wie in kJoule angegeben (rote Kästchen)

Eisen-Schwefel-Cluster (Fe-S-Cluster) gebildet haben können, wie wir sie später auch bei vielen Proteinen kennen (Abb. 1.3). Dazwischen wären kleine porenartige Räume frei gewesen: **Abgrenzung** in diesen Räumen oder Kompartimenten.

Fe-S-Cluster sind ausgezeichnete Katalysatoren. Wir finden sie noch heute als Bestandteile in vielen Biokatalysatoren des Stoffwechsels, den Enzymen, die der großen Stoffklasse der Eiweiße oder Proteine angehören. In den anorganischen Fe-S-Poren hätten die Fe-S-Cluster die Reduktion von CO_2 durch Wasserstoff (H_2) zu einfachen organischen Molekülen vermitteln können: **Stoffwechsel**. Daraus wären dann allmählich größere Moleküle wie Poly-Nukleinsäuren entstanden, zuerst Ribonukleinsäure (RNA), dann Desoxyribonukleinsäure (DNA), die in ihren chemischen Strukturen **Information** speichern und durch die Herstellung von Kopien weitergeben konnten. Sie sind heute die Basis der genetischen Regulation in allen Organismen.

So waren die allerersten Vorstufen der Lebewesen zwar abgegrenzt und emanzipiert von der Umgebung, aber vielleicht gar nicht frei, sondern im anorganischen Untergrund gebunden. Zum Freiwerden mussten noch fettähnliche Lipide entstehen, die Lipidmembranen bilden und die ersten freien Zellen zum Herumschwimmen wie die Fetttröpfchen in der Suppe mit einer

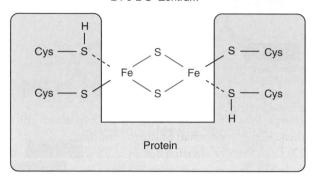

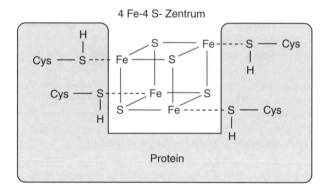

Abb. 1.3   Eisen-Schwefel (Fe-S) Zentren an Proteinen. Die Fe-S-Cluster sind über Schwefelbrücken von SH-haltigen Aminosäuren (hier Cystein, Cys) an die Proteine gebunden. (Nach Heldt, Piechulla 2008)

wasserundurchlässigen Membran umgeben konnten. Freigesetzt wurden solche Systeme durch die Verwitterung des umgebenden mineralischen Substrates.

William Martin, der Erforscher der molekularen Evolution an der Universität Düsseldorf, definiert das Leben folgendermaßen: „Leben ist ein System aus sich selbst bildenden Mikrokompartimenten, die imstande sind, nutzbare Energie in Kohlenstoffchemie umzusetzen, so dass mehr ihres gleichen entsteht." Wir können festhalten: Autotrophe Organismen sind Primärproduzenten, die alles, was sie brauchen aus ganz einfachen anorganischen Verbindungen aufbauen können (Autotrophie). Dies muss mit Energie-Input erzwungen werden, der aus chemischen Umsetzungen (Chemoautotrophie) oder aus dem Licht (Foto-autotrophie) kommen kann. Daraus gewinnen wir eine ernährungsphysiolo-gische Definition: Pflanzen sind fotoautotrophe Lebewesen. Wir könnten hier den Umkehrschluss wagen und sagen, dass alle fotoautotrophen Organismen Pflanzen seien. Damit würden wir Botaniker uns aber mit den Mikrobiologen anlegen und müssen erst einmal sehen, wie die einfachsten grünen Zellen aussehen.

Literatur

Martin W (2012) Das Leben als kompartimentierte chemische Reaktion. In: Hacker J, Hecker M (Hrsg) Was ist Leben? Nova Acta Leopoldina, Bd 116, Nr 394. Wissenschaftliche Verlagsgesellschaft Stuttgart, Stuttgart, S 69–95

Stetter KO (2012) Leben an der obersten Temperaturgrenze. In: Hacker J, Hecker M (Hrsg) Was ist Leben? Nova Acta Leopoldina, Bd 116, Nr 394. Wissenschaftliche Verlagsgesellschaft Stuttgart, Stuttgart, S 219–240

2

Startpunkt für die Eroberung des Planeten Erde durch das Leben: Fotosynthese der einfachsten grünen Zellen

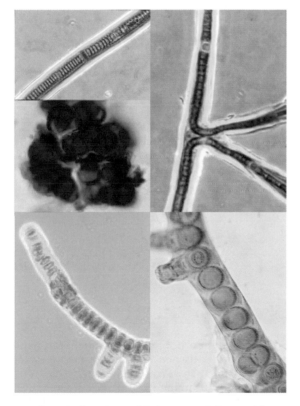

Cyanobakterien aus dem Aufwuchs auf Felsen am Orinoco, Venezuela. Oben links und rechts *Scytonema*, unten links und rechts *Stigonema*; Fäden hintereinanderliegender Zellen. Mitte links *Gloeocapsa*, Zellkolonie (Originalaufnahmen B. Büdel).

© Springer-Verlag GmbH Deutschland 2017
U. Lüttge, *Faszination Pflanzen*, DOI 10.1007/978-3-662-52983-6_2

2.1   Der Anfang: Prokaryotische grüne Zellen und Chloroplasten

Die Hardware von einem komplexen Mechanismus zu studieren ist immer schwierig. Wer versteht schon die Hardware unserer technischen Fotovoltaik? Aber wir wissen, dass sie funktioniert, wenn wir sie auf unserem Dach haben. Wir wissen auch, dass die Hardware der Fotovoltaik der Pflanzen im Prozess der Fotosynthese funktioniert. Sie dient der Speicherung von Zucker in der Zuckerrübe und von Stärke in den Kartoffeln, und das macht uns satt. Aber wir wollen es in diesem Buch nicht dabei belassen. Wir wollen in diesem Kapitel etwas in die Hardware der Fotosynthese einsteigen. Wir sollten versuchen zu verstehen, wie sie funktioniert.

Die fotoautotrophen Organismen haben ihre grüne Farbe alle vom Chlorophyll. Die Chlorophyllmoleküle sind an Proteine gebunden und in Lipidmembranen eingebaut. Diese Membranen nennen wir Thylakoide (Abb. 2.1). Bei

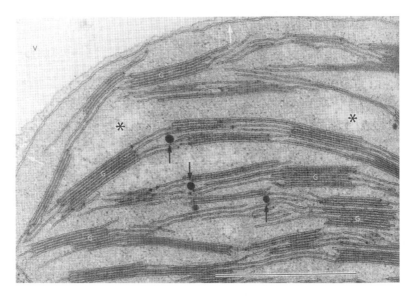

Abb. 2.1 Der von einer eigenen doppelten Hüllmembran (weiße Pfeile) umgebene Chloroplast einer eukaryotischen Zelle mit seinem Plasma, dem sogenannten Stroma (Sternchen), und Thylakoidmembranen, die einzeln das Stroma durchziehen oder zu Stapeln zusammentreten, die wir Grana (G) nennen, weil sie im Lichtmikroskop als Körnchen erscheinen. Schwarze Pfeile: Fetttröpfchen, Plastoglobuli. Maßstab 1 μm. (Elektronenmikroskopische Aufnahme von H. Falk, aus Kadereit et al. 2014)

den fotoautotrophen Bakterien bauen sich die Thylakoide aus Einstülpungen der Plasmamembran auf, die die Zellen umhüllt. Dazu gehören die fotoautotrophen Vertreter verschiedener Familien der Bakterien und die blaugrünen Cyanobakterien (früher auch Blaualgen genannt). Die Bakterien haben noch keinen Zellkern. Deshalb nennen wir sie Prokaryonten. Wohl aber besitzen sie ein großes ringförmiges DNA-Molekül. Ihre Zellen sind auch sonst noch nicht in membranumgebene Abteile (Kompartimente) gegliedert. Die Atmung läuft noch nicht in Mitochondrien, die Fotosynthese noch nicht in Chloroplasten ab.

Organismen, deren Gene in Chromosomen organisiert und in einem Zellkern eingeschlossen sind, nennen wir Eukaryonten. Sie haben in ihren Zellen membranumgebene Mitochondrien und Chloroplasten mit eigener Membranhülle und den Thylakoiden im Inneren (Abb. 2.1). Man stellt sich vor, dass die Chloroplasten von Cyanobakterien abstammen, die in der Frühzeit der Evolution von nichtgrünen prokaryotischen Zellen geschluckt wurden und dann als nützliche Endosymbionten für die Fotosynthese erhalten blieben. Das ist die Endosymbiontentheorie der Entstehung eukaryotischer Zellen (Kap. 14). Die Eukaryonten besitzen die Zellkompartimente oder Organellen der Chloroplasten für die Fotosynthese und nach der endosymbiotischen Aufnahme nichtgrüner Prokaryonten die Organellen der Mitochondrien für die Atmung.

2.2   Der Trick der Biofotovoltaik: Elektronen für die Biomasseproduktion im Licht

Nach diesem Exkurs zur Betrachtung der Organisation einfacher prokaryotischer grüner Zellen und der Chloroplasten ist die Frage nun, wie es die Chlorophyllmoleküle in den komplizierten Strukturen der Thylakoide aus Lipiden und Proteinen anstellen, die Energie des Lichtes für den Stoffwechsel zu gewinnen. Dabei hilft es, sich noch einmal an die Fe-S-Cluster aus Kap. 1 zu erinnern (Abb. 1.3). Diese Strukturen sind ausgezeichnete Leiter von Elektronen (e⁻), weil Eisenionen einen reversiblen Wertigkeitswechsel von Fe^{2+} zu Fe^{3+} durchmachen und dadurch Elektronen übertragen können:

Dabei wird das Fe^{3+}-Ion zum Fe^{2+}-Ion reduziert und das Fe^{2+}-Ion zum Fe^{3+}-Ion oxidiert. Eine Oxidation ist eine Reaktion mit Sauerstoff, ein Entzug von Wasserstoff oder ein Entzug von Elektronen. Umgekehrt ist eine Reduktion eine Reaktion mit Wasserstoff, ein Entzug von Sauerstoff oder eine Zufuhr von Elektronen. Was oben mit den Eisenionen dargestellt wurde, ist somit eine Redoxreaktion. Damit konnten die ursprünglichen Fe-S-Cluster CO_2 zu Biomasse reduzieren, wobei Wasserstoff die Elektronen lieferte:

$$[2\,H] \rightarrow 2\,H^+ + 2\,e^-.$$

Die organischen Substanzen der Biomasse sind reduzierte Verbindungen. Wir erkennen das auch, wenn wir wieder an unsere eigene Nahrung denken, die wir mit unserer Atmung oxidieren müssen, um die enthaltene Energie für verschiedene Lebensprozesse nutzbar zu machen.

Wie gewinnen nun die fotoautotrophen Organismen mit ihrem Chlorophyll die Energie des Lichtes, um CO_2 zu Biomasse zu reduzieren? Bei der Beantwortung dieser Frage soll uns die Grafik der Abb. 2.2 helfen. Die Quantenphysik lehrt uns, dass das Licht eine Doppelnatur von Welle und Partikel hat. Die Partikel, die Lichtquanten oder Photonen, sind kleine Energiepakete. Die komplexe Elektronenverteilung im Chlorophyll erlaubt es diesem Molekül infolge von Treffern durch einschlagende Photonen Lichtquanten zu absorbieren, wobei Elektronen im Chlorophyll auf ein hohes Energieniveau gehoben werden. Von dort aus gibt es verschiedene Möglichkeiten der Elektronenübertragung, die in Abb. 2.2 gezeigt werden. Besonders wichtig ist der gelb hervorgehobene Weg. Die Elektronen können vom angeregten Zustand auf einen Empfänger übertragen werden. Dieser Empfänger wird dadurch reduziert. Das Chlorophyll erhält die Elektronen von einem Donator zurück. Dieser Donator wird dadurch oxidiert. So kann das Chlorophyll unter der Energiezufuhr durch die absorbierten Lichtquanten die Redoxreaktion zwischen Donator und Empfänger antreiben. Hier haben wir die biophysikalische Reaktion vor uns, die durch Absorption der Quanten des Sonnenlichtes in einzigartiger und entscheidender Weise den Energiebedarf allen Lebens auf der Erde deckt. Man spricht vom „Ernten der Sonne". Es ist viel wirksamer, das heißt, es hat einen viel besseren Wirkungsgrad, als die technische Fotovoltaik auf unseren Dächern.

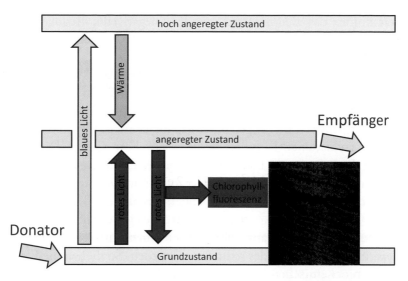

Abb. 2.2   Anregung und Energieübertragung in Chlorophyllmolekülen. Die Photonen des sehr energiereichen blauen Lichtes heben bei ihrer Absorption durch das Chlorophyll Elektronen bis auf den hoch angeregten Zustand an. Ein Teil der darin enthaltenen Energie wird wieder als Wärme abgegeben, und der angeregte Zustand wird erreicht. Dieser Zustand wird auch durch Absorption der Quanten des energieärmeren roten Lichtes erreicht. Von dort aus können die angeregten Elektronen auf einen Empfänger übertragen werden. Dann fehlen sie im Chlorophyllmolekül und müssen von einem Donator nachgeliefert werden. Der angeregte Zustand kann aber auch durch Abgabe von Licht relaxieren, sodass die Elektronen in den Grundzustand zurückkehren. Dieses Licht ist wiederum rot. Wir nennen diesen Vorgang Chlorophyllfluoreszenz, die wir unter geeigneten Bedingungen sehen und messen können, wie bei dem eingeschobenen Bild in den spiralförmigen Chloroplasten der Grünalge *Spirogyra*

2.3   Die Erfolgsgeschichte des Lebens auf der Erde: Chlorophyll und Fotosynthese

Das Chlorophyll ist in der komplexen molekularen Struktur der Thylakoidmembranen ein Glied in einer ganzen Kette von hintereinandergeschalteten Redoxsystemen. Wir können sie biophysikalisch durch das Redoxpotenzial beschreiben. Diese Größe besagt quantitativ, wie groß die Bereitschaft ist Elektronen abzugeben, d. h. wie groß der jeweilige „Elektronendruck" ist. Je höher er ist, desto negativer ist das Redoxpotenzial. Negativ ist es wegen der negativen elektrischen Ladung der Elektronen. In den Kaskaden der Redoxketten reduziert immer das Redoxsystem mit dem negativeren Redoxpotenzial als Elektronendonator ein folgendes Redoxsystem als Empfänger mit weniger negativem Redoxpotenzial.

Die Grafik der Abb. 2.3 fasst die entscheidenden Aspekte zusammen, wie das bei der Fotosynthese abläuft. Das Chlorophyll ist in den Thylakoiden zusammen mit einer Anzahl verschiedener Proteinmoleküle in komplexen Strukturen organisiert, den sogenannten Fotosystemen. Die fotoautotrophen Bakterien verschiedener Familien besitzen ein Fotosystem. Die nach den Treffern der Photonen von Elektronen absorbierte Energie erlaubt es diesen, über die Redoxketten verschiedener Empfänger und Donatoren übertragen zu werden. In diesen Ketten von hintereinandergeschalteten Redoxsystemen wird immer ein Glied das Redoxpotenzial abwärts gelegene Glied reduzieren und dabei oxidiert werden, um dann selber wieder vom negativeren Redoxpotenzial des aufwärts gelegenen Gliedes reduziert zu werden. So fließen die Elektronen entlang der biochemischen Kette, die wie ein Stromleiter funktioniert.

Am Ende werden die Elektronen vom Nicotinamid-Adenin-Dinukleotid (NAD^+) aufgefangen, das dadurch zum $NADH + H^+$ reduziert wird (Abb. 2.4).

Elektronendonatoren für das durch die Elektronenabgabe oxidierte Fotosystem sind entweder Schwefelwasserstoff (H_2S) oder reduzierte organische Moleküle (H_2A). Der dabei aus dem Schwefelwasserstoff freigesetzte elementare Schwefel (Abb. 2.3a) ist im Lichtmikroskop in Form lichtbrechender Schwefeltröpfchen zu sehen. Andere Bakterien, wie die Chloroxybakterien und die Cyanobakterien und alle eukaryotischen fotoautotrophen Organismen, d. h. die Algen und Landpflanzen, haben zwei hintereinandergeschaltete Fotosysteme (PS I und PS II; Abb. 2.3b). Dies erlaubt es ihnen durch zweimalige Photonenabsorption einen sehr großen Bereich von Redoxpotenzialen zu überbrücken. Dabei werden die Elektronen vom angeregten, entwicklungsgeschichtlich jüngeren Fotosystem II über eine Redoxkette zum Fotosystem I übertragen und von dort zum Nicotinamid-Adenin-Dinukleotid-Phosphat ($NADP^+$).

Das angeregte Fotosystem II ist in der Lage, das Wasser zu spalten und ihm die Elektronen zu entreißen. Das ist ein bedeutender Schritt für den Erfolg der Fotosynthese bei der globalen Biomasseproduktion. Das Wasser hat nämlich gar keine besondere Bereitschaft Elektronen abzugeben, weil es mit einem sogar positiven Redoxpotenzial keinen besonderen Elektronendruck ausübt. Die Organismen mit zwei Fotosystemen sind nun von anderen eher knappen oder nur lokal verfügbaren Elektronendonatoren (H_2S, H_2A) unabhängig geworden und nutzen das überall reichlich vorhandene Wasser. Dabei wird auch der in unserer Atmosphäre so wichtige Sauerstoff (O_2) aus dem Wasser freigesetzt.

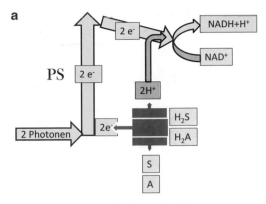

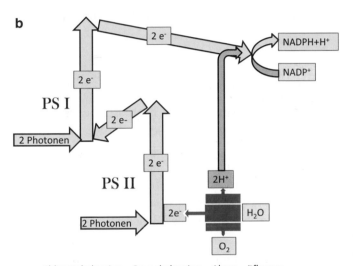

Abb. 2.3 Anregung und Übertragung der Elektronen in den Fotosystemen (PS) der fotoautotrophen Organismen. Die Elektronen werden durch Absorption der Photonen des Lichtes auf ein höheres Energieniveau angehoben (nach oben zeigende gelbe Pfeile, siehe auch Abb. 2.2). Von dort werden sie auf das positiv geladene Cofaktor-System übertragen, wobei sie sich mit Protonen vereinigen. Das Nicotinamid-Adenin-Dinukleotid wird dabei reduziert. (**a**) Grüne Bakterienarten verschiedener Familien besitzen ein Fotosystem (PS). Das Fotosystem holt sich die auf den Empfänger Nicotinamid-Adenin-Dinukleotid (NAD^+) übertragenen Elektronen aus Wasserstoffdonatoren wie dem Schwefelwasserstoff (H_2S) oder aus einfachen organischen Verbindungen (H_2A) zurück, wobei der Wasserstoff in Protonen und Elektronen zerlegt wird und elementarer Schwefel bzw. die oxidierte organische Verbindung gebildet werden. (**b**) Die Chloroxybakterien, Cyanobakterien, Algen und Pflanzen besitzen zwei Fotosysteme (PS II und PS I), die hintereinandergeschaltet sind und einen besonders großen Energiehub beim Elektronentransport durch die zweimalige Absorption von Photonen erlauben, sodass sie Wasser (H_2O) als Elektronendonator verwenden und das Wasser zu Sauerstoff oxidieren können. Der Empfänger ist hier das phosphorylierte Nicotinamid-Adenin-Dinukleotid ($NADP^+$, Nicotinamid-Adenin-Dinukleotid-Phosphat)

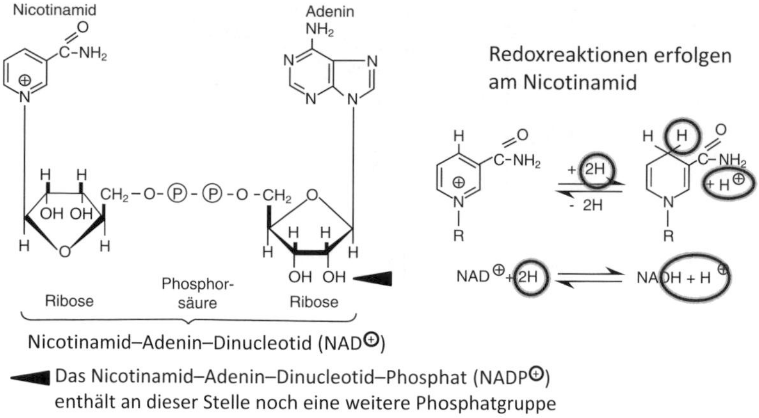

Abb. 2.4   Redoxreaktionen am Nicotinamid-Adenin-Dinukleotid

Das reduzierte NAD(P)H + H$^+$ (Abb. 2.4) enthält nun das Reduktionspotenzial, das die fotosynthetische Reduktion des anorganischen Kohlendioxids und seine Assimilation zur organischen Biomasse bewirkt. Hier stehen wir am Ausgangspunkt der umfassenden Leistung der Pflanzen für die Erfolgsgeschichte des Lebens auf der Erde, für die ganze Sphäre des Lebens, auch globale Biosphäre genannt. Damit sind wir mit dem Verständnis, was eigentlich im Grunde genommen Pflanzen sind, ein ganzes Stück weiter gekommen. Wir könnten ernährungsphysiologisch alle fotoautotrophen Organismen Pflanzen nennen. Da lassen wir uns natürlich auf einen kanonischen Streit mit den Mikrobiologen ein. Diese Gefahr ist gebannt, wenn wir damit bei den eukaryotischen Algen anfangen. Oder wollen wir erst bei noch höher entwickelten vielzelligen Organismen damit beginnen? Es bleibt ein wenig Geschmacksache, denn die Übergänge sind graduell. Die Algen haben sich ausgehend von einzelligen Vertretern zu vielzelligen Formen entwickelt. Manche Braunalgen oder Tange bilden gewaltige Vegetationskörper aus. Sie können viele Meter, ja bis zu über 100 m lang werden (Abb. 2.5). Besonders differenzierte Vertreter der Grünalgen wurden zu Pionieren beim Übergang des Lebens vom Wasser, wo es entstanden ist, auf das feste Land – als größte Herausforderung für die pflanzliche Evolution.

Abb. 2.5   Tang der Braunalge *Nereocystis luetkeana*

3

Die Eroberung des Festlandes

Tropischer Regenwald in Französisch-Guayana

3.1 Fotosynthetisch aktives Leben bedeckt jede freie Stelle des Festlandes

Haben Sie schon einmal über die schwarzen Überzüge auf Ihrer Kunststoffmülltonne nachgedacht? Oder über die schwarzen Niederschläge in der Plastikgießkanne in Ihrem Wohnzimmer? Oder über die schwarzen Streifen, die an Betonbauten herabziehen? Die letzteren nennen wir auch „Tintenstriche". Sie haben ihren Namen eigentlich von den vorzeitlichen Riesen, die oben auf

© Springer-Verlag GmbH Deutschland 2017
U. Lüttge, *Faszination Pflanzen*, DOI 10.1007/978-3-662-52983-6_3

Abb. 3.1   Tintenstrich-Cyanobakterien. Oben links auf Sichtbeton; oben rechts auf den Felsen des Sella-Stocks in den Dolomiten; unten im Aufwuchs auf Felsen an der Elfenbeinküste (Afrika): grüne Fäden von Cyanobakterien und kleine gelbe Flechten

den Felsen der Dolomiten saßen und ihre Memoiren schrieben. Dabei sind ihnen immer wieder ihre Tintenfässer umgekippt (Abb. 3.1). Sie glauben mir diese Legende natürlich nicht. Zu Recht, denn dies sind alles Cyanobakterien! Man erkennt bei den Tintenstrichen der Kalkfelsen in den Dolomiten auch, dass sie vorzugsweise da ausgebildet sind, wo das Wasser bei der Schneeschmelze oder nach Regenfällen besonders gut und lange herabfließen kann. Ich erwähne das hier, um zu zeigen, dass das grüne, fotosynthetisch aktive Leben jede auch nur einigermaßen brauchbare Oberfläche des trockenen Landes nutzt, um sich den Raum als Ressource zu erobern (Abb. 3.1).

a   b

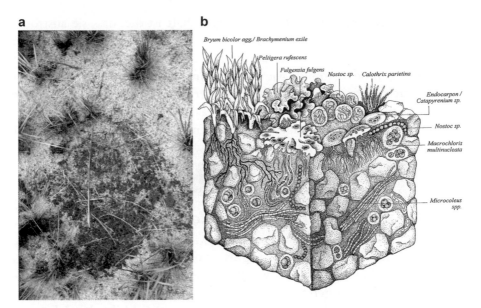

Abb. 3.2 Bodenkrusten. (a) Tropische Savanne in Venezuela mit schwarzen Krusten von Cyanobakterien auf dem Sand, (b) schematische Zeichnung mit Cyanobakterien (Nostoc, Calothrix, Microcoleus), Grünalgen (Macrochloris), Moosen (Bryum), Flechten (Peltigera, Fulgensia), Pilzen (Endocarpon). (Aus Belnap und Lange 2001)

Ein anderes Phänomen sind die sogenannten Biofilme oder Bodenkrusten. Das sind schon richtige Ökosysteme aus mikroskopisch kleinen Cyanobakterien und eukaryotischen Algen und aus Moosen, Flechten und Pilzen, die auch kleinen wirbellosen Tieren einen Lebensraum bieten (Abb. 3.2). Sie entgehen meistens unserer Aufmerksamkeit. Bei genauer Beobachtung finden wir sie überall auf Flächen, wo sich wegen der Kargheit kein anderes Leben ansiedeln kann, wie auf scheinbar offenem Sand in Savannen und Wüsten (Abb. 3.2a). Sie sind einige Millimeter bis Zentimeter dick. Ihre Fotosyntheseaktivität kann an die von Blättern höherer Pflanzen herankommen. Wenn wir über die Dünen am Strand laufen oder fahren oder gar exzentrischen Motorsport betreiben, zerstören wir jahrzehntelang gewachsene Ökosysteme.

Die Cyanobakterien haben zwei interessante Eigenschaften, die ihnen das Leben auf offensichtlich abweisendem Untergrund ermöglichen. Viele von ihnen haben ein Enzym, die Nitrogenase, mit dem sie den Stickstoff der Luft (N_2) fixieren und zu Ammonium (NH_4^+) reduzieren können:

$$N_2 + 6\,e^- + 6\,H^+ \xrightarrow{\text{Nitrogenase}} 2\,NH_3 + 2\,H_2O \longrightarrow 2\,NH_4^+ + 2\,OH^-.$$

So können sie ihre Stickstoffernährung aus dem gewaltigen Vorrat von 78 % N_2 in unserer Atmosphäre bestreiten und auch noch an andere Organismen in ihrer Umgebung abgeben. Die zweite Eigenschaft ist die, dass sie austrocknungsfähig sind. Sie können fast alles Wasser ihrer Zellen verlieren, wenn der Standort trocken wird, und dann sehr rasch wieder regenerieren, wenn sie durch Regen oder Abfluss, wie bei den Tintenstrichen, wieder befeuchtet werden. Auch andere grüne Organismen der Bodenkrusten, Algen, Moose und Flechten sind austrocknungstolerant. Die höheren Landpflanzen sind aber ganz andere Wege gegangen, um mit dem Wasserproblem an Land, vor allem dem „Verdursten", fertig zu werden, wie wir in Teil II im Einzelnen sehen werden.

3.2   Grünalgen – die Ahnen der Landpflanzen

Die ältesten gesicherten fossilen Zeugnisse von Organismen, die wir haben, stammen von Cyanobakterien. Cyanobakterien bilden schichtenartige Ablagerungen, die sogenannten Stromatolithen, wie wir sie heute im flachen Wasser oft beobachten können. Sie waren schon vor 2,5 Milliarden Jahren in der erdgeschichtlichen Periode des Präkambriums weit verbreitet und haben große Flächen besiedelt. Aus dieser Zeit haben sich Stromatholite als Fossilien erhalten (Abb. 3.3).

Die eukaryotischen Algen sind viel später entstanden, aber vor 0,5 bis 0,4 Milliarden Jahren im Zeitalter des Silur waren alle großen Algengruppen bereits voll entwickelt. In groben Zügen können wir die großen Algengruppen nach der Pigmentierung einteilen. Wenn andere Pigmente quantitativ dominieren und das grüne Chlorophyll überdecken, treten bräunliche und rötliche Farben auf. Die einzelnen Pigmente können wir nach Extraktion aus Pflanzenorganen durch chromatografische Trennung sichtbar machen, wie es in Abb. 3.4 am Beispiel der Blätter einer höheren Pflanze gezeigt ist. Das fotochemische Merkmal der Pigmente verhilft schon dem Strandwanderer zu einer einfachen Klassifizierung in Grünalgen, Braunalgen und Rotalgen (Abb. 3.5).

Wenn wir Entwicklungstendenzen zum Leben der Pflanzen auf dem festen Land hin verfolgen wollen und wenn wir uns fragen, wie sich die Landnahme im Wasser vorbereitet haben mag, müssen wir uns unter den Grünalgen umsehen. Zusammen mit den anderen Gruppen der eukaryotischen Algen gehören die Grünalgen zum Organismenreich der Pflanzen, zum Regnum „Plantae". Hier trennt sich aber schon die Gemeinsamkeit der Verwandtschaft. Unter den Algen sind allein die Grünalgen durch die Stammesgeschichte (Phylogenie) dem großen Unterreich der eigentlichen grünen Pflanzen (Subregnum „Chlorobionta") zugeordnet. Dieses Subregnum umfasst auch alle Landpflanzen. Es gliedert sich in zwei Abteilungen, die viel kleinere Abteilung der

Abb. 3.3 Stromatolithen (Conophyton) aus dem Proterozoikum, mindestens eine Milliarde Jahre alt. Oben Hochfläche in Mauretanien bei Atar, die völlig aus Stromatolithen besteht. Unten links Lage dieser Stromatolithen in dem darunterliegenden Gestein, das damals wahrscheinlich den Boden eines seichten Meeres gebildet hat. Unten rechts versteinerte Schichten der Stromatolithen; herausgenommenes Handstück etwa 10 cm breit. (Fotografien Otto L. Lange)

grünen Algen (Abteilung „Chlorophyta") und eine riesige Abteilung, die den wissenschaftlichen Namen „Streptophyta" trägt. Die Chlorophyta sind alles grüne Algen. Unter den Streptophyta finden wir weitere grüne Algen in einer besonderen Unterabteilung „Streptophytina". Die anderen Unterabteilungen der Streptophyta sind drei verschiedene Gruppen von Moosen, die farnartigen „Pteridophytina" und die Samenpflanzen „Spermatophytina".

Zwei besondere Eigenschaften sind entscheidend für die Zugehörigkeit dieser vom Erscheinungsbild so unterschiedlichen Pflanzen zu einem einzigen Subregnum. Das eine ist die Pigmentierung, d. h. das gleichzeitige Vorhandensein zweier chemischer Varianten des Chlorophylls (Kap. 2), nämlich Chlorophyll a

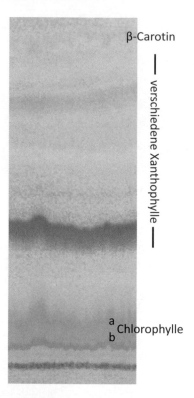

Abb. 3.4   Auftrennung der Pigmente aus einem Extrakt der Blätter einer höheren Pflanze (*Aloe vera*)

Abb. 3.5   Aufsammlung eines Strandwanderers in der Normandie: grüne, braune und rote Algen

und b (Abb. 3.4). Das andere ist die doppelte und nicht darüber hinaus mehrfache Membranhülle der Chloroplasten (Kap. 2, Abb. 2.1). Dies erklärt sich durch Genese der Chloroplasten nach der Aufnahme von Cyanobakterien als Endosymbionten durch die Vorfahren der Grünalgen, wie es in Kap. 14 näher dargestellt ist. Die Landpflanzen stammen von den Grünalgen ab.

3.3   Frei bewegliche Schwimmer und fest verwurzelte Rasen: Erstaunliche Entwicklungstendenzen

Dieser kurze Exkurs in die Systematik und Abstammungslehre (Phylogenie) war nötig, damit wir verstehen, warum wir uns auf die Grünalgen konzentrieren müssen, wenn wir schließlich zur Entwicklung des Lebens der Pflanzen auf dem Land vorstoßen wollen. Die Grünalgen haben erstaunliche morphologische Entwicklungstendenzen durchlaufen. Wir können uns davon eine Vorstellung erarbeiten, wenn wir heute lebende rezente Formen vergleichen. Bleiben wir also noch ein wenig im Wasser und bei den Grünalgen.

Die einfachsten Formen sind Einzeller, die mithilfe von Geißeln frei herumschwimmen können (Abb. 3.6). Es ist ganz aufregend, dass diese Algenzellen schon so etwas wie ein richtiges Auge haben, um sich nach dem Licht

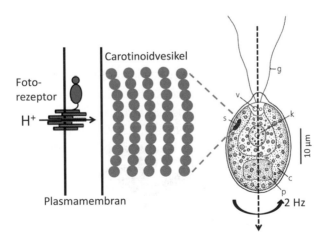

Abb. 3.6 Rechts die frei bewegliche einzellige Grünalge *Chlamydomonas* mit zwei Geißeln (g), dem becherförmigen Chloroplasten (c) mit einem Pyrenoid, d. h. einer Verdichtung der Stromamatrix (p), dem Zellkern (k), Vakuolen (v) und dem Augenfleck oder Stigma (s). (Nach O. Dill, aus Kadereit et al. 2014) Links Schema des Auges, Carotinoidvesikel des Augenflecks und Fotorezeptor in der Plasmamembran. (Gezeichnet nach P. Hegemann, aus Nagel et al. 2002)

zu orientieren, damit sie die günstigsten Bedingungen für ihre Fotosynthese aufsuchen können. Solche Einzeller, wie z. B. *Chlamydomonas*, sind wohl die kleinsten Organismen, die sehen können (Abb. 3.6). Ihr Auge können wir im Mikroskop als einen orangeroten Fleck erkennen. Er liegt in dem großen becherförmigen Chloroplasten. Er besteht aus einer geometrisch hoch geordneten Aufreihung von kleinen Vakuolen, die Carotinoide enthalten, was die orangerote Farbe bedingt. Diese Vakuolen sind in mehreren Schichten so angeordnet, dass sie das einstrahlende Licht je nach Einfallswinkel entweder reflektieren oder auf den Fotorezeptor projizieren, der den Lichtreiz registriert und damit das eigentliche Sehen bewirkt.

Der Augenfleck selbst erlaubt also nicht das Sehen. Er dient den *Chlamydomonas*-Zellen aber dazu, die Richtung des Lichtes wahrzunehmen. Dieses Richtungssehen kommt durch die Verarbeitung von Kontrasten zustande, die rhythmisch entstehen, weil die *Chlamydomonas*-Zellen sich beim Schwimmen fortwährend mit einer Frequenz von 2 Hertz um ihre eigene Achse drehen. Der Fotorezeptor liegt in der Plasmamembran neben dem Augenfleck. Er enthält zur Lichtabsorption Rhodopsin. Das ist ein Protein mit einem daran gebundenen Pigment. Bei Belichtung funktioniert es wie ein molekularer Lichtschalter. Es löst elektrische Ereignisse aus, die den Lichtreiz registrieren und so das Sehen bedingen und die auch die Information darüber an die Geißeln weiterleiten, damit sie mit differenziellen Bewegungen reagieren können. Dass der Fotorezeptor wie auch in unserem eigenen Auge ein Rhodopsin ist, hat großes Interesse der Neurobiologen am Sehvorgang der mikroskopisch kleinen Algen als einem einfachen Modellsystem ausgelöst.

Frei bewegliche Einzeller können zusammenbleiben und bewegliche Kolonien bilden (Abb. 3.7). Es gibt sogar die großen Kolonien von *Volvox* mit bis zu 20 000 Zellen, die durch Plasmabrücken verbunden sind. Das sind schon richtige vielzellige Organismen. Aber es ist doch eine Sackgasse der Evolution geblieben. Eine weitere Entwicklung ist davon nicht ausgegangen. Es klingt absurd und ist intuitiv nicht zu verstehen, dass so großartige Errungenschaften wie Geißeln und Augen aufgegeben wurden, um eine Höherentwicklung einzuleiten.

Es gibt unbewegliche Formen, die zum Teil im mikroskopischen Bild von großer Schönheit sind. Einige werden daher Zieralgen genannt (Abb. 3.8). Andere leben auch an Land als Bestandteil von Biofilmen (Abb. 3.2) und Krusten, z. B. als oft zu sehende grüne Überzüge auf der Borke von Buchen.

Aber warum sollte es nun ein Vorteil gewesen sein, Geißeln und Augen aufzugeben? Die einzelnen Zellen konnten dadurch anfangen, sich zu Pflanzenkörpern zu integrieren. Wir nennen sie Thallus (Plural: Thalli). Das bedeutet „Lager von Zellen". Es ist noch keine Gliederung in die typischen Organe

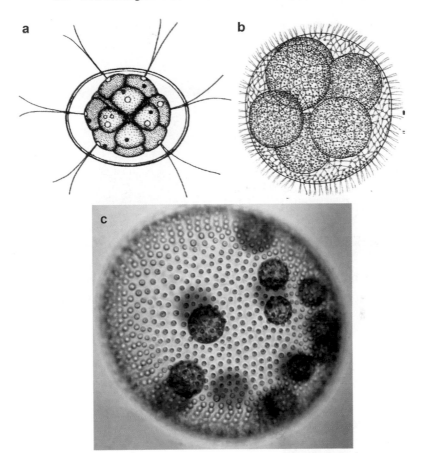

Abb. 3.7 Frei bewegliche Kolonien von Grünalgenzellen. (**a**) *Pandorina murorum*, (**b**) *Volvox aureus* und (**c**) *Volvox carteri*: Mutterkugeln mit Tochterkugeln im Inneren. ((**a**) nach Stein, aus Kadereit et al. 2014, (**b**) nach L. Klein, aus Kadereit et al. 2014, (**c**) Originalaufnahme B. Büdel)

gegeben, wie wir sie dann bei Höheren Pflanzen finden. Sich gabelförmig verzweigende Fadensysteme sind entstanden. Schließlich haben Zellen an der Spitze der Fäden eine Funktion als zentrale Bildungszentren übernommen, die sogenannten Scheitelzellen. Teilungen der von ihnen abgegebenen Zellen erzeugen eine Pflanzengestalt, die durch ihre charakteristische Verzweigung an Armleuchter erinnert (Abb. 3.9). Damit sind wir bei den Armleuchteralgen oder Charophyceen angelangt. Sie wachsen aufrecht in flachen Gewässern (Abb. 3.9). An ihrer Längsachse entstehen auch lang gestreckte Zellen, sogenannte Rhizoide, die bis in den Schlick der Teiche einwachsen und die Pflanzen darin verankern. So bilden sie kniehohe Wiesen unter Wasser. Wie die Pflanzen an Land sind sie fest verwurzelt. Von verwurzelt dürfen wir

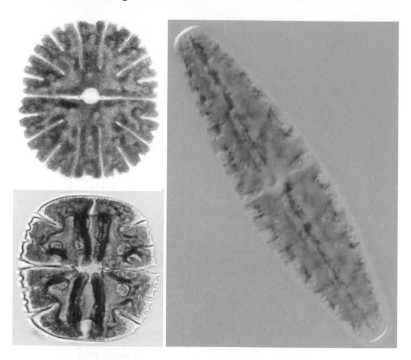

Abb. 3.8 Unbewegliche Einzeller, Zieralgen (Desmidiaceae). Oben links *Micrasterias denticulata*, unten links *Micrasterias truncata*, rechts *Netrium* sp. (Originalaufnahmen B. Büdel)

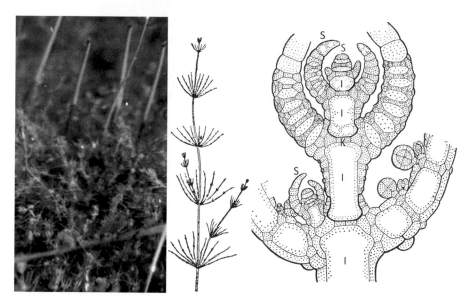

Abb. 3.9 *Chara*-Rasen in einem Teich und Entwicklung des armleuchterartigen Thallus der Charophyceen aus Scheitelzellen (S); I Internodialzelle, K Knoten. (Originalaufnahme B. Büdel und Zeichnungen nach A. W. Haupt (Mitte) und J. Sachs (rechts), aus Kadereit et al. 2014)

allerdings nur im übertragenen Sinne sprechen, denn die Rhizoide sind noch keine echten Wurzeln. Wir sehen aber, welche Entwicklung das Leben der Pflanzen hier mit einem Drang zum Festverwurzeltsein nimmt: Tausch der vom Sehen gesteuerten freien Beweglichkeit im Wasser gegen feste Verbindung mit dem Standort.

3.4 Fit für das Leben auf dem Trockenen?

Die Charophyten selbst waren aber noch nicht fit für das Leben auf dem Trockenen. Sie bilden unter den Grünalgen die Endstufe der Entwicklungstendenz zur Ausbildung komplex gebauter Pflanzenkörper. Sie konnten das Land aber nicht erobern, weil ihnen Sprosse mit Festigungselementen, Verdunstungsschutz und Leitstrukturen zum Transport von Wasser und Nährsalzen aus dem Boden in die oberirdischen Teile fehlten. Sie sind eben doch noch Thallophyten geblieben.

Die ersten Urlandpflanzen, die Leitgewebe hatten, gehörten zu den sogenannten Psilophyten und sind an der erdgeschichtlichen Wende vom Silur zum Devon vor etwa 400 Millionen Jahren aufgetreten. Sie bestanden eigentlich fast nur aus Sprossachsen mit dem Strang der Leitgewebe im Zentrum (Abb. 3.10). Wir wissen ziemlich gut über sie Bescheid, weil zu Beginn des 20. Jahrhunderts in einem verkieselten Torfmoor bei Rhynie in der Grafschaft Aberdeenshire von Schottland zahlreiche ausgezeichnet erhaltene Fossilfunde gemacht wurden. Eine Gattung wird nach dem Fundort *Rhynia* genannt. Die äußerlich recht einfachen Gestalten der Psilophyten sind gabelig verzweigte Sprossachsen. Blätter und Wurzeln fehlten noch. Zur Verankerung im Boden haben Büschel von Rhizoiden und Erdsprosse, sogenannte Rhizome, gedient. Diese Urlandpflanzen hatten aber in den Sprossen ein zentrales Leitbündel (Abb. 3.10) mit Xylem für den Wassertransport und Phloem für den Assimilattransport (Kap. 15). Das sind für die Landpflanzen unerlässliche Funktionen. Diesen Grundbauplan eines Sprosses bezeichnet man als „Telom", das für die Landpflanzen ein essenzielles Konstruktionselement geworden ist.

Es gab schon im Devon eine große Formenmannigfaltigkeit und Biodiversität. Wir wissen nicht, ob und wie die ersten Schritte zur Entwicklung von Leitbahnen noch im Wasser oder erst an Land abgelaufen sind. Manche Psilophyten lebten noch im Wasser untergetaucht, wie die Gattung *Zosterophyllum*, andere ragten halb aus dem Wasser heraus, wie *Cooksonia*. Die verschiedenen Arten der Gattung *Rhynia* waren aber Landpflanzen. Sie besaßen die entscheidende Ausstattung für ein Leben an Land. Dazu gehörten neben den Leitbahnen eine wasserundurchlässige wachshaltige Cuticula auf der

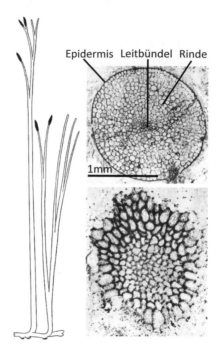

Epidermis Leitbündel Rinde

1mm

Abb. 3.10 Links Rekonstruktionszeichnungen des Habitus von *Rhynia* (Sprosse mit Sporangien an den Enden). Rechts oben Querschliff durch einen Spross mit dem zentralen Leitbündel, unten der zentrale Holzteil vergrößert. (Aus Zimmermann 1930)

Sprossoberfläche, um den Wasserverlust durch Verdunstung einzuschränken, und Spaltöffnungen, um den Gasaustausch mit der Atmosphäre zu regulieren (siehe Kap. 5).

3.5   Bilder der ersten durch Pflanzen geformten Landschaften

Wie hat nun die Landschaft bei der zunächst zögerlichen Besiedelung durch die Pflanzen ausgesehen? Häufig sieht man in naturkundlichen Museen anschauliche Rekonstruktionen. Ich selber finde immer noch die Zeichnungen „Vegetationsbilder der Vorzeit" von Karl Mägdefrau am schönsten, der in der zweiten Hälfte der 1950er-Jahre an der Universität München einer meiner Lehrer war. Da kann man richtig in Gedanken in der Psilophyten-landschaft spazieren gehen (Abb. 3.11). Im Unterdevon finden wir noch im Wasser lebende Formen (Abb. 3.11 oben), um die herum die Landnahme begann. Die binsenartigen Landformen hielten sich noch in der Nähe von flachen Gewässern auf und bildeten bis zu einem halben Meter hohe Rasen.

Abb. 3.11 Landnahme der Vegetation, „Vegetationsbilder der Vorzeit". Oben: Unterdevon, Beginn vor etwa 400 Millionen Jahren. Mitte: Mitteldevon. Unten: Oberdevon, Ende vor etwa 360 Millionen Jahren. (Konzipiert von Karl Mägdefrau, gezeichnet von I. Brandt; aus Mägdefrau 1952)

Die Psilophyten trugen am Ende ihrer Sprossachsen Sporangien mit Sporenbildung zur Vermehrung (Abb. 3.10). Die gabeligen Gestalten waren also „Sporophyten". Man fand unter den Fossilien auch kleine sternförmige Gebilde, auf denen sich geschlechtliche Fortpflanzung durch Gameten, Eizellen und Spermatozoiden abspielte. Dies waren die „Gametophyten", wie wir sie auch von allen heute lebenden Farnpflanzen kennen. In einem sogenannten Generationswechsel keimen aus Sporen Gametophyten und es wachsen aus der befruchteten Eizelle die Sporophyten aus. Damit waren bei den Psilophyten schon alle charakteristischen Eigenschaften der farnartigen Pflanzen, der Pteridophyten, ausgeprägt. Man hat sie wegen ihrer Blattlosigkeit Nacktfarne genannt. Sie weisen besonders auf die Bärlappgewächse hin, die auch gabelig verzweigt sind, aber schon kleine Blätter tragen. Die Psilophyten sind die Vorfahren der Pteridophyten.

Im Mitteldevon erreichten die Psilophytenrasen eine Höhe von bis zu 1 m. Da haben sich auch schon hochwüchsige baumartige Bärlappgewächse in das Landschaftsbild gefügt (Abb. 3.11 Mitte). Das hat sich dann im Oberdevon fortgesetzt (Abb. 3.11 unten), aber da waren die Psilophyten nach einer im erdgeschichtlichen Maßstab recht kurzen Zeit von knapp 40 Millionen Jahren schon wieder ausgestorben.

3.6 Die Vegetation schreibt Erdgeschichte

Wenn wir einmal von den vom Menschen gestalteten urbanen Ballungszentren absehen, können wir nicht umhin festzustellen, dass die Vegetation den Charakter der Landschaften auf der Erde ganz wesentlich bestimmt. Wir werden uns damit im Zusammenhang mit den klimatischen Bedingungen im Teil V noch eingehender beschäftigen. Es geht um die Gestaltung des Raumes. Wenn wir die Geschichte der Besiedelung des Landes durch die Pflanzen noch weiter erzählen wollen, müssen wir uns die großen Gruppen der Sprosspflanzen ansehen, die sich in der Evolution auseinander entwickelt haben. Danach können wir drei Erdzeitalter unterscheiden:

• das Paläophytikum oder Zeitalter der Pteridophyten, 400–290 Millionen Jahre zurück,
• das Mesophytikum oder Zeitalter der Gymnospermen (Nacktsamer), 290–140 Millionen Jahre zurück,
• das Neophytikum oder Zeitalter der Angiospermen (Bedecktsamer), seit 140 Jahren zurück bis heute.

Es war ein Kommen und Gehen. Pflanzengruppen sind aufgetreten, haben dominiert und sind wieder verschwunden oder in ihrer Bedeutung stark zurückgegangen (Abb. 3.12). In diesen langen erdgeschichtlichen Zeiten war auch das Wandern der Kontinente, die durch die Plattentektonik getriebene Kontinentalverschiebung, an Veränderungen beteiligt. Im Paläophytikum, in der großen Zeit der Pteridophyten im Devon und Karbon, lagen alle heute bekannten Kontinente als geballte Landmasse Pangaea dicht beieinander. Sie drifteten dann im Mesophytikum auseinander und erreichten erst im Neophytikum allmählich die heutige Lage.

Das Paläophytikum beginnt mit den Psilophyten, aus denen alle farnartigen Pflanzen, die Pteridophyten, hervorgegangen sind. Das ist eine stammesgeschichtlich sehr umfangreiche Gruppe. Sie weisen einen Generationswechsel zwischen mehr oder weniger mächtig entwickelten Sporophyten und kleineren, oft lappenförmigen Gametophyten auf, der schon oben bei den Psilophyten erwähnt wurde. Die geschlechtlichen Vorgänge auf den kleinen Gametophyten sind ein bisschen „kryptisch" versteckt und wurden erst spät entdeckt, weshalb wir diese Pflanzen auch Kryptogamen nennen, die sich „im Verborgenen fortpflanzen". Sie haben alle auch noch

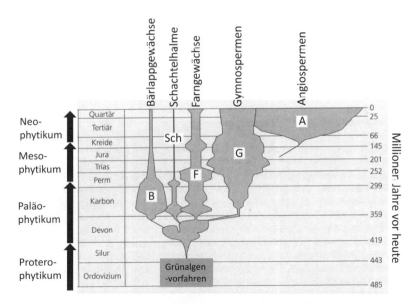

Abb. 3.12 Erdzeitalter und die Stammesgeschichte der Pflanzen. Die Breite der orangefarbenen Felder des Stammbaums deutet die relative Artenzahl an, mit der die einzelnen Pflanzengruppen zur jeweiligen erdgeschichtlichen Zeit vertreten waren. (Nach Niklas, aus Kadereit et al. 2014)

keine Samen, in denen die Embryonen liegen und mit Nährstoffen für die Keimung versorgt sind. Bei einigen Formen sind allerdings schon die ersten Ansätze dafür erkennbar, den Embryo in ein Nährgewebe einzubetten. Die Pteridophyten sind durchwegs Gefäßpflanzen. Die Sporophyten haben Sprosse mit Leitbündeln.

Die meisten Leser werden unter den heute lebenden Pflanzen die Bärlappgewächse, die Schachtelhalme und die Farne kennen. Abb. 3.13 zeigt ein paar Beispiele. Aber das sind schwache Nachklänge von dem, was die Pteridophyten einmal waren. Dabei wurde für die Farne im engeren Sinne in Abb. 3.13c schon mit Absicht ein Baumfarn gewählt. Er erinnert noch ein bisschen an die mächtigen, vor allem bärlapp- und schachtelhalmartigen Holzpflanzen, die die Pteridophyten einst dargestellt haben.

Es gab viele baumförmige Vertreter. Sie hatten ihre stärkste Ausbildung im Erdzeitalter des Karbon, das auf das Devon folgte (Abb. 3.12), und bildeten die üppigen Karbonwälder mit bis zu 35 m hohen Bäumen (Abb. 3.14). Es ging schnell mit der Besiedelung der Erde durch die Pflanzen. Welch einen Unterschied zeigt die Vegetation beim Vergleich der ersten zaghaften Besiedelung des Landes im Unterdevon (Abb. 3.11 oben) mit den Karbonwäldern nur etwa 40 Millionen Jahre später (Abb. 3.14)! Unsere umfangreichen Steinkohlelager sind fossile Brennstoffe und nichts anderes als die versteinerten Überreste dieser Vegetation. Wir verheizen also ausgestorbene Pteridophyten und setzen dabei die in ihnen bis heute gespeicherte Sonnenenergie für unsere Zwecke frei, die damals per Fotosynthese eingefangen wurde.

Abb. 3.13 Rezent lebende Pteridophyten. (**a**) Bärlapp (*Lycopodium clavatum*), (**b**) Sumpf-Schachtelhalm (*Equisetum palustre*), (**c**) Baumfarn im Botanischen Garten Kirstenbosch, Kapstadt. (Fotografien (**a**) Otto L. Lange, (**b**) Manfred Kluge)

Abb. 3.14   Wald des Oberkarbon. (Konzipiert von Karl Mägdefrau, gezeichnet von I. Brandt; aus Mägdefrau 1952)

3.7   Die Entstehung von Blüten, Samen und Früchten

Die ersten nacktsamigen Pflanzen hatten sich schon unter die Pteridophyten des Karbonwaldes gemischt. Sie wurden dann im Mesophytikum dominant. Vielleicht waren sie erfolgreicher als die Pteridophyten, weil sie ihre Embryonen zusammen mit einem Nährgewebe als Reserve für die Keimung in eine Samenschale einschlossen. Unsere Nadelbäume, die Koniferen, sind Nacktsamer oder Gymnospermen. Wenn wir reife Zapfen inspizieren, können wir die Samen offen auf den Zapfenschuppen liegen sehen. Sie sind sehr nahrhaft und haben auch immer wieder der menschlichen Ernährung gedient. Die Fugger haben sie von den Zirbelkiefern (*Pinus cembra*) bei ihren Übergängen aus den Alpen und von der Pinie (*Pinis pinaster*) aus Italien mitgebracht. Deshalb hat die alte Fuggerstadt Augsburg in ihrem Stadtwappen die „Zirbelnuss". Die Indianer im Westen von Nordamerika haben sie von Kiefern gesammelt und Depots angelegt, die dann in der Auseinandersetzung mit den weißen Eroberern von diesen vernichtet wurden, um die Indianer in die Knie zu zwingen. Nicht alle Gymnospermen sind wie die Koniferen nadelblättrig (Abb. 3.15).

Abb. 3.15 Rezent lebende Gymnospermen. **(a)** Cycadee *Macrozamia australis* (Australien), **(b)** *Ginkgo biloba*, **(c)** Kiefer (*Pinus*), **(d)** *Gnetum*, **(e)** *Welwitschia mirabilis* (Namibia). ((**b**) Fotografie Manfred Kluge)

Gymnospermen sind auch die Cycadeen (Abb. 3.16b) mit ihren palmartigen Wedelblättern. Cycadeen sind also weder Palmen noch Farne, sodass der beliebte Name „Palmfarne" botanisch gesehen ganz falsch ist. Breitblättrige Gymnospermen sind der *Ginkgo*-Baum und Vertreter der Gattung *Gnetum*. Die *Gnentum*-Arten sind Sträucher und Lianen tropischer Regenwälder. Auch die legendäre *Welwitschia mirabilis* der südafrikanischen Nebelwüsten gehört zu den Gymnospermen. Sie hat eine tief reichende Pfahlwurzel. Der Stamm ist kurz und knollig. Er trägt zwei breite bandförmige Blätter, die der Länge nach einreißen können und ständig am vorderen Ende absterben, aber bei dem sehr hohen Alter, das die Pflanze erreichen kann, zeitlebens immer am Grunde nachwachsen.

Mit den Angiospermen, den Bedecktsamern, brach das Neophytikum an, das bis in die Gegenwart reichende Zeitalter der Vegetation. Die ältesten fossilen Funde von Pollen, Holz- und Blattresten stammen aus der Unterkreidezeit und sind 130 bis 140 Millionen Jahre alt. Das erste vollständige Fossil einer Angiosperme, *Archaefructus sinensis*, ist erst in jüngster Zeit in China

Abb. 3.16 Blüte (**a**) – Same (**b**) – Frucht (**c, d**). Blüten bei Pteridophyten, hier bei dem Bärlappgewächs *Lycopodium* (**a**). Samen bei einer Gymnosperme, der Cycadee *Macrozamia australis* (**b**). Früchte von Angiospermen, mit frei stehenden Fruchtblättern der Pfingstrose, die die Samen einschließen (**c**), und drei verwachsenen Fruchtblättern mit den von den Fruchtblättern in der Frucht eingeschlossenen Samen der Tulpe (**d**). (**a, c, d** Fotografien Manfred Kluge)

gefunden worden und ist etwa 125 Millionen Jahre alt. Viele Leser werden bei den Angiospermen an die Blüten denken. Die wunderbare Vielfalt und Schönheit der Angiospermenblüten hat der botanischen Wissenschaft ja auch den Ehrentitel *scientia amabilis* eingetragen.

Die Angiospermen als die Blütenpflanzen abzugrenzen ist nun aber auch wieder botanisch nicht richtig. Die Blütenteile, die Kelchblätter, Kronblätter, Staubblätter und Fruchtblätter der Angiospermen sind alles Metamorphosen von Blättern. Nach der botanischen Definition sind Blüten Sprossenden mit begrenztem Wachstum, deren Blätter der geschlechtlichen Fortpflanzung dienen. In diesem Sinne haben schon die Pteridophyten der Bärlappgewächse und Schachtelhalme Blüten. Ihre Sprossenden sehen angeschwollen aus, weil sie einen dichten Besatz von Blättchen tragen, in deren Achseln Sporangien sitzen (Abb. 3.13a und 3.16a). Die Sporen sind ein entscheidendes Element im Zyklus des Generationswechsels von Sporophyten und Gametophyten bei der geschlechtlichen Fortpflanzung.

Das wirklich Neue ist bei den Angiospermen, dass sie Bedecktsamer sind und ihre Samen nicht nur in eine Samenschale einschließen wie die Nacktsamer (Abb. 3.16b), sondern zusätzlich mit den Fruchtblättern bedecken (Abb. 3.16c, d). Sie bilden dadurch Früchte, sodass Gymnospermen per Definition keine Früchte bilden können, was auch für die vermeintlichen „Beeren" des Wacholders und der Eibe gilt. Die Formenmannigfaltigkeit der Früchte ist durch die verschiedenen Differenzierungen, die die Fruchtwand durchmachen kann, immens. Viele Früchte kennen wir alle gut von unserem Speisezettel (Kap. 10). Die vor 140 Millionen Jahren aufgetretenen Angiospermen sind unter den drei rezent lebenden Gruppen der Landpflanzen die größte, sie wurden vor etwa 90 Millionen Jahren dominant. Obwohl wir noch den ausgedehnten borealen Nadelwaldgürtel im Norden unserer Erde haben (Kap. 20), wird doch der größte Teil des Landes von den Angiospermen eingenommen. Dazu gehören auch die tropischen Regenwälder (Titelbild dieses Kapitels). Auch alle Kulturpflanzen für unsere Ernährung sind Angiospermen. Während die gymnospermen Pflanzen heute noch etwa 800 Arten umfassen, könnten es nach Schätzungen bei den Angiospermen bis zu eine Million sein.

3.8 Das Pflanzenkleid der Erde bestimmt auch unsere Luft

Das Pflanzenkleid gestaltet nicht nur unseren Lebensraum auf dem Festland der Erde, sondern bestimmt auch noch unsere Luft. Zum Sauerstoff (O_2) in unserer Luft haben wir oft ein nahezu emotionales Verhältnis. Ohne ihn können wir nicht atmen und nicht leben. Die meisten heutigen Formen des Lebens sind ohne Sauerstoff nicht existenzfähig. Am Anfang enthielt die Atmosphäre der Erde keinen Sauerstoff, und die Kohlendioxid-(CO_2)-Konzentration war riesig hoch. Sauerstoff begann vor 3000 Millionen Jahren in die Atmosphäre zu gelangen, als die ersten Fotosynthese betreibenden Organismen anfingen, aus Wasser Sauerstoff freizusetzen (Kap. 2). Er hat sich nur sehr langsam angereichert, denn zunächst wurde er gebunden durch die Oxidation von Mineralstoffen der Erdkruste. Vor 2000 bis 1500 Millionen Jahren lag die Sauerstoffkonzentration bei 0,2 %. Vor 630 Millionen Jahren begann dann ein stetiger Anstieg, bis im Proterophytikum 12 % erreicht wurden. Ein gewaltiger Anstieg erfolgte bis vor 270 Millionen Jahren im Laufe der Karbonzeit mit ihrer dichten Vegetation. Er war auch mit einem starken Abfall der CO_2-Konzentration verbunden. Dann fiel die O_2-Konzentration bis vor 240 Millionen Jahren wieder ab, und die CO_2-Konzentration stieg wieder an. Ab der Trias wurden allmählich die heutigen Werte von 21 % O_2 und 0,04 % CO_2 in unserer Atmosphäre erreicht (Abb. 26.1).

Diese Gaskonzentrationen sind für unser Leben entscheidend. Die Pflanzen tragen ganz wesentlich dazu bei, dass sie erhalten bleiben. Bei einer Unterhaltung über die Hackordnung der biologischen Disziplinen hat mir einmal ein bekannter Zoologe gesagt, die Pflanzen seien doch nur da, um von den Tieren gefressen zu werden. Wohl wahr! Aber ohne die Pflanzen auf der Erde gäbe es Tiere gar nicht.

3.9 Herausforderungen für das Leben der Pflanzen an Land

Die drei fundamentalen Innovationen der drei nacheinander dominanten Gefäßpflanzengruppen auf der Erde, Blüten schon bei den Pteridophyten, Samen bei den Gymnospermen und Früchte bei den Angiospermen (Abb. 3.16), waren Antworten auf die besonderen Herausforderungen, die das Leben auf dem Land den Pflanzen stellte. Aber warum sind die Pflanzen überhaupt auf das Land gegangen, das auf der Erde anfangs nur mond- oder marsartig abweisende Wüsteneien bot? Die Pflanzen schienen im Wasser bestens geborgen zu sein. Die Versorgung mit Wasser und den darin gelösten Nährsalzen war kein Problem. Um tragfähige Konstruktionen für ihr Standvermögen mussten sie sich nicht sorgen, denn der Auftrieb des Wassers gab genug Halt, sodass die Algen sogar riesige Pflanzengestalten entwickeln konnten (Abb. 2.5). Das Wasser besorgte auch die Ausbreitung der Vermehrungsstadien.

Vorteile des Lebens an Land waren ein besserer Lichtgenuss, weil das Wasser die Strahlung absorbiert, und eine bessere Versorgung mit CO_2 für die Fotosynthese, weil die Gasdiffusion im Wasser viel langsamer ist als in der Atmosphäre. Ich glaube aber, dass es im Wesentlichen die Verlockungen der Ressource Raum waren, die den Übergang zum Leben auf dem Festland angetrieben haben. Wie die Pflanzen in ihrer Evolution dort dann mit den Herausforderungen für ihre Standfestigkeit auf dem Trockenen, für ihren Wasser- und Mineralstoffhaushalt, für das Nutzen und Ertragen der Sonnenstrahlung und für die Ausbreitung fertig wurden, sind die Themen der Kapitel des folgenden Abschnitts (Teil II) dieses Buches.

Literatur

Belnap J, Lange OL (Hrsg) (2001) Biological soil crusts: structure, function, and management, Bd 150, Ecological studies. Springer, Heidelberg

Lüttge U, Beck E, Bartels D (Hrsg) (2011) Plant desiccation tolerance, Bd 215, Ecological studies. Springer, Heidelberg

Mägdefrau K (1952) Vegetationsbilder der Vorzeit, 2. Aufl. Gustav Fischer, Jena

Nagel G, Ollig D, Fuhrmann M, Kateriya S, Musti AM, Bamberg E, Hegemann P (2002) Channelrhodopsin-1: a light-gated proton channel in green algae. Science 296:2395–2398

Zimmermann W (1930) Die Phylogenie der Pflanzen. Ein Überblick über Tatsachen und Probleme. Fischer, Jena

Teil II

Herausforderungen bei der Anpassung an das Landleben

4

Stark wie eine Eiche – Standfestigkeit auf dem Land

Sequoia sempervirens (Küstenmammutbaum, *Redwood*, Kalifornien)

© Springer-Verlag GmbH Deutschland 2017
U. Lüttge, *Faszination Pflanzen*, DOI 10.1007/978-3-662-52983-6_4

4.1 Charakteristische Gestalten der Sprosspflanzen auf dem Land

Die höheren Landpflanzen begegnen uns mit ihren aufrechten Sprossen mannigfaltig als charakteristische Gestalten. Bäume überragen uns, und auch große krautige Sonnenblumen erheben sich über den Erdboden, in dem sie wurzeln. Das ist gar nicht so selbstverständlich. Der Auftrieb des Wassers mit seiner großen Dichte, der auch schwere Algenkörper getragen hat (Abb. 2.5), ist in der dünnen Luft nicht gegeben.

Die Sprache der Naturwissenschaften und auch der Biologie ist in der internationalen Verständigung nahezu ausschließlich das Englische. Dadurch dringen auch immer mehr Anglizismen in deutsche Texte ein, und dieses Buch ist davon nicht ausgenommen. Ein deutsches Wort, das dagegen im Englischen Fuß gefasst hat, ist „Gestalt". Das Oxford Encyclopedic English Dictionary sagt dazu ins Deutsche übersetzt „ein organisches Ganzes, das als mehr als die Summe seiner Teile wahrgenommen wird". Es geht um das Wahrgenommenwerden, und das Oxford Dictionary rückt den Begriff Gestalt in den Bereich der Psychologie, er tritt aber immer mehr auch in englischen biologischen Texten auf.

Die bemerkenswerte Definition des Oxford Dictionary wird uns mehr beschäftigen, wenn wir später zur Integration von Bauteilen und zur Emergenz kommen (Teil III). Schauen wir erst einmal ganz naiv auf die Pflanzengestalten. Die eindrucksvollsten finden wir unter den Bäumen. Es sind gewaltige Gestalten (Kapitel-Titelbild). Eine Liste der höchsten Bäume zeigt Tab. 4.1. So majestätisch sich diese höchsten Bäume über uns aufbauen, so sehr erscheinen uns die ältesten Bäume als die Gestalten von Krüppeln (Abb. 4.1). Exemplare der langlebigen Kiefer, *Pinus longaeva*, in den Rocky Mountains im Westen der USA sind überhaupt die ältesten Lebewesen auf der Erde. Ein Baum von 4950 Jahren wurde 1964 gefällt. Das heute älteste

Tab. 4.1 Die höchsten Bäume der Welt

Chamaecyparis lawsoniana (Scheinzypresse)	60 m
Pinus monticula (Westliche Weymouthskiefer)	67 m
Pseudotsuga menziesii (Douglasie)	67 m
Sequoiadendron giganteum (Riesenmammutbaum)	83 m
Abies procera (Edle Tanne)	85 m
Sequoia sempervirens (Küstenmammutbaum, Redwood)	120 m
Riesen-*Eucalyptus*	150 m

Abb. 4.1   *Pinus longaeva*, die langlebige Kiefer (Robert Cocquyt/Fotolia)

Exemplar lebt seit 4700 Jahren. Als es keimte, klang bei uns die Jungsteinzeit aus, und die Bronzezeit begann. Die Voraussetzung sowohl für prächtiges Wachstum in die Höhe als auch für langsames und dafür ausdauerndes Wachstum ist Festigkeit.

4.2   Baustoffe: Holz als biologischer Stahlbeton

Als Baustoff für die Festigkeit haben die Pflanzen den Stahlbeton erfunden. Das ist ein Verbundbaustoff aus Stäben oder Fibrillen für die sogenannte Bewehrung und aus einer dazwischen eingefüllten amorphen Masse, dem Lignin als einer Art Beton. Was beim technischen Stahlbeton Rundstahlbewehrungen und der Beton sind, sind bei den Pflanzen die Zellulosefibrillen und das Lignin.

Die Wände der pflanzlichen Zellen bestehen im Wesentlichen aus Zellulose. Das sind langgestreckte Moleküle, sogenannte Polysaccharide, aus ein paar hundert bis zu einigen tausend Molekülen des Traubenzuckers, Glucose, mit

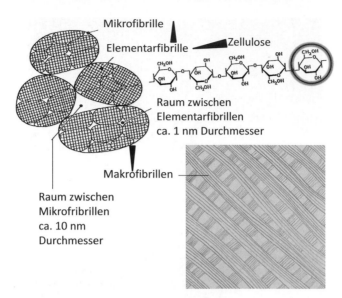

Abb. 4.2 Fibrillenhierarchien der Zellulosewände von Pflanzenzellen. Zellulose-molekülketten aus Traubenzuckereinheiten (Glucose, rot umrandet) lagern sich zu Elementarfibrillen zusammen. Elementarfibrillen bilden Mikrofibrillen. Mikro-fibrillen formieren sich zu Makrofibrillen mit paralleler Streichrichtung in der aus-gereiften Zellwand. Mehrere Schichten mit unterschiedlicher Streichrichtung überlagern sich. Schema der Mikrofibrillen in pflanzlichen Zellwänden oben links nach Frey-Wyssling. (Aus Lüttge und Higinbotham 1979)

je 6 Kohlenstoffatomen (=C_6-Zucker). Die Zellulosemoleküle sind die Basis einer Hierarchie von Fibrillenstrukturen (Abb. 4.2). Etwa 100 Ketten von Zellulosemolekülen lagern sich parallel zu einer sogenannten Elementarfibrille von 6 bis 7 nm Durchmesser zusammen, die durch Wasserstoffbrückenbindungen zwischen einander gegenüberliegenden Sauerstoff- und Wasserstoffatomen der Zellulosemoleküle stabilisiert wird. Etwa 20 Elementarfibrillen bilden eine Mikrofibrille von 20 bis 30 nm Durchmesser. Mikrofibrillen wiederum vernet-zen sich zu Makrofibrillen von 400 nm Durchmesser. Die Vernetzung bewirken andere Polysaccharide, sogenannte Brückenpolysaccharide, an denen neben C_6-Zuckern auch C_5-Zucker beteiligt sind. Die Mikro- und Makrofibrillen haben in den ausgereiften Zellwänden eine parallele Streichrichtung, wobei sich mehrere Schichten unterschiedlicher Streichrichtung überlagern. Ein sol-ches Flechtwerk kann ideal Druckbelastung aufnehmen. Das ist sozusagen die Bewehrung ohne den Beton, und so sehen auch Zellwände von Algen aus.

Ganz entscheidend für das aufrecht stehende Leben der Pflanzen an Land waren nun zwei Aspekte, nämlich einmal die Tatsache, dass die Fibrillentextur der Zellwände Zwischenräume offen lässt (Abb. 4.2), und zum Zweiten die Erfindung der Betonmasse zur Einlagerung in diese Zwischenräume. Die Betonmasse der Pflanzen ist das Lignin. Die Selektion der biochemischen Erfindung des Lignins ist ein bahnbrechendes Ereignis in der Evolution der Landpflanzen. Die Grundeinheit des Lignins sind sogenannte Monolignole. Dies sind Phenylpropanderivate (Abb. 4.3). Die Monolignolmoleküle sind klein genug, um in die Fibrillenzwischenräume der Zellwand eindringen zu können. In Lösung durchtränken sie gewissermaßen die ganze Zellwand. Aber dann vernetzen sie sich chemisch, das heißt, sie polymerisieren zu riesigen dreidimensionalen Makromolekülen (Abb. 4.3). Nun ist die Zellulosebewehrung von Ligninbeton eingeschlossen und verfestigt. Wir sprechen dabei auch von einer Inkruste.

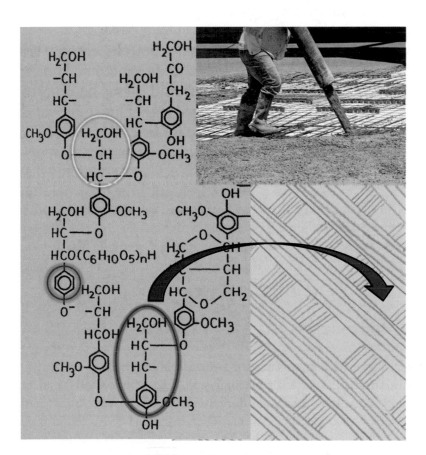

Abb. 4.3   Lignin. Rot umrandet Monolignol-Baustein aus einem C_3-Teil (Propyl-rest, gelb) und einem ringförmigen C_6-Teil (Phenylrest, blau). Die Bausteine dringen in die Räume zwischen den Fibrillen in der Zellwand ein und polymerisieren dort, wie es hier für 8 Einheiten angedeutet ist. Dies ist die Analogie zum Stahlbeton (Fotografie Kara/Fotolia)

Das Lignin heißt auch Holzstoff. Mit Lignin inkrustierte Zellwände sind verholzte Zellwände. Mit ihrer globalen Dominanz als Lebewesen heimsen die Pflanzen damit gleich zwei Spitzenpositionen organisch-chemischer Synthesearbeit auf einmal ein: Zellulose ist die häufigste und Lignin die zweithäufigste organische Substanz auf der Erde. Diese gewaltige Biomasse kann anderen Lebewesen als Nahrung dienen. Erstaunlicherweise können trotz dieses riesigen Angebotes aber nur wenige Pflanzenfresser unter den Tieren diese Quellen direkt nutzen und selber Zellulose verdauen, z. B. Schnecken und Holz fressende Käferlarven. Alle anderen, vor allem Insekten wie die Holz fressenden Termiten, Huftiere und Nagetiere sind dafür auf sogenannte Verdauungssymbiosen angewiesen. Das ist ein Trick der Evolution. Sie hat die Tiere nicht direkt mit Zellulose abbauenden Enzymen ausgestattet, sondern ein Zusammenleben („Symbiose") mit Mikroorganismen in ihrem Darm favorisiert.

Wir werden in Kap. 14 noch näher sehen, dass Organismen eigentlich nie alleine leben, und dabei das Konzept der „Holobionten" kennenlernen. Es sind vor allem Bakterien und Protozoen, die im Darm der Tiere leben und die enzymatische Ausstattung zum Abbau der Zellulose mitbringen. Auch manche Pilze können Zellulose und Lignin abbauen. Das kann man jederzeit im Wald beobachten, wo verrottendes Holz massenweise herumliegt. Es gibt Spezialisten, die entweder die Zellulose oder das Lignin verdauen. Dadurch machen sie uns die Zellulose und das Lignin direkt sichtbar, ja wir können beides sogar in die Hand nehmen. Denken Sie einmal bei einem Spaziergang daran! Die Weißfäulepilze zerlegen das Lignin der Zellwände, und eine hellweiße faserige Masse, die praktisch nur aus Zellulose besteht, bleibt übrig. Die Braunfäulepilze hingegen bauen die Zellulose ab, und nur die rotbraune amorphe Masse des Lignins bleibt zurück, die sich im trockenen Zustand leicht zwischen den Fingern zu Staub zerreiben lässt (Abb. 4.4).

4.3 Bauteile

Aus Zellen mit verholzten Wänden konstruiert die Pflanze verschiedene Bauteile für die Festigung. Wir finden sie vor allem im Holz der Sträucher und Bäume, aber natürlich nicht nur dort. Es sind im Wesentlichen langgestreckte Zellen, deren lebender cytoplasmatischer Inhalt nach Ausbildung der verholzten Zellwände abstirbt (Abb. 4.5). Dazu gehören faserartige Zellen, die wir Sklerenchymzellen nennen. Im Holz befinden sich auch die Leitbahnen für den Wassertransport, mit denen wir uns in Kap. 15 beschäftigen werden. Die Tracheiden im Holz der Nadelbäume sind englumig und können neben der Transportfunktion gleichzeitig die Festigkeit gewährleisten. Die Tracheen der Laubbäume dienen hauptsächlich dem Transport, und das Holz enthält

Abb. 4.4   Links Weißfäule von Holz: Pilze bauen das Lignin ab, und Fasern aus Zellulose bleiben übrig. Rechts Braunfäule: Pilze bauen die Zellulose ab, das Lignin bleibt übrig und zerreibt sich leicht zu Staub. (Fotografie Manfred Kluge)

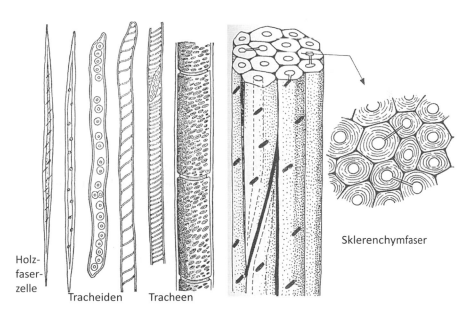

Abb. 4.5   Verschiedene Bauteile für die Festigung aus Zellen mit verholzten Wänden. (Nach Strasburger, aus Kadereit et al. 2014, und und Troll, aus Jäger et al. 2014)

deshalb zusätzlich zur Verfestigung Holzfaserzellen. In krautigen Pflanzen können sich Sklerenchymzellen zu Bündeln zusammenlagern und lange, feste Sklerenchymfasern ausbilden. Die kennen wir alle. Wir begegnen ihnen auf unangenehme Weise, z. B. wenn ein Spargelstängel, ein Rhabarberblattstiel oder ein Kohlrabi „verholzt" ist. Dann kauen wir die Fasern heraus. Wir kennen sie aus mancherlei Produkten von Handwerk und Industrie, z. B. von Seilen aus der Hanfpflanze oder der Sisalagave, von Jutesäcken, vom Bindebast aus Bastfasern und vielem anderem mehr. Wir tragen sie mit uns herum, denn auch die zu Textilien versponnenen Samenhaare der Baumwollpflanze gehören dazu.

4.4 Bauelemente

Bauelemente sind bestimmte Pflanzengewebe. Bedeutend ist das Holz der Sträucher und Bäume. Für die verschiedensten Konstruktionen von Gebäuden, Möbeln, Wagen und vielen anderen Gebrauchsgegenständen ist Holz ein Rohstoff, ohne den die gesamte Kulturgeschichte der Menschheit nicht denkbar gewesen wäre. In krautigen Pflanzen haben die Leitbündel, wie der Name sagt, Transportfunktionen (Kap. 15), sie sind in den Pflanzen aber so angeordnet, dass sie gleichzeitig die Funktion erfüllen, Standfestigkeit zu gewährleisten (Abb. 4.6). Die Leitbündel durchziehen die Pflanzensprosse in Längsrichtung auf verschiedene Weise, je nachdem, wie sie räumlich angeordnet über die Blattstiele in die Blätter eintreten und diese versorgen. Sie bilden ein steifes, aber auch biegsames Gerüst. Die Festigkeit der Leitbündel beruht auch darauf, dass die Elemente des Phloems und des Xylems, die dem Transport von Fotosyntheseprodukten bzw. Wasser und Nährsalzen dienen (Kap. 15), von Sklerenchymgeweben eingehüllt sind (Abb. 4.7).

4.5 Baustrukturen

Zu den Baustrukturen gehören die Leitbündelanordnungen, die wir oben schon kennengelernt haben (Abb. 4.6). Bei den zweikeimblättrigen Pflanzen liegen die Leitbündel im Sprossquerschnitt wie ein Ring an der Peripherie (Abb. 4.6, Mitte und rechts). Die Rohrstruktur verschafft auch besondere Biegungsfestigkeit bei Beanspruchung durch den Wind. Bei manchen Kräutern wird der Spross dann sogar innen hohl. Das spart Material. Bei Gräsern liegen dann die bei diesen Monokotyledonen verstreut über den Querschnitt angeordneten Leitbündel in einem äußeren Gewebe, das einen Hohlzylinder bildet, und das hat in der Bionik zu tollen technischen Konstruktionen angeregt (Kap. 23).

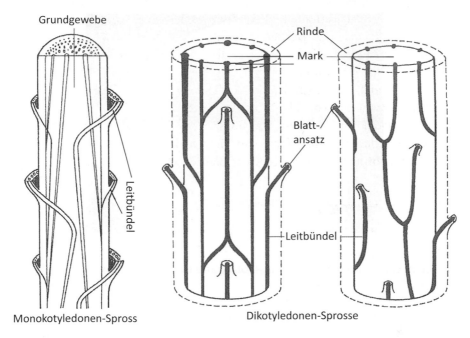

Grundgewebe

Rinde

Mark

Blatt-
ansatz

Leitbündel

Leitbündel

Monokotyledonen-Spross

Dikotyledonen-Sprosse

Abb. 4.6 Leitbündelverlauf in Sprossen von einkeimblättrigen (Monokotyledonen) und von zweikeimblättrigen Pflanzen (Dikotyledonen) mit verschiedenem Blattansatz. (Nach Troll, aus Jäger et al. 2014)

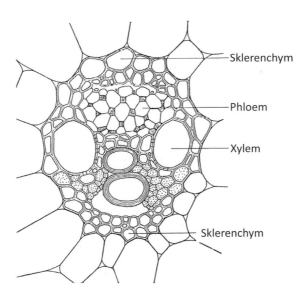

Sklerenchym

Phloem

Xylem

Sklerenchym

Abb. 4.7 Querschnitt durch ein Leitbündel des Mais mit Phloem und Xylem und einem Sklerenchymmantel. (Nach D. von Denffer, aus Kadereit et al. 2014)

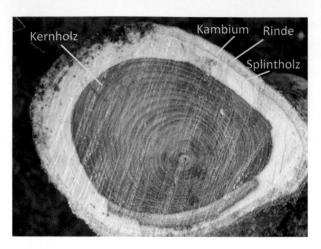

Abb. 4.8 Querschnitt durch den Stamm des Goldregens mit Jahresringen, Rinde, Kambium, Splintholz und Kernholz. (Fotografie Manfred Kluge)

Herausragende Baustrukturen sind die Holzgewächse. Die Jahresringe der Stammquerschnitte beruhen auf der Tätigkeit eines um den Stamm herumlaufenden Zylinders aus teilungsfähigen Zellen, des Kambiums. Es besteht aus Zellen, die sich aktiv teilen und nach außen immer Zellen der Rinde, nach innen aber die Zellen des Holzes abscheiden. Dadurch wachsen die Stämme in die Dicke. Dabei werden nach der Winterruhe im Frühjahr weitlumigere Tracheiden und Tracheen erzeugt, während die Zellen im späteren Verlaufe des Jahres englumiger werden. Das sieht man mit dem bloßen Auge als Jahresringe (Abb. 4.8). Dies hat auch mit Festigkeit zu tun, weil die englumigeren Zellen zwar weniger leistungsfähig für den Transport sind, aber mehr zur Festigkeit beitragen können, wenn die Elemente des Frühholzes die Transportfunktionen schon gut wahrnehmen. Oft wird das Holz im Inneren der Stämme noch durch Inkrusten zusätzlich zum Lignin verstärkt. Dazu dienen unter anderem Gerbstoffe. Dieses Holz wird dadurch sehr resistent gegen mikrobiellen Abbau. Es hat dann seine Transportfähigkeit verloren, ist aber sehr widerstandsfähig geworden. Wir bezeichnen es als Kernholz. Durch die Gerbstoffe hebt es sich oft durch dunklere Farbe deutlich vom äußeren Holzmantel ab, wo die notwendige Transportfähigkeit erhalten bleibt und den wir Splintholz nennen (Abb. 4.8). Die Jahresringe tragen auch zum ästhetischen Wert von Möbeln und Holzteilen in Gebäuden bei. Man kann sie auch an versteinertem, fossilem Holz noch gut erkennen (Abb. 4.9).

Bei spezieller Belastung kann die Kambiumtätigkeit Baustrukturen der Hölzer anpassen. Ein allgegenwärtiges Beispiel sind die Seitenäste der Bäume. Ein ausladender Seitenast drückt durch sein großes Gewicht nach unten und kann absinken oder abbrechen. Ein Ingenieur würde da eine Stütze einsetzen.

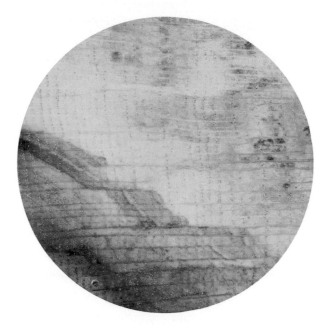

Abb. 4.9 In Lava versteinertes Holz aus dem mittleren Miozän vor etwa 14 Millionen Jahren; Columbia River, Washington

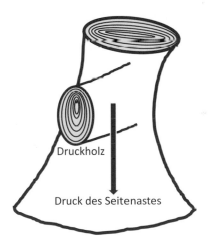

Abb. 4.10 Baustruktur zum Tragen starker Astdrücke: Lösung eines Nadelbaums mit der Ausbildung von Druckholz

Laubbäume bauen in Stammnähe auf der Astoberseite ein dehnbares sogenanntes Zugholz ein. Was Nadelbäume machen, kann man an Astquerschnitten manchmal sehr schön sehen (Abb. 4.10). Sie erzeugen auf der Astunterseite mächtigere Jahresringe und bilden damit ein sogenanntes Druckholz aus, das das Gewicht des Astes tragen kann.

Literatur

Jäger E, Neumann S, Ohmann E (2014) Botanik, 5. Aufl. Springer, Berlin
Lüttge U, Higinbotham N (1979) Transport in plants. Springer, Berlin

5

Gefahr des Verdurstens an Land

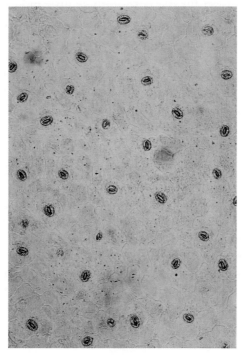

Blattoberfläche mit Stomata: Spaltöffnungen zwischen zwei Schließzellen

© Springer-Verlag GmbH Deutschland 2017
U. Lüttge, *Faszination Pflanzen*, DOI 10.1007/978-3-662-52983-6_5

5.1   Feuchte Oberflächen an der Luft

Alle möglichen feuchten Oberflächen trocknen an der Luft. Regennasse Wege, Straßen und Bodenoberflächen, Pfützen, aufgehängte nasse Wäsche, alles trocknet. Sogar Gefäße mit Wasser trocknen aus, wenn man sie lang genug stehen lässt. Es liegt an dem enormen Defizit an Wasserdampfdruck der Luft, sodass Wassermoleküle leicht aus der flüssigen Phase in die gasförmige Phase wechseln und in die Atmosphäre übertreten können. Das ist es, was wir unter Wasserverdunstung verstehen. Mit den physikalischen Grundlagen, den Gradienten des Wasserpotenzials, werden wir uns später im Kap. 15 (Abb. 15.7) noch etwas näher beschäftigen.

Einmal grob vereinfacht betrachtet sind Pflanzen auch nichts anderes als feuchte Oberflächen. Wie alle Lebewesen bestehen Pflanzen zu einem ganz hohen Prozentsatz aus Wasser (oft mehr als 90 %). Blätter sind in der Regel ziemlich dünn, breiten sich in der Fläche aus und erzeugen dadurch feuchte Oberflächen. Sie müssen für die Fotosynthese über möglichst große Flächen Licht absorbieren und aus der sehr niedrigen Konzentration von weniger als 400 Molekülen Kohlendioxid pro Million Gasmoleküle in der Atmosphäre das CO_2 aufnehmen. Der dänische Botaniker Christen Raunkiaer hat nach der Fläche Größenklassen von Blättern aufgestellt (Tab. 5.1). Besonders in feuchten tropischen Wäldern gibt es viele Pflanzen mit sehr großen Blattflächen. Dazu gehören z. B. auch die Bananenpflanzen (Abb. 5.1). Aber auch die Summen der Flächen kleinerer Blätter einer Pflanze ergeben insgesamt eine große Lauboberfläche. Man kann das quantitativ durch einen Blattflächenindex wiedergeben. Diesen Index erhält man, wenn man sich bei einer Pflanze alle Blätter senkrecht von oben auf den Untergrund projiziert denkt. Dann wird das insgesamt meist ein Vielfaches der Grundfläche abdecken. Der Blattflächenindex ist also die dimensionslose Zahl (Fläche/Fläche) der Gesamtfläche der Blätter dividiert durch die Grundfläche, auf die sie projiziert wurden.

Der Blattflächenindex ist in Lorbeerwäldern, in den Nadelwäldern der borealen Zone (lat. *borealis*, „nordisch") und in tropischen Regenwäldern (Kap. 20), aber auch in Getreidefeldern besonders hoch (Tab. 5.2). Der hohe

Tab 5.1 Größenklassen von Blattflächen nach Raunkiaer (nach Frey und Lösch 2004)

Bezeichnung der Blätter	Fläche (cm²)
Megaphyll	größer als 1500
Macrophyll	1500–180
Mesophyll	180–20
Microphyll	20–2
Nanophyll	2–0,2
Leptophyll	kleiner als 0,2

Abb. 5.1 Bananenblätter (links Edenwithin/Fotolia, rechts depositphotos/no-name454)

Tab. 5.2 Blattflächenindizes verschiedener Vegetationstypen (nach Frey und Lösch 2004)

Vegetation	Blattflächenindex
boreale Nadelwälder	12
Lorbeerwälder	12
Getreidefelder	9
tropische Regenwälder	8
temperate sommergrüne Laubwälder	5
Wiesen, Steppen, Savannen	4
Heide-Buschland	4
Rübenfelder	4
Tundren	2
Kartoffeläcker	2

Blattflächenindex eines tropischen Regenwaldes wird uns anschaulich, wenn wir von oben draufsehen oder von einem im Kronendach installierten Laufweg aus hineinschauen und besonders, wenn wir am Waldboden stehen und nach oben blicken (Abb. 5.2). Die kleinsten Blattformen (Tab. 5.1) und niedrige Blattflächenindizes sind Anpassungen zur Einschränkung der Wasserverdunstung (siehe folgendes Kap. 6). Hohe Blattflächenindizes bedeuten hohe Flächen für die Verdunstung. Dagegen muss die Pflanze gewappnet sein.

5.2   Wasserundurchlässige Außenhaut: Cuticula

Wenn wir unter der Dusche stehen, perlt das Wasser an uns ab, es dringt nicht durch unsere Haut in uns ein. Wenn wir in den Regen hinaus müssen,

Abb. 5.2 Links oben Blick von oben auf das Kronendach des atlantischen Regenwaldes in Brasilien; links unten Blick von einem Kronendachlaufweg in den tropischen Regenwald in Französisch-Guayana; rechts Blick von unten in das Kronendach
eines tropischen Wolkenwaldes in Costa Rica

nehmen wir wasserfeste Überkleidung. Es gibt in biologischen und technischen Systemen wasserundurchlässige Materialien, und solche benutzt auch
die Pflanze, um sich gegen den Wasserverlust aus ihren Geweben zu wappnen. Die äußerste Zellschicht aller Pflanzenorgane nennen wir wie bei unserer
eigenen Haut Epidermis. Außer in der Wurzel, die Wasser aufnehmen muss,
sind alle Epidermen von einer dünnen Lage Wasser abstoßender und was-
serundurchlässiger Substanzen, wie dem Cutin und verschiedener Wachse,
überzogen, die zusammen die Cuticula bilden. Eine globale Hochrechnung
hat eine interessante Zahl ergeben. Bezogen auf die gesamte Pflanzendecke
der Erde nimmt die Cuticula eine Gesamtfläche von mehr als 1,2 Milliarden km² ein. Das ist etwa das 2,4-Fache der Oberfläche des ganzen Erdballs.
Damit stellt sie die größte Grenzfläche zwischen Biosphäre und Atmosphäre
dar. Wie unsere eigene Haut hat die pflanzliche Epidermis mit ihrer Cuticula verschiedene Schutzfunktionen. Im Zusammenhang mit dem Problem

des Wasserhaushalts ist die entscheidende Aufgabe der Cuticula der Verdunstungsschutz.

5.3 Verdursten oder Verhungern?

Aber so ganz einfach geht das mit dem Verdunstungsschutz gar nicht. Die Cuticula ist nämlich auch undurchlässig für CO_2. Mit einer solchen lückenlosen Haut könnten die Pflanzen kein CO_2 aufnehmen und keine Fotosynthese betreiben. Die Pflanze steht also vor dem Dilemma Verhungern oder Verdursten. Die Alternative ist „Dicht machen", kein Wasser verlieren, aber auch kein Kohlendioxid gewinnen, also Verhungern, oder „Aufmachen", Kohlendioxid gewinnen, aber Wasser verlieren, also Verdursten. Was gebraucht würde, wäre ein Material, das undurchlässig für Wasser, aber durchlässig für Kohlendioxid ist. Ein solches Material gibt es nicht, weder biologisch noch technisch, denn die beiden Moleküle H_2O und CO_2 sind sich in physikochemischen Eigenschaften zu ähnlich. Durch eine feststehende Konstruktion wie der Cuticula allein ist das Problem nicht zu lösen. Es kann nur dynamisch gelöst werden. Dabei vollbringt die Pflanze ungeahnte Meisterleistungen, wie wir im Folgenden sehen werden.

5.4 Durchlüftung der Blätter: Der Gasaustausch

Die Blätter der Pflanzen müssen also dynamisch gelüftet werden. Auf einem räumlichen Schnitt, wie er im Rasterelektronenmikroskop dargestellt werden kann, sehen wir, dass Blätter ausgedehnte zusammenhängende Lufträume enthalten (Abb. 5.3). Auf die obere Epidermis folgen eine oder mehrere Lagen lang gestreckter Zellen, die wie Palisaden aussehen. Diese Zellen können räumlich betrachtet die Chloroplasten entlang ihrer Längswände besonders günstig dem einfallenden Licht präsentieren und tragen die Hauptlast der Fotosynthese. Wir nennen dieses Gewebe das Palisadenparenchym. Darunter befinden sich Zellen, die wie ein Schwamm große Lufträume zwischen sich frei lassen. Wir sprechen vom Schwammparenchym und bei den Lufträumen in beiden Parenchymen vom Aerenchym. Dieses Aerenchym muss, wie wir gesehen haben, für die Fotosynthese gut mit CO_2 durchlüftet sein. Dazu kommt, dass bei der Fotosynthese nur im Licht Sauerstoff (O_2) gebildet wird und dass die Blätter im Dunkeln für ihre Atmung Sauerstoff brauchen. Beide

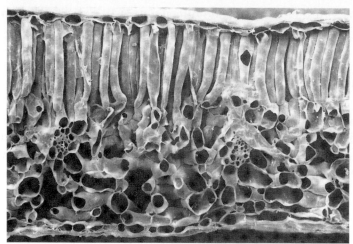

obere Epidermis

Palisaden-
parenchym

Schwamm-
parenchym

untere Epidermis

Abb. 5.3 Räumlicher Blick in das Innere eines Blattes: Rasterelektronenmikroskopische Aufnahme eines quer aufgebrochenen Blattes der Baumwolle. (Fotografie H. D. Ihlenfeldt, aus Kadereit et al. 2014)

Gase müssen also zwischen dem Aerenchym im Blattinneren und der Außenluft ausgetauscht werden können.

Überraschend wird es nun für viele Leser sicherlich, wenn wir noch mal den Wasserdampf betrachten. Bisher haben wir den Verlust von Wasserdampf als ein Übel angesehen, gegen das sich die Pflanze durch die Ausbildung der Cuticula wappnen muss. Sicher stand das bei der Evolution der Pflanzen an Land am Anfang. Aber der Verlust von Wasserdampf an die Atmosphäre war nie ganz vermeidbar. Deshalb musste Wasser aus dem Boden durch die Wurzeln nachgeliefert werden. Die Abgabe von Wasserdampf aus den Blättern an die Atmosphäre nennen wir die Transpiration und das Nachströmen von Wasser in den Leitbahnen der Wurzeln, des Sprosses und der Blattadern mit ihren Leitbündeln den Transpirationsstrom. Damit werden wir uns bei den Transportprozessen in der Pflanze in Kap. 15 näher befassen. Nun hat die Selektion der Evolution aus der Not des Wasserverlustes durch die Transpiration eine Tugend gemacht. Bei den Landpflanzen dient der Transpirationsstrom der Verteilung der mit dem Wasser aus dem Boden aufgenommenen Mineralstoffe in der ganzen Pflanze (Kap. 9). Aus dem Übel des nicht vermeidbaren Wasserverlustes ist eine Notwendigkeit des Mineralstoffhaushalts geworden.

Zusammengefasst sind es also wenigstens die drei Gase CO_2, O_2 und H_2O-Dampf, die zwischen dem Blattinneren und der Atmosphäre ausgetauscht werden müssen. Wir nennen das auch den Gaswechsel der Pflanzen. Dieser

Gaswechsel erfolgt durch Poren in der Epidermis. In den Blättern befinden sich diese Poren meist, wenn auch bei Weitem nicht immer, nur auf der Unterseite gleich unter dem Schwammparenchym. Das Titelbild des Kapitels zeigt die abgezogene Haut, die Epidermis der Blattunterseite einer höheren Pflanze im Mikroskop mit den Poren. Wegen ihrer besonderen Struktur, auf die wir gleich noch zu sprechen kommen, nennen wir diese Poren Stomata (grch. *stoma*, „Mund") oder auch Spaltöffnungen. Es sind komplex gesteuerte Gasventile, die äußerst sensitiv gegenüber Umweltreizen sind. Sie regulieren den Gaswechsel so, dass die Pflanzen das Dilemma Verhungern oder Verdursten unter Kontrolle bekommen können.

5.5 Dynamisches Öffnen und Schließen von Gasventilen: die Stomata oder Spaltöffnungen

Die Stomata sehen deshalb wie ein Mund aus, weil sie von zwei besonderen Zellen in der Epidermis gebildet werden, die einen Spalt zwischen sich freilassen (Abb. 5.4). Man kann diese beiden Zellen mit Lippen vergleichen. Sie

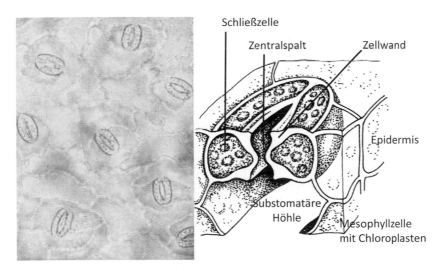

Abb. 5.4 Links Epidermis der Blattunterseite der Sumpfdotterblume (*Caltha palustris*) mit Spaltöffnungen. (Aus Kadereit et al. 2014) Rechts räumliches Modell eines Stomas. (Nach Holman und Robbins, aus Jäger et al. 2014)

können den Spalt öffnen und schließen. Sprachlich ist es am korrektesten, das Ganze als Stoma (Plural Stomata), die beiden Zellen als Schließzellen und den Spalt als Spaltöffnung zu bezeichnen, oft erscheint aber in der Literatur Spaltöffnung auch als Synonym für Stoma.

Wie regulieren die Schließzellen die Spaltöffnungsweite? Sie erreichen das dadurch, dass sie ihr Volumen erhöhen und sich aufblähen oder ihr Volumen erniedrigen und schrumpfen (Abb. 5.5). Beim Aufblähen dehnen sich die Schließzellen nach den Seiten aus. Dadurch wird der Spalt zwischen ihnen vergrößert, die Spaltöffnungsweite wird erhöht. Beim Schrumpfen rücken die zum Spalt hin liegenden Zellwände der Schließzellen wieder zusammen, der Spalt verengt sich und kann ganz verschlossen werden. Die Volumenänderungen sind osmotische Prozesse (Kap. 13). Die Schließzellen haben große zentrale Vakuolen mit wässrigem Zellsaft. Transportproteine in der die Vakuolen

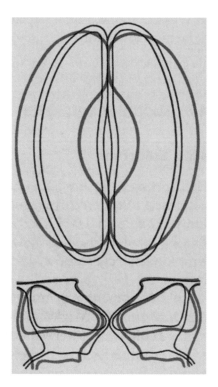

Abb. 5.5 Schematische Darstellung eines Stomas in der Aufsicht oben und im Querschnitt unten im geschlossenen (schwarz) und im offenen (rot) Zustand. (Nach Haberlandt, aus Jäger et al. 2014)

umgebenden Membran, die wir später noch kennenlernen werden (Kap. 15), transportieren Kaliumionen, Äpfelsäureanionen und Chloridionen in den Zellsaft. Wasser kann osmotisch nachströmen (Abb. 13.1 und 13.2), und so erhöht sich das Volumen. Beim Schließvorgang treten die Ionen aus den Vakuolen aus. Die Vakuolen verlieren Wasser osmotisch, und das Volumen der Zellen verringert sich.

5.6 Hoch komplex regulierte Ventilfunktionen der Spaltöffnungen

Im Dilemma Verhungern oder Verdursten verläuft der Verlust von Wasser immer rascher als der von stofflicher Substanz. Das ist beim Menschen genauso. Verdursten ist daher die unmittelbarere Gefahr. Für eine Feineinstellung im Dilemma müssen die Spaltöffnungen zugehen, wenn das Wasser knapp wird. Um genügend CO_2 für die Fotosynthese zu haben, müssen die Blätter die Spalten öffnen, wenn die CO_2-Konzentration im Blattaerenchym zu niedrig wird. Dies hängt von der Fotosynthese selbst und damit vom Licht ab, denn durch aktive Fotosynthese wird die interne CO_2-Konzentration erniedrigt und CO_2 muss aus der Luft nachströmen.

Wir haben also drei Kontrollparameter: 1) den Wasserstatus, 2) die CO_2-Konzentration und 3) das Licht. Der Informationsinhalt dieser Parameter wird von den Stomata interaktiv verarbeitet. Niederer Wasserstatus signalisiert Schließbewegung. Hohe relative Feuchtigkeit der Außenluft, niedrige CO_2-Konzentration im Blattinneren und Licht signalisieren Öffnungsbewegung. Die Stomata können die Signale dieser Kontrollparameter durch besondere Rezeptoren aufnehmen. Das Licht wirkt über einen Blaulichtrezeptor. Der Wasserstatus setzt sich in das Signal eines pflanzlichen Hormons, der Abscisinsäure, um. Das Signalsystem ist dabei so gut, dass nicht nur der Wasserstatus der Blätter verarbeitet werden kann. Die Wurzeln können das Abscisinsäuresignal mit weiteren Hormonen und zusätzlich hydraulische und elektrische Signale an die Blätter senden und so sehr differenziert über anstehenden Wassermangel informieren, selbst wenn der Wasserstatus in den Blättern noch gar nicht betroffen ist. So können die Spaltöffnungen rechtzeitig schließen, bevor eingeschränkte Wasserversorgung aus den Wurzeln effektiv wird (Abb. 16.4).

Über ein kompliziertes Regulationsnetzwerk, wie wir es beispielhaft später in Kap. 16 behandeln werden, können die Öffnungs- und Schließbewegungen der Stomata feinreguliert werden. Das dynamische Optimieren der

Spaltöffnungsreaktionen im Dilemma Verhungern oder Verdursten ist eines der besten Beispiele für Integration durch Information in der ganzen Pflanze. Damit präsentiert sich die Pflanze als ein ganzheitlich organisierter Organismus, was zu zeigen ein besonderes Anliegen dieses Buches ist (Teile III, IV und V).

Literatur

Frey W, Lösch R (2004) Lehrbuch der Geobotanik. Pflanze und Vegetation in Raum und Zeit, 2. Aufl. Spektrum Akademischer Verlag/Elsevier, München
Jäger E, Neumann S, Ohmann E (2014) Botanik, 5. Aufl. Springer, Berlin

6

Auf dem Trockenen sitzen: Welche Anpassungen der Baupläne sind nötig?

Kleiner Frosch im Wassertank einer Bromelie

6.1 Wegducken oder Imponieren: Anpassungen der Gestalt

Bei Gefahr und Stress kann man sich wegducken oder mit Imponiergehabe die volle Brust darbieten. Auch Pflanzen machen davon Gebrauch. Es gibt mannigfache strukturelle Anpassungen an den Umgang mit der knappen

© Springer-Verlag GmbH Deutschland 2017
U. Lüttge, *Faszination Pflanzen*, DOI 10.1007/978-3-662-52983-6_6

Ressource Wasser. Es ist ein Spiel mit der Gestalt (Kap. 4). Extreme Wandlungen der Gestalt nennen wir Metamorphosen. „Arid" kommt aus dem Lateinischen und heißt trocken oder dürr. Von aridem Klima sprechen wir, wenn die Verdunstung potenziell größer ist als der Niederschlag, im Gegensatz zum humiden Klima, wo mehr Niederschlag fällt, als Wasser von freien Oberflächen verdunstet. Die Strategie des Wegduckens oder des Vermeidens, dem Trockenstress ausgesetzt zu sein, ist „aridopassiv". Die Strategie des dem Stress Entgegentretens ist „aridoaktiv". Die empfindliche Regulation der Transpiration durch die Stomata, die wir im letzten Kapitel kennengelernt haben, gehört zu den aridoaktiven Strategien. Im neuen Kapitel geht es jetzt um anatomische und morphologische Modifikationen der Gestalt.

6.2 Stress vermeiden: saisonale aridopassive Vermeidungsstrategien

Zu den Strategien der Stressvermeidung gehört saisonales Verhalten, wenn der Stress vor allem jahreszeitlich bedingt ist. Wir kennen das besonders vom Kältestress im Winter, aber auch vom Trockenstress.

Die einjährigen annuellen Pflanzen oder Therophyten vollenden ihren Lebenszyklus in günstiger Jahreszeit und geben dann ihre Samen als widerstandsfähige Dauerstadien in den Boden ab. In Wüsten mit immer wiederkehrenden kurzen Regenzeiten finden sich viele Samen im Sand, die dann plötzlich und selbst nach vielen Jahren auskeimen, wenn es regnet und weite Flächen mit einem regelrechten Blütenmeer überziehen (Abb. 6.1).

Aridopassive Strategien verfolgen auch die sogenannten Geophyten. Das sind Pflanzen, die mit unterirdischen Organen überdauern. Viele davon sind uns aus unserer Umgebung wohlbekannt. Rhizome sind Metamorphosen von Sprossen in der Erde, wie wir sie bei den Maiglöckchen, Buschwindröschen (Abb. 16.9) und Schwertlilien finden. Andere Sprossmetamorphosen sind die Knollen der Kartoffeln. Die Knollen des Scharbockskrautes oder der Dahlien sind Wurzelmetamorphosen. Zu den Geophyten gehören alle unsere bekannten Zwiebelpflanzen, wie Schneeglöckchen, Krokusse, Narzissen und Tulpen und natürlich die Küchenzwiebel (*Allium cepa*) sowie andere Arten der Gattung *Allium*. Hierbei handelt es sich um Blattmetamorphosen, denn die fleischigen Schuppen der Zwiebeln sind umgewandelte Blätter. Viele sind in den ariden Gebieten des nahen Ostens beheimatet, wie z. B. auch die Tulpen.

Eine andere Strategie der Stressvermeidung ist das Abwerfen des Laubes. Der Winter bringt nicht nur Kälte- und Froststress mit sich, sondern auch Wassermangelstress, denn wenn der Boden gefroren ist, kann über die Wurzeln kein Nachschub von Wasser in transpirierende Organe erfolgen. Der Winter

Abb. 6.1   Blühende Wüste, Kalifornien

mit seiner Trockenheit kann eine größere Herausforderung darstellen als sommerliche Trockenperioden. So vermeiden es die Laub abwerfenden Bäume, dass ihre Blätter dem Stress ausgesetzt werden. Die immergrünen Nadelblätter der Koniferen in unserer Flora müssen sich anderweitig schützen. In den Tropen werfen Bäume von Trockenwäldern und in Savannen die Blätter während der Trockenzeit ab. Wenn sie dann vor dem Austreiben neuer Blätter blühen, bieten sie im blattlosen Zustand ein besonders prächtiges Bild (Abb. 6.2), wie unsere Forsythien, Mandel- und Kirschbäume im Frühjahr.

6.3   Aridopassive und aridoaktive Strategien der Wurzeln

Auch unter der Erde spielen sich sowohl aridopassive als auch aridoaktive Strategien ab. Flachwurzler können nur Wasser aufnehmen, wenn die obersten Bodenschichten feucht sind. Diese trocknen natürlich am ehesten aus. In tropischen Savannen reagieren die Gräser in der Trockenzeit aridopassiv. Die Wurzeln und die oberen Pflanzenteile sterben ab und treiben nach Regen wieder neu aus. Tiefwurzler dringen bis in die Nähe des Grundwasserspiegels vor und können sich das ganze Jahr lang mit Wasser versorgen. In den venezolanischen Savannen der Llanos stoßen die Wurzeln der Savannenbäume sogar durch die dort „Arecife" genannte harte Lateritschicht aus Eisenoxid an der Bodenoberfläche durch. Die Savannenbäume sind aridoaktiv (Abb. 6.3).

Abb. 6.2   Blühende Savannenbäume in Venezuela. (**a**) *Tabebuia bilbergii*, (**b**) *Tabebuia chrysantha*, (**c**) *Tabebuia orinocensis*, (**d**) *Jacaranda filicifolia*

Große Säulenkakteen kombinieren aridopassive Wurzelreaktionen mit aridoaktiver Lebensweise. Kakteen lassen ihre Feinwurzeln im Trockenen absterben und können bei Niederschlag sehr rasch neue bilden. Das ist aridopassives Verhalten auf der Wurzelebene (Abb. 6.4). Die Kakteen füllen dann nach Regen die Wasserspeichergewebe in ihren Sprossen auf. Interne Wasserspeicher sind, wie wir noch sehen werden, eine Grundlage für aridoaktive Lebensvorgänge während der Trockenzeiten.

6.4   Über der Erde: Gestalt der Blätter

Große Blattflächen haben wir als feuchte Oberflächen an der Luft kennengelernt (Kap. 5). Sie fördern den Wasserverlust durch die Transpiration. Eine Möglichkeit, dies zu verringern, ist die Verkleinerung der Blattflächen. Das ist bei den Mikro- und Nanophyllen der Fall (Tab. 5.1). Die extremste Möglichkeit ist es, die Blätter ganz aufzugeben. Eine sehr weit reichende Blattmetamorphose ist die Umwandlung in Blattdornen. Bei den stammsukkulenten Kakteen (siehe weiter unten: Abb. 6.9) sind die Blätter zu Dornen geworden.

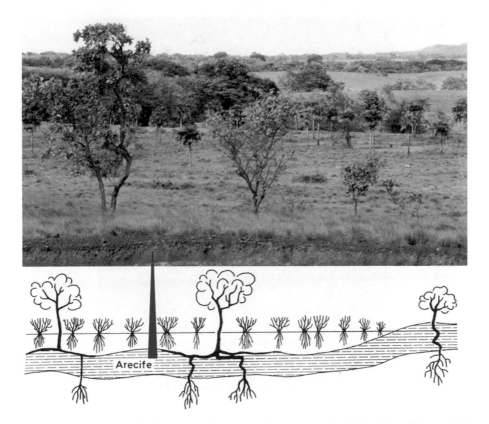

Abb. 6.3 Flach wurzelnde Gräser über einer harten Lateritschicht (Arecife) und tief wurzelnde Savannenbäume in den Llanos von Venezuela. (Zeichnung aus Walter und Breckle 1984)

Eine Reduktion der Blattflächen ist auch bei den Nadelblättern gegeben. Die immergrünen Koniferen brauchen den damit zusammenhängenden Schutz vor zu großer Transpiration, weil sie anders als die Laub abwerfenden Bäume den winterlichen Trocken- und Kältestress nicht vermeiden. Unter den Angiospermen haben holzige Heidepflanzen, wie die gewöhnliche Heide, *Calluna vulgaris* und Arten der Gattung *Erica*, Nadelblätter. Zu anatomischen Möglichkeiten, die oft mit der Verkleinerung der Blattfläche verknüpft sind, gehören die Verdickung der Außenwände der Blattepidermen und eine Verstärkung durch weitere Zellschichten sowie die Ausbildung einer besonders dicken Cuticula (Abb. 6.5).

Luftbewegungen erhöhen die Transpiration, weil sie „windstille" Oberflächenschichten zerstören, in denen sich unmittelbar über den Spaltöffnungen höhere Wasserdampfkonzentrationen aufbauen, was das Dampfdruckgefälle und dadurch die Transpiration erniedrigt (Kap. 5 und 15). Jeder weiß, dass – wenn

Abb. 6.4 Wurzeln eines umgestürzten 6 m hohen Säulenkaktus, *Subpilosocereus ottonis*, Venezuela. Ausgedehntes horizontales Wurzelsystem und Pfahlwurzeln zur Befestigung im Boden (rote Pfeile) und Feinwurzeln (gelbe Pfeile)

sonst alle Bedingungen gleich sind – nasse Textilien im Wind schneller trocknen als in stehender Luft. Es ist deshalb ein sehr wirksamer Transpirationsschutz, die Stomata mit einem dichten Filz aus toten Haaren zu bedecken oder in die Blattfläche einzusenken, sodass der Wind weniger Zutritt hat. Oft ist beides miteinander verbunden. Die Blätter einiger Gräser rollen sich zudem ein und schützen so die Stomata, wenn es zu trocken wird (Abb. 6.5).

6.5   Gefäße zum Abfüllen von Wasser: Phytothelmen

Manche Pflanzen bilden Strukturen aus, die wie Gefäße geeignet sind, Wasser abzufüllen. Man kann es gelegentlich sehen, wenn Blattstiele sehr breit am Spross ansitzen und sich dort nach Regen Wasser sammelt. Es gibt aber viel raffiniertere

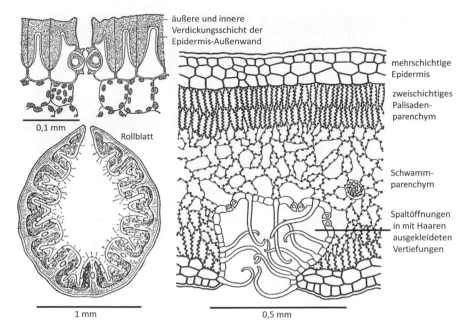

Abb. 6.5 Anatomische Veränderungen von Blättern zum Transpirationsschutz. Links oben Querschnitt durch die Epidermis von *Gasteria nigricans* mit eingesenkten Spaltöffnungen und verdickter Epidermis-Außenwand (nach E Strasburger). Links unten bei Wassermangel eingerolltes Blatt des Grases *Stipa capillata* (nach Kerner von Marilaun). Rechts Blattquerschnitt des Oleanders (*Nerium oleander*) mit Spaltöffnungen in Vertiefungen, die mit Haaren ausgekleidet sind (nach D. von Denffer). (Aus Strasburger et al. 1978)

morphologische Bildungen. Die Blätter der Rosetten von Ananasgewächsen (Bromelien) liegen unten an ihrem Ansatz am Spross so dicht beieinander, dass dadurch regelrechte Zisternen oder Wassertanks entstehen. Große Bromelien-Pflanzen können darin literweise Wasser enthalten. Ein interessantes Beispiel ist *Bromelia humilis* (Abb. 28.1). Hier treten zur Aufnahme von Wasser und Nährsalzen aus dem Tank sprossbürtige Wurzeln zwischen die Blattbasen ein (Abb. 6.6). Wasserliebende Gäste können sich dort einfinden (Titelbild des Kapitels).

Die tropische Kletterpflanze *Dischidia rafflesiana* erzeugt tütenförmige Blattmetamorphosen. Diese Pflanze lebt mit Ameisen zusammen. Die Ameisen schützen sie vor allerlei Feinden. Dafür bietet ihnen die Pflanze in den umgebildeten Blättern Logis. Die Ameisen tragen dort auch Bodenpartikel ein, und die Pflanze bildet sprossbürtige Wurzeln aus, die hineinwachsen. Die Pflanze baut sich gewissermaßen ihren eigenen Blumentopf (Abb. 6.7).

Abb. 6.6 *Bromelia humilis*. Links Rosetten. Rechts: Eine Pflanze wurde umge-
dreht und die unteren Blätter wurden entfernt, um die sprossbürtigen Tankwur-
zeln zwischen den die Zisterne bildenden Blattbasen zu zeigen

6.6   Aufsaugen: Wasserspeichergewebe und Sukkulenz

Fettleibigkeit nennen wir auch Sukkulenz. Aber das hat bei Pflanzen nichts mit
Fettpolstern zu tun: Es ist alles Wasser. Pflanzen bauen als aridoaktive Strategie
besondere Wasserspeichergewebe auf. Diese Gewebe bestehen aus auffallend
großen Zellen mit wenig Cytoplasma und riesigen Vakuolen, die mit Zellsaft,
also Wasser, gefüllt sind. Dazu gehören auch die prallen epidermalen Blasenzellen der Salzpflanze *Mesembryanthemum crystallium* (Abb. 23.8), denn auch
Salzstandorte bringen Wasserversorgungsprobleme mit sich. Bei fleischigen
Blättern sprechen wir von Blattsukkulenz. Abb. 6.8 zeigt das Wasserspeichergewebe auf der Oberseite des Blattes einer Bromelie. Die Bromelien sichern
sich also gleich mehrfach ab, erstens durch Wassertanks, um Niederschlags-
wasser abzufüllen, zweitens durch innere Wasserspeicher und drittens – wie
wir im folgenden Kapitel sehen werden – auch noch durch eine biochemische
Anpassung.

Zu den spross- oder stammsukkulenten Pflanzen gehören die Kakteen.
Sie haben die Blätter ganz aufgegeben, die hier zu den Dornen umgewandelt sind. Im Inneren der Sprosse befinden sich große Wasserspeichergewebe.
Ganz ähnliche Pflanzengestalten finden wir bei einer Reihe anderer Familien, die verwandtschaftlich mehr oder weniger weit auseinanderliegen. Wo

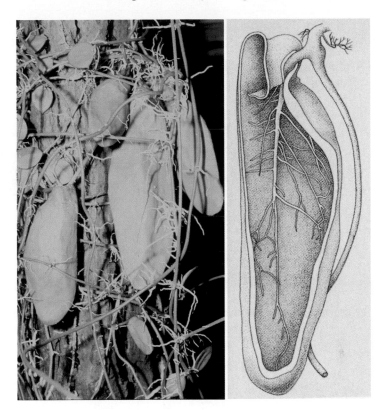

Abb. 6.7   Blattmetamorphose (links) mit sprossbürtiger Wurzel (rechts) als pflanzeneigener „Blumentopf" bei *Dischidia rafflesiana*, einer Vertreterin der Familie Asclepiadaceae. (Zeichnung aus Lüttge 2008)

Evolution unter dem Druck der äußeren Bedingungen in ganz verschiedenen Verwandtschaftszirkeln gleiche Gestalten erzeugt hat, sprechen wir von morphologischer Konvergenz. Die Stammsukkulenz der wasserspeichernden Pflanzen ist dafür ein regelrechtes Schulbeispiel (Abb. 6.9).

Die konvergente Entwicklung ist nicht nur in verschiedenen Verwandtschaftskreisen, sondern auch auf auseinanderliegenden Kontinenten abgelaufen. Die Kakteen sind Gewächse der Amerikas, der Neuen Welt. Wenn wir sie woanders antreffen, sind sie verpflanzt worden. Die entsprechenden Wolfsmilchgewächse sind dagegen Afrikaner und in der Neuen Welt häufig angepflanzt. Stammsukkulente Kakteen oder Wolfsmilchgewächse können imposante baumähnliche Gestalten bilden (Abb. 6.10). Wir dürfen sie aber nicht zu den richtigen Bäumen zählen, denn sie haben nicht das typische Dickenwachstum mit der Ausbildung eines zentralen Holzzylinders. Aber auch echte Bäume können

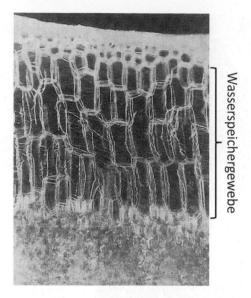

Abb. 6.8   Wasserspeichergewebe einer blattsukkulenten Bromelie. (Aus Lüttge 2008)

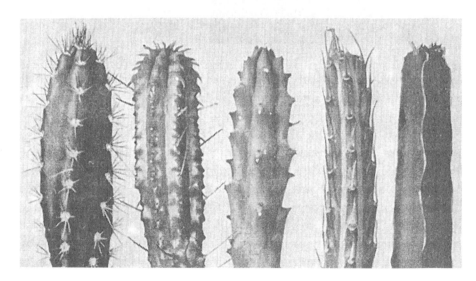

Abb. 6.9   Beispiele der Ausbildung der Stammsukkulenz durch Konvergenz in fünf verschiedenen Pflanzenfamilien. Von links nach rechts *Cereus iquiquensis* (Fam. Cactaceae, Kakteen), *Euphorbia fimbriata* (Fam. Euphorbiaceae, Wolfs-milchgewächse), *Huernia verekeri* (Fam. Asclepiadaceae), *Kleinia stapeliiformis* (Fam. Asteraceae, Korbblütler oder Kompositen), *Cissus cactiformis* (Fam. Vita-ceae). (Nach D. von Denffer, aus Kadereit et al. 2014)

Abb. 6.10   Baumförmiger Kaktus (links) und baumförmige Wolfsmilch (rechts)

Wasserspeicher in ihren Stämmen ausbilden, z. B. die „Bottle Trees" mit ihren flaschenartig aufgetriebenen Stämmen (Abb. 6.11).

Die internen Wasserspeichergewebe geben ihr Wasser während der Trockenperioden allmählich an die stoffwechselaktiven, besonders an die Fotosynthese treibenden Gewebe ab. Sie bilden damit die Grundlage für aridoaktives Leben. Im Wechsel der Trocken- und Regenzeiten werden sie entleert und wieder aufgefüllt.

6.7   Ganz trocken oder ganz nass: Verhalten an den äußersten Rändern der Möglichkeiten

An dem einen äußersten Rand der Möglichkeiten ist es eine Vermeidungsstrategie von Pflanzen, bei Wassermangel einfach auszutrocknen. Zum Überleben gehört dann natürlich dazu, bei Wasserverfügbarkeit die Lebensprozesse rasch zu reaktivieren. Wir finden das vor allem bei Thallophyten, bei Algen, die an

Abb. 6.11 Baumstämme als Wasserspeicher. (a) *Pseudobombax pilosus*, Venezuela; (b) *Moringa ovalifolia*, Namibia; (c) Affenbrotbaum, *Adansonia digitata*, Tansania

der Luft leben (Kap. 3), bei Moosen und Flechten. Dieses Buch widmet sich vor allem den höheren Sprosspflanzen. Austrocknungsfähige Lebensstadien sind hier die Sporen der Pteridophyten und die Samen der Gymnospermen und Angiospermen (siehe auch Abb. 6.1). Unter den Pteridophyten, die als erste Gefäßpflanzen das trockene Land erobert haben (Kap. 3), gibt es heute noch etwa 700 bis 1000 austrocknungsfähige Arten. Bei den Angiospermen sind es relativ gesehen nur noch ganz wenige, nämlich etwa 350 Arten. Es ist aber bemerkenswert, dass unter den so lange an das Leben an Land angepassten bedecktsamigen Pflanzengruppen wieder Formen auftreten, die fast ihr gesamtes Wasser verlieren und dann bei Wiederbefeuchtung zu voll aktivem Leben erwachen können (Abb. 6.12 und 6.13). Man bezeichnet sie als Auferstehungspflanzen, denn sie sehen im trockenen Zustand so aus, als wären sie schon gestorben gewesen (Abb. 6.13).

An dem anderen äußersten Rand der Möglichkeiten steht die permanente Nässe. Auf Feuchtstandorten ist Staunässe im Boden ein Problem für die Pflanzen. Liebhaber von Zimmerpflanzen wissen, dass man das Gießen übertreiben kann und die Pflanzen dann sogar „verdursten" können. Staunässe verhindert die Diffusion von Sauerstoff im Wurzelmilieu und damit die von der Wurzelatmung abhängige Aufnahme von Ionen und Wasser (Kap. 15). In Feuchtbiotopen bilden die Pflanzen ausgedehnte interne Gasräume, die Aerenchyme[1] aus, durch die die Wurzeln aus dem Spross mit Sauerstoff versorgt werden können. Besondere Atemwurzeln, die sich den Sauerstoff aus der Luft holen und über

Abb. 6.12 Austrocknungsfähige Gefäßpflanzen. Oben der Farn *Ceterach officinarum*, der bei uns auf trockenen Felsen und an Mauern vorkommt, mit Blättern im frischen (**a**) und im ausgetrockneten Zustand (**b**) (Fotografien von Manfred Kluge). Darunter (**c**) *Craterostigma plantagineum*, in Äthiopien aufgenommen, und (**d**) *Vellozia candida* auf zeitweise trockenen Granitfelsen in Brasilien

---

[1] Zum Begriff Aerenchym siehe Kap. 5.

Abb. 6.13 *Myrothamnus flabellifolius.* Oben am Standort in Namibia. Links im ausgetrockneten Zustand. Rechts: Nach Bewässerung beginnen sich die Blätter von unten her zu entfalten. Unten Details im ausgetrockneten und im frischen Zustand. (Fotografien von Otto L. Lange und Manfred Kluge)

die Aerenchyme in die Teile des Wurzelsystems im Boden weiterleiten, finden wir im Schlick bei Mangroven und an sumpfigen Standorten als Stelzwurzeln oder sogenannte Atemknie (Abb. 6.14). Einige bedecktsamige Blütenpflanzen sind sekundär wieder ganz zum Leben im Wasser zurückgekehrt. Dazu gehören auch unsere prächtigen Teichrosen (*Nymphaea*, Abb. 6.15).

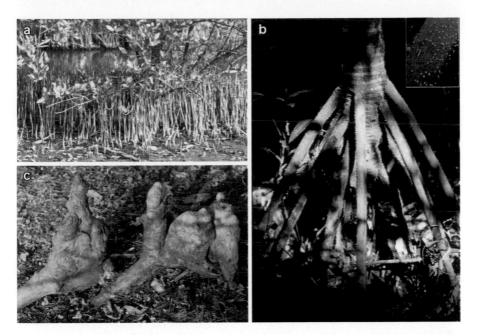

Abb. 6.14 (a) Stiftartig aus dem Schlick herausragende Atemwurzeln der Mangrove *Avicennia*, Venezuela. (b) Stelzwurzeln einer Palme in einem sumpfigen tropischen Regenwald, Venezuela. Die warzenartigen Gebilde in der Wurzelrinde (oben rechts vergrößert) sind Gruppen locker gelagerter Zellen (sogenannte Lentizellen), durch die Luft eingesogen werden kann. (c) Wie angewinkelte Knie treten die sogenannten Atemknie der Sumpfzypresse *Taxodium distichum* aus dem feuchten Boden an die Luft

Abb. 6.15 Teichrosen (*Nymphaea*) (emer/Fotolia)

Literatur

Lüttge U (2008) Physiological ecology of tropical plants, 2. Aufl. Springer, Heidelberg
Strasburger E, Noll F, Schenck H, Schimper AFW (1978) Lehrbuch der Botanik für Hochschulen, 31. Aufl. Gustav Fischer Verlag, Stuttgart, neubearbeitet von Denffer D, Ehrendorfer F, Mägdefrau K, Ziegler H
Walter H, Breckle SW (1984) Ökologie der Erde, Bd 2, Spezielle Ökologie der tropischen und subtropischen Zonen. G. Fischer, Stuttgart

7

Auf dem Trockenen sitzen: Welche biochemischen Anpassungen helfen?

Stammsukkulente Kakteen in der kalifornischen Wüste

U. Lüttge, *Faszination Pflanzen*, DOI 10.1007/978-3-662-52983-6_7

7.1   Ausnutzung der außerirdischen Energiequelle Sonne zur Assimilation anorganischen Kohlenstoffs für das irdische Leben

Am Anfang des Lebens der Pflanzen stand die Ausnutzung der außerirdischen Energiequelle Sonne. Es wurde schon deutlich, dass dies der Assimilation von anorganischem Kohlenstoff zu organischer Biomasse für alles irdische Leben dient (Kap. 1 und 2). Der anorganische Kohlenstoff in der Erdatmosphäre ist das Kohlendioxid, CO_2. Im Wasser ist es die Kohlensäure oder ihr Anion, das Bikarbonat (HCO_3^-), weil CO_2 Wasser anlagert:

$$CO_2 + H_2O \leftrightarrow H_2CO_3 \leftrightarrow HCO_3^- + H^+.$$

Im Wasser kann HCO_3^- durch die Membranen der Zellen aufgenommen werden. Auf dem trockenen Land ist die CO_2-Aufnahme aus der Gasphase der Luft immer mit dem Verlust von Wasserdampf verbunden (Kap. 5).

Im CO_2 liegt der Kohlenstoff in der höchstmöglichen Oxidationsform vor. In der Biomasse ist er reduziert. Die ersten reduzierten stabilen Fotosynthese-produkte sind Zucker, die wir auch Kohlenstoffhydrate oder abgekürzt Kohlenhydrate (nicht Kohlehydrate!) nennen. Auf ein Kohlenstoffatom kommt ein Molekül Wasser: $[CH_2O]_n$. Die Summenformel des Traubenzuckers mit sechs Kohlenstoffatomen (n = 6) ist $[CH_2O]_6 = C_6H_{12}O_6$. Damit sind wir schon bei der Kohlenstoffalgebra angelangt, die die Chemiker Stöchiometrie nennen und die wir später in diesem Kapitel auch noch brauchen werden. Im CO_2 kommen auf einen Kohlenstoff zwei Sauerstoffe, im Kohlenhydrat sind es zwei Wasserstoffe und nur ein Sauerstoff. Summarisch gesehen ist eine Redoxreaktion (Kap. 2) abgelaufen, der Kohlenstoff ist durch Wasserstoff reduziert worden. Der Wasserstoff kommt aus den Reduktionsäquivalenten NADH oder NADPH (Abb. 2.3). Die Bilanz einer sehr komplexen Folge biochemischer Reaktionen ist folgende:

CO_2 2 x [NAD(P)H + H$^+$]

[CH$_2$O]   2 x [NAD(P)$^+$] + H$_2$O

Wie macht die Fotosynthese das? Wir können das hier nicht in allen Einzelheiten verfolgen, aber wir wollen im Folgenden ein bisschen Kohlenstoffarithmetik betreiben.

7.2 Das Grundmodul: Biophysikalische Licht- und biochemische Assimilationsreaktionen finden zur gleichen Zeit und am selben Ort statt

Im Grundmodul der Fotosynthese müssen die biophysikalischen Lichtreaktionen, die in den Thylakoiden verankert sind, die Reduktionsäquivalente für die biochemische CO_2-Assimilation gleichzeitig mit der CO_2-Fixierung bereitstellen. Die Prozesse laufen gleichzeitig in den Chloroplasten der grünen Zellen ab. Im Zentrum der ganzen Ereignisse steht ein Enzym, das auf den schönen Namen RuBisCO hört. Da steckt Folgendes drin: **Ru**bulose-**bis**phosphat-**C**arboxylase-**O**xygenase. Das Enzym befindet sich im plasmatischen Lumen der Chloroplasten. Ribulose-bisphosphat (RubP) ist das Substrat. Es ist ein zweifach („bis") phosphorylierter Zucker mit fünf Kohlenstoffatomen (C_5). Bei der CO_2-Fixierung wird dieses Substrat durch das Enzym RuBisCO carboxyliert. Dies ist die Carboxylasefunktion des Enzyms. Daneben kann das Enzym auch mit Sauerstoff reagieren und RubP oxygenieren. Mit dieser Oxygenasefunktion wollen wir uns aber erst im nächsten Kapitel beschäftigen.

Das Ganze ist ein nach seinen Entdeckern M. Calvin und A. Benson Calvin-Benson-Zyklus genannter Kreisprozess, bei dem anorganisches CO_2 eingeschleust und Kohlenhydrat ausgeschleust werden (Abb. 7.1). Bei der Carboxylierung, der CO_2-Fixierung, entsteht aus dem C_5-Molekül RubP ein instabiles C_6-Molekül, das gleich in zwei C_3-Moleküle der Phosphoglycerinsäure

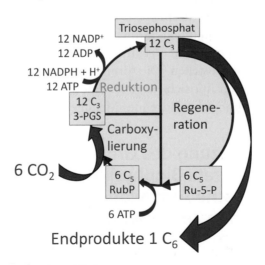

Abb. 7.1 Kreislauf der C_3-Fotosynthese mit der Carboxylierung, der Reduktion und der Regeneration des CO_2-Akzeptors (RubP), wie im Text näher erläutert

(3-PGS) zerfällt. Dies sind die ersten stabilen Produkte. Deshalb wird der gesamte Prozess auch C_3-Fotosynthese genannt. An der 3-PGS setzt der Reduktionsprozess an, und es entstehen zwei C_3-Zucker (Triosen). Damit im Weiteren die Kohlenstoffalgebra stimmt, werden 12 Triosen gebraucht. Dann kann ein C_6-Zucker, z. B. Traubenzucker, als Fotosyntheseprodukt und „Nettoertrag" ausgeschleust und im Stoffwechsel weiter verarbeitet werden. Aus den verbleibenden 10 Triosen werden 6 einfach phosphorylierte C_5-Zucker (Ribulose-5-Phosphat, Ru-5-P) regeneriert. Dies ist ein komplizierter Kreisprozess, nach den Entdeckern Calvin-Benson-Zyklus genannt, mit der gesamten C-Algebra von $12 \times C_3 = 6 \times C_5 + 1 \times C_6$. Ru-5-P wird unter Verbrauch von ATP (Adenosintriphosphat) wieder zu RubP phosphoryliert, was die Aktivierung der nächsten Runde des Kreisprozesses bedeutet. Die Eingabe in den Kreisprozess ist $6\ CO_2 + 12\ [(NADPH) + H]^+$. Die Ausgabe ist $C_6H_{12}O_6 + 12$ $[NADP^+]$. $C_6H_{12}O_6$ ist das Produkt. Reduziertes NADPH und ATP müssen durch die Lichtreaktionen wieder nachgeliefert werden.

Von der Bedeutung und auch von der Menge her gesehen ist die RuBisCO das wichtigste und auch das häufigste Protein auf der Erde. Neben den Fotosynthese betreibenden Organismen fixieren auch die Chemosynthese-Organismen (Kap. 1) mit diesem Enzym den anorganischen Kohlenstoff. Die RuBisCO ist also in der Evolution ganz früh entstanden. Das war zu einer erdgeschichtlichen Zeit, als die CO_2-Konzentration in der Atmosphäre sehr hoch und die Sauerstoffkonzentration ganz niedrig war (Abb. 26.1). Es gab deshalb keinen Selektionsdruck für die Evolution einer hohen CO_2-Affinität des Enzyms. Bis heute ist die CO_2-Affinität der RuBisCO niedrig. Die C_3-Fotosynthese ist bei der gegenwärtig in der Atmosphäre herrschenden CO_2-Konzentration von etwas weniger als 0,04 Volumen-% nicht CO_2-gesättigt. Das bedeutet, dass die Stomata zur Fotosynthese weit geöffnet werden müssen, um ausreichenden CO_2-Nachschub sicherzustellen. Dies bringt gleichzeitig hohen Wasserverlust durch die Transpiration mit sich (Kap. 5). Eine ganze Reihe von Pflanzen hat daher ein das Grundmodul ergänzendes Modul entwickelt.

7.3 Eine Ergänzung des Grundmoduls zum Wassersparen: Biophysikalische Licht- und biochemische Assimilationsreaktionen finden zur gleichen Zeit, aber an verschiedenen Orten statt

Das ergänzende Modul ist ein kurzer Kreisprozess, der auf dem Enzym Phospho*enol*pyruvat-(PEP)-Carboxylase (PEPC) beruht. Die PEPC hat eine etwa 60fach höhere Affinität zu CO_2 als die RuBisCO. Sie kann CO_2 fixieren, ohne dass gleichzeitig schon die CO_2-Reduktion und Assimilation ablaufen müssen. So können die beiden Funktionen Fixierung und Reduktion/Assimilation getrennt werden. PEP ist eine C_3-Verbindung, und das erste stabile CO_2-Fixierungsprodukt ist in der Regel die organische C_4-Säure Äpfelsäure (ihr Anion ist das Malat). Deswegen nennen wir diese Modifikation der Fotosynthese C_4-Fotosynthese.

Die Trennung der Fixierungs- und Assimilationsfunktionen bei der C_4-Fotosynthese ist eine räumliche. Die CO_2-Fixierung durch die PEPC erfolgt in außen liegenden grünen Zellen, in den sogenannten Mesophyllzellen. Das gebildete Malat wird weiter in das Blattinnere transportiert, in eine die Leitbündel umgebende Zellschicht, die Bündelscheidenzellen. Dort wird das CO_2 durch Decarboxylierung des Malats zurückgewonnen. Es entsteht Brenztraubensäure (ihr Anion ist das Pyruvat). Das Pyruvat wird in die Mesophyllzellen zurücktransportiert. Dort schließt sich der Kreis des zusätzlichen Moduls, indem Pyruvat durch ATP wieder zum PEP als CO_2-Akzeptor und auch hier zur Aktivierung der nächsten Runde phosphoryliert wird (Abb. 7.2 und 7.3 links). Das in den Bündelscheiden zurückgewonnene CO_2 wird dort zur Reduktion und Assimilation dem Calvin-Benson-Zyklus zugeführt.

Durch das Vorschalten des PEP-Malatzyklus wird wegen der hohen CO_2-Affinität der PEPC das CO_2 in den Bündelscheiden um das bis zu 10-Fache

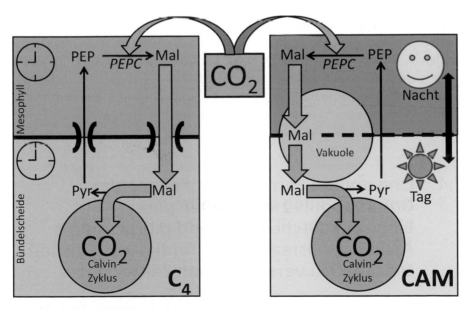

Abb. 7.2 Links C_4-Fotosynthese mit räumlicher und rechts Crassulaceen-Säurestoffwechsel (CAM) mit zeitlicher Trennung der CO_2-Fixierungs- und Assimilationsfunktionen durch den Einsatz des PEP-Malatzyklus. PEP Phospho*enol*pyruvat, Pyr Pyruvat, PEPC Phospho*enol*pyruvat-Carboxylase, Mal Malat

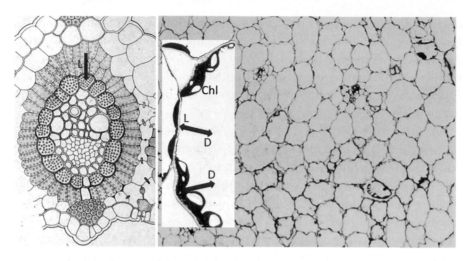

Abb. 7.3 Links Blattquerschnitt eines C₄-Grases. Malat wird im Licht (L) vom Mesophyllgewebe in die Bündelscheidenzellen transportiert (roter Pfeil) (Kupferstich aus G Volkens 1887). Rechts: Das Blattgewebe einer Pflanze mit Crassulaceen-Säurestoffwechsel sieht weniger spektakulär aus. Die Blätter sind dickfleischig (Crassulaceen = Dickblattgewächse), weil sie zur Äpfelsäurespeicherung riesige Zellsaftvakuolen und nur einen dünnen Saum von Cytoplasma mit den Chloroplasten (Chl) haben (Einschub). Rote Pfeile: Im Dunkeln (D) wird Äpfelsäure aus dem Cytoplasma in die Vakuole transportiert und im Licht (L) in umgekehrter Richtung

gegenüber der Außenluft konzentriert. Die RuBisCO arbeitet dort im Bereich der Substratsättigung. Dies bedeutet, dass bei angespannter Wasserversorgung die Spaltöffnungsweiten verengt werden können, ohne dass die CO₂-Versorgung gleich dramatisch eingeschränkt wird. Damit verbessert sich die fotosynthetische Wassernutzungseffizienz (siehe unten). Die C₄-Fotosynthese ist deshalb eine vorzügliche biochemische Anpassung an das Leben auf dem Trockenen.

7.4 Eine andere Form der Ergänzung des Grundmoduls zum Wassersparen: Biophysikalische Licht- und biochemische Assimilationsreaktionen finden am gleichen Ort, aber zu verschiedenen Zeiten statt

Eine andere Möglichkeit der Trennung der CO₂-Fixierungs- und Assimilationsfunktionen mit dem Einsatz des PEP-Malatzyklus ist eine zeitliche (Abb. 7.2 und 7.3 rechts). Hier wird das Malat in der Dunkelphase nachts gebildet und als Äpfelsäure in großen Zellsaftvakuolen zwischengelagert. Am Tage im Licht wird die Äpfelsäure remobilisiert und decarboxyliert, und das CO_2 wird zur Reduktion und Assimilation dem Calvin-Benson-Zyklus zugeführt. Dieser Modus wurde 1815 von dem Engländer Heyne entdeckt, der – aus welchem Grund auch immer – seine Zimmerpflanze *Kalanchoë pinnata* zum Frühstück und zum Abendessen gekostet hat. Sie schmeckte ihm morgens sehr und abends viel weniger sauer und adstringierend. Kein Wunder bei der nächtlichen Akkumulation der Äpfelsäure und ihrem Verbrauch am Tage.

Die Gattung *Kalanchoë* gehört zur Familie der Dickblattgewächse (Crassulaceae). Deshalb heißt dieser Fotosynthesemodus CAM, Crassulacean Acid Metabolism (Crassulaceen-Säurestoffwechsel). Hier erfolgt eine interne CO_2-Anreicherung bei verschiedenen CAM-Pflanzen um das 2- bis 60-Fache gegenüber der Außenluft. Die hohe interne CO_2-Konzentration signalisiert: Spaltöffnungen schließen! (Siehe Kap. 5.) Das ist auch wichtig, damit nichts entkommt, denn nun besteht ein CO_2-Gradient von innen nach außen. So sind also die Spaltöffnungen am Tage geschlossen, wenn die Luft besonders trocken und der Transpirationssog besonders hoch ist, und nur nachts geöffnet, wenn die treibende Kraft für die Transpiration und den damit verbundenen Wasserverlust viel geringer ist. Der CAM ist deshalb eine hervorragende biochemische Anpassung an das Leben auf dem Trockenen.

7.5 Ökologische Erfolgsgeschichten

C_4- und CAM-Pflanzen sparen Wasser. Man kann das Wassersparen als Wassernutzungseffizienz (WUE = water use efficiency) ausdrücken, also etwa als Gramm Assimilation von anorganischem Kohlenstoff pro Gramm Wasserabgabe durch die Transpiration. Die WUE ist für die nächtliche CO_2-Fixierung der CAM-Pflanzen noch größer als für die C_4-Fotosynthese. Bezogen auf den Wasserverlust assimilieren C_4-Pflanzen pro Gramm Wasser 2- bis 3-mal so viel Kohlenstoff, und die CAM-Pflanzen nehmen durch die Fixierung in der Nacht bis über 20-mal so viel Kohlenstoff auf als die C_3-Pflanzen. (Die CAM-Pflanzen können unter Umständen auch noch am Tage im Licht CO_2 fixieren, wie wir gleich sehen werden, und dann liegt die WUE näher am Bereich der C_3- und C_4-Pflanzen.)

C_4- und CAM-Pflanzen sind ökologisch dort erfolgreich, wo die Wasserversorgung der Pflanzen schwierig ist, aber interessanterweise nicht dort, wo sie ganz außerordentlich knapp ist. C_4-Pflanzen sind vielfach Gräser in saisonal trockenen Savannen im warmen bis heißen Klima. Sie sind hauptsächlich in Afrika beheimatet, wurden aber als Weidegräser in die Savannen Südamerikas eingeführt. Zweikeimblättrige C_4-Pflanzen können sehr trockene Standorte besiedeln (Abb. 7.4).

Die CAM-Pflanzen haben zwar ihren Namen von der Familie der Crassulaceae, weil der CAM in der Crassulaceen-Gattung *Kalanchoë* entdeckt wurde, der CAM kommt aber auch in vielen anderen Familien vor. Auch andere Crassulaceen-Gattungen haben CAM-Arten. *Kalanchoë* ist in den Tropen auf Madagaskar zu Hause. Dort gibt es 52 Arten, und die Arten, die CAM betreiben, sind besonders im trockenen Südwesten der Insel zu finden. Die größten CAM-Familien sind die Kakteen und Agaven sowie die

Abb. 7.4   Die C_4-Pflanze *Atriplex spongiosa* (Salzbusch) in Zentralaustralien

Orchideen und Ananasgewächse (Bromelien). Ihre ökologische Verteilung mag auf den ersten Blick überraschen. Die stammsukkulenten Cactaceae und die blattsukkulenten Agavaceae sind mit 1500 bzw. 300 Arten wie wohl erwartet Wüstenpflanzen, und alle 1800 Arten sind CAM-Pflanzen. Die 19.000 Orchidaceae-Arten und die 2500 Bromeliaceae-Arten sind aber erstaunlicherweise zum großen Teil Pflanzen der feuchten tropischen Wälder. Etwa die Hälfte dieser Arten sind CAM-Pflanzen. Sie leben in der Hauptsache als Aufsitzerpflanzen, sogenannte Epiphyten auf Bäumen. Sie haben keinen Wurzelkontakt mit dem Boden. Deshalb ist die Wasserversorgung eines ihrer Hauptprobleme oder wahrscheinlich sogar ihr größtes Problem. Da hilft ihnen die biochemische Anpassung des CAM neben der Ausbildung von Phytothelmen[1] und Wasserspeichergeweben, die wir bei den Bromelien schon kennengelernt haben (Kap. 6).

Die Trennung der Fixierungs- und Assimilationsfunktionen bei den C_4- und CAM-Pflanzen ist biochemisch gesehen fast identisch. Dass diese Trennung im einen Falle bei zeitgleichem Ablauf räumlich und im anderen Falle nicht räumlich, sondern zeitlich ist (Abb. 7.2), macht für die ökologischen Erfolgsgeschichten der betreffenden Pflanzen aber einen gewaltigen Unterschied aus. Anders als die CAM-Pflanzen verwerten die C_4-Pflanzen das Malat im Licht gleich weiter und benötigen keine nächtliche Speicherkapazität. Gegenüber den C_3-Pflanzen haben die C_4-Pflanzen durch ihren CO_2-Konzentrierungsmechanismus eine um das Vielfache höhere Produktivität. Das wird uns im Zusammenhang mit der Welternährung (Kap. 25) noch interessieren. Verglichen mit den CAM-Pflanzen ist die Produktivität der C_4-Pflanzen aber mit dem 200- bis 300-Fachen riesig, und die CAM-Pflanzen fallen auch weit hinter die C_3-Pflanzen zurück, die um 20- bis 100-mal produktiver sind.

Die C_4-Fotosynthese ist also eine Anpassung mit hoher Produktivität und Konkurrenzkraft. Der CAM mit seiner noch viel besseren WUE ist dagegen eine Anpassung für das Überleben, für das gerade noch Gutdurchkommen an Standorten, wo es andere nicht mehr schaffen. Allerdings hat auch dies wieder eine Kehrseite. Die sukkulenten CAM-Pflanzen müssen nämlich ihre Wasserspeichergewebe immer wieder auffüllen können. Sie kommen nur in Wüsten vor, wo regelmäßige Winterregen auftreten. In ganz extremen Wüsten, z. B. in der Negev in Palästina mit neben sieben fetten auch den berühmten sieben mageren Jahren der Bibel, kommen fast keine CAM-Pflanzen vor. Das spärliche Pflanzenleben wird dort von C_3-Pflanzen mit aridopassiven und aridoaktiven Strategien bestritten.

---

[1] Zum Begriff siehe Kap. 6.

Die hohe Produktivität der C_4-Fotosynthese ist für den Gebrauch von Nutzpflanzen wichtig. Die C_4-Pflanze Mais führt die Liste unserer global wichtigsten Kulturpflanzen an, Hirse steht an sechster Stelle (Tab. 25.2). Zu nennen ist auch das Zuckerrohr (Abb. 7.5), und die C_4-Gräser als Weidepflanzen dürfen wir nicht vergessen. Die Sisalagave für die Fasergewinnung (Kap. 4) ist eine CAM-Pflanze. In größerem Umfang ist für unsere Ernährung unter den CAM-Pflanzen nur die Ananas von Bedeutung (Abb. 7.5). CAM-Pflanzen liefern aber auch eine ganze Reihe eher exotischer Produkte, von denen ein paar genannt werden sollen. Von der Kaktee *Opuntia ficus-indica* werden die Früchte gegessen, aus den Samen der Orchidee *Vanilla planifolia* erhält man Vanille, aus der *Agave tequilana* wird der mexikanische Tequila gewonnen.

Abb. 7.5 Oben C_4-Ernte: Zuckerrohr in Australien. Unten CAM-Anbau: *Ananas comosus* cultivar española roja in Venezuela

Auf der *Opuntia ficus-indica* wird die Schildlaus *Dactylopius coccus* gezogen, aus der das rote Pigment „Cochineal" gewonnen wird. Die Azteken haben es zum Färben und Malen benutzt. Die spanischen Eroberer haben es nach Europa gebracht, und die teure Farbe diente zum Färben von Textilien und fand sich in den Paletten von Malern wie Rembrandt und Vermeer. Cochineal wird heute auch in der Kosmetik eingesetzt.

7.6 Crassulaceen-Säurestoffwechsel-Pflanzen als Jongleure der Fotosynthese

Pflanzen mit CAM sind ungeschlagene Meister der fotosynthetischen Plastizität. Manche CAM-Pflanzen jonglieren nach Belieben mit den verschiedenen biochemischen Möglichkeiten. Man hat das biochemische Nacht-Tag-Geschehen des CAM in Phasen eingeteilt (Abb. 7.6). Die CO_2-Aufnahme und -Fixierung während der Nacht ist die Phase I. Dann kommt am frühen Morgen eine kurze Übergangsphase II, die uns hier nicht zu interessieren braucht. Die Phase der Remobilisierung der Äpfelsäure aus den Vakuolen, Decarboxylierung und CO_2-Assimilation hinter geschlossenen Spaltöffnungen am Tage ist die Phase III. Die Phasen I und III sind die entscheidenden charakteristischen Phasen des CAM.

Nun gibt es aber noch die Phase IV. Sie setzt ein, wenn am Nachmittag die ganze nachts gespeicherte Äpfelsäure verbraucht ist. Dann sinkt auch die CO_2-Konzentration im Blattinneren ab, und die Spaltöffnungen können aufgehen. Jetzt können die CAM-Pflanzen CO_2 von außen aufnehmen und regelrecht direkt im Licht ganz normale C_3-Fotosynthese betreiben. Sie tun das aber nur, wenn sie ausreichend bewässert sind, z. B. in Ananasfeldern. Die hohe Produktivität solcher Kulturen beruht auf der Phase IV. Der CAM selbst kann das nicht leisten.

Wenn das Wasser knapp wird, wird als erstes die Phase IV eingestellt. Dann wird allmählich die Phase I eingeschränkt, und die Spaltöffnungen werden auch nachts zunehmend verengt (Abb. 7.6). Wenn die Wasserversorgung ganz aufhört, bleiben die Spalten auch nachts, also nun über 24 Stunden, ganz geschlossen. Was nun? Jetzt gewinnen die Pflanzen kein CO_2 mehr von außen. Sie haben aber den Wasserverlust durch die Stomata blockiert. Ist das nun das Verhungern, um nicht zu verdursten? Keineswegs! Die Pflanzen rezirkulieren hinter verschlossenen Spaltöffnungen den Kohlenstoff im geschlossenen CAM-Kreislauf. Um ihre Lebensvorgänge aufrechtzuerhalten, müssen sie nachts in der Atmung Assimilate abbauen. Das dabei entstehende CO_2 wird durch die PEPC fixiert, und Äpfelsäure wird gespeichert. Am Tag wird

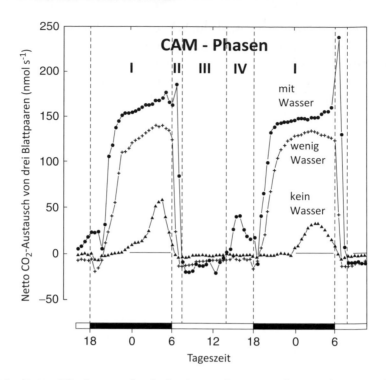

Abb. 7.6   Netto-CO_2-Austausch mit der Atmosphäre von Blättern der CAM-Pflanze *Kalanchoë daigremontiana* mit den vier CAM-Phasen. Die obere Kurve zeigt die Pflanze im gut bewässerten Zustand. Sie wurde dann nicht mehr gegossen. Zuerst bei wenig Wasser wurde dann die Phase IV unterdrückt und die Phase I nur etwas eingeschränkt (mittlere Kurve). Dann wurde bei keinem Wasser mehr der Beginn der Phase I verzögert und ihre Amplitude drastisch erniedrigt (untere Kurve) (aus Smith und Lüttge 1985)

das CO_2 aus der Äpfelsäure freigesetzt und wieder assimiliert. Die Pflanzen verlieren keinen Kohlenstoff. Sie gewinnen auch keinen Kohlenstoff. Nach außen sieht man nichts. Man hat das den CAM-Leerlauf genannt. Es ist aber die perfekte Überlebensstrategie bei monatelanger totaler Trockenheit. Dass es sich trotzdem nicht um ein „Perpetuum mobile" handelt, liegt an der Tatsache, dass die Fixierung des CO_2 hinter geschlossenen Stomata am Tag durch die Lichtenergie getrieben wird.

Allerdings verlieren die CAM-Pflanzen bei der Trockenheit immer ganz langsam Wasser an die trockene Luft. Der Wasserpotenzialgradient ist von innen nach außen so groß, dass auch bei geschlossenen Spaltöffnungen durch die Außenhaut der Cuticula, die für den Wasserdampf nicht ganz hermetisch dicht ist, immer etwas Wasserdampf entweicht. Da helfen nun die Wasserspeichergewebe. Sie können das fotosynthetisch aktive Assimilationsparenchym

beliefern. Dabei entleeren sie sich langsam. Deshalb sind regelmäßige Regenzeiten für das Wiederauffüllen wichtig. Dann kann auch wieder CO_2 von
außen aufgenommen werden. In extremen Wüsten mit jahrelang anhaltender
Trockenheit ohne Unterbrechung für Produktivität und Wachstum durch sai-
sonale Regenfälle geht das nicht. Während des CAM-Leerlaufs ist natürlich
die Produktivität gleich null. CAM-Pflanzen haben insgesamt niedrige Produktivität.

Das ist noch nicht einmal alles, was die CAM-Jonglierkunst der Pflanzen
zu bieten hat. Nicht alle CAM-Pflanzen, aber doch eine ganze Reihe schal-
ten nämlich einfach zwischen normaler C_3-Fotosynthese und normalem
CAM hin und her. Wenn die Bedingungen günstig sind, ist natürlich die
C_3-Fotosynthese mit ihrer viel höheren Produktivität vorzuziehen. Wenn tro-
ckene Zeiten kommen, ist der CAM die bessere Wahl. Dieses Wechseln der
Gänge ist eines der großartigsten Beispiele für die Plastizität festgewurzelter
Pflanzen, die nirgendwohin entkommen können. Als ich einmal in München
über diese Dinge vorgetragen habe, sagte man mir in der Diskussion, man sei
durch das bayerische Bier mit einer Strategie im Dilemma Verhungern oder
Verdursten doch deutlich weiter, da Bier ja bekanntlich „flüssiges Brot" sei.
Also stelle sich die Frage gar nicht. Mit dem flüssigen Brot im Krug bekämpfe
man beides auf einen Schlag. Aber sind die Pflanzen nicht doch noch pfiffi-
ger? In der Tat, die CAM-Pflanzen führen es uns mit ihrer großen Jonglier-
kunst vor.

Literatur

Smith JAC, Lüttge U (1985) Day-night changes in leaf water relations associated
with the rhythm of crassulacean acid metabolism in *Kalanchoë daigremontiana*.
Planta 163:272–282
Volkens G (1887) Die Flora der ägyptisch-arabischen Wüste. Borntraeger, Berlin

8

Die Sonnenstrahlung auf dem Land

Sonnenuntergang am Arenal-See, Costa Rica

8.1 Sonnenkult und Sonnenbrand: das Streben zum Licht

Naturreligionen und die frühen Hochkulturen der Menschheit kennen die Sonne als Gott. Die Sonne ist das Alles-Erhaltende. Überlegen wir einmal, welche Energiequellen wir auf der Erde ohne die Sonne haben. Was einem

© Springer-Verlag GmbH Deutschland 2017
U. Lüttge, *Faszination Pflanzen*, DOI 10.1007/978-3-662-52983-6_8

dabei einfällt, sind Erdwärme und Vulkanismus, Energie der Gezeiten und Kernenergie. Alles andere hängt direkt oder indirekt von der Sonnenstrahlung als entscheidender extraterrestrischer Energiequelle ab: indirekt, wie Wind, Wolken, Niederschlag und Wasserkraft; direkt wie die Fotovoltaik und die Fotosynthese, aus der auch alle fossilen Energiequellen, wie Kohle, Erdöl und Erdgas, herrühren.

Moderner säkularisierter Sonnenkult findet heute eher am Badestrand statt, wo man mit Sonnenbrand oder noch größeren Gesundheitsrisiken enden kann. Auch Pflanzen streben zum Licht, das sie zur Fotosynthese brauchen. Auch sie können Sonnenbrand erleiden, wie die Fuchsie in Abb. 8.1, die nach dem Überwintern im lichtarmen Raum nach draußen gebracht wurde und nicht an die hohe Strahlung angepasst war.

Das Streben der Pflanzen zum Licht kann eine Bewegung der Organe fest-gewachsener Pflanzen sein (Abb. 17.4). Das Klettern von Lianen (Titelbild Kap. 17) und das Aufsitzen von Epiphyten („Aufsitzerpflanzen") auf Bäumen im tropischen Wald hat man immer wieder als ein Streben zum Licht gedeu-tet. Epiphyten können regelrechte Vegetationsnester im Kronenbereich der Bäume bilden (Abb. 8.2a). Allerdings gehen sie oft nicht ganz an die

Abb. 8.1 Fuchsie im Freien nach dem Überwintern im dunklen Raum. Die wäh-rend des Überwinterns gebildeten älteren Blätter haben Nekrosen („Sonnen-brand") erlitten, die neuen jungen Blätter sind schon an die höhere Strahlung angepasst und kräftig grün

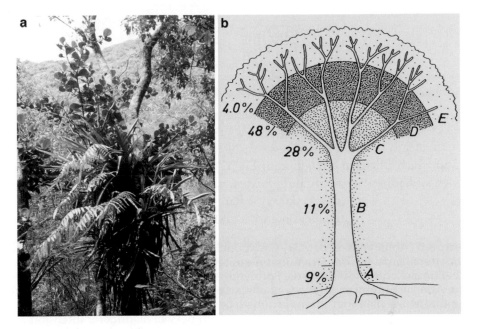

Abb. 8.2 (a) Epiphytennest im Kronenbereich eines tropischen Regenwaldes. (b) Verteilung der epiphytischen Orchideen in einem Baum im westafrikanischen Regenwald vom Waldboden (A) über den Stamm (B) in verschiedene Kronenbereiche steigender Lichtexposition (C bis E). (Zeichnung nach Johansson 1975, aus Goh und Kluge 1989).

sonnenexponierte Oberfläche des Kronendaches, sondern bleiben ein wenig weiter innen, wo sie auch einen gewissen Sonnenschutz genießen (Abb. 8.2b).

8.2   Licht und Schatten

Die Pflanzen suchen das Licht. Aber es gibt auch an Schatten angepasste Pflanzenarten. Man findet sie besonders im Unterwuchs der Wälder. Wir unterscheiden Sonnen- und Schattenpflanzen. Auch verschiedene Individuen einer Art, ja sogar die Blätter ein und derselben Pflanze können licht- oder schattenadaptiert sein. Manche Pflanzen bilden Licht- und Schattenblätter aus. Bei großen Kronen unserer Rotbuchen sind z. B. die äußeren Blätter an der Kronenoberfläche Sonnenblätter; die Blätter im Inneren der Krone sind Schattenblätter.

Betrachtet man die Abhängigkeit der fotosynthetischen CO_2-Aufnahme von der Strahlungsintensität (Abb. 8.3), sieht man, dass die Schattenpflanzen bei niedrigen Intensitäten gegenüber den Sonnenpflanzen deutlich im Vorteil sind.

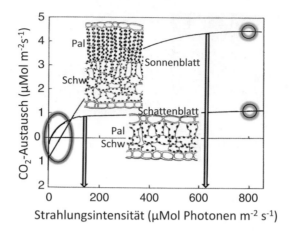

Abb. 8.3 Abhängigkeit des CO_2-Gaswechsels der Blätter einer Sonnen- und einer Schattenpflanze von der Strahlungsintensität. Nach oben (über null) ist der Nettogewinn an Kohlenstoff durch die Fotosynthese, nach unten der Nettoverlust durch die Atmung aufgetragen. Die Sonnenblätter sind bei hoher Intensität, die Schattenblätter bei niedriger Intensität überlegen (blaue Kreise bzw. rotes Oval). Die Lichtsättigung erfolgt bei den Schattenblättern bei viel niedrigerer Intensität als bei den Sonnenblättern (gelbe Pfeile). Die schematischen Blattquerschnitte eines Sonnen- und Schattenblattes der Rotbuche (*Fagus sylvatica*) zeigen das zweischichtige Palisadenparenchym (Pal) und das dickere Schwammparenchym (Schw) des Sonnenblattes gegenüber dem Schattenblatt. (Blattquerschnitte nach F. Kienitz-Gerloff, aus Kadereit et al. 2014)

Sie erreichen den sogenannten Lichtkompensationspunkt, in dem die CO_2-Aufnahme durch die Fotosynthese der CO_2-Abgabe durch die Dunkelatmung gerade die Waage hält, bei deutlich niedrigeren Intensitäten und zeigen eine positive Bilanz, wenn bei den Sonnenpflanzen die CO_2-Verluste noch deutlich sind (rotes Oval in Abb. 8.3). Die Fotosynthese der Schattenpflanzen ist schon bei viel niedrigeren Intensitäten lichtgesättigt als die der Sonnenpflanzen (gelbe Pfeile in Abb. 8.3). Die Sonnenpflanzen erreichen bei Lichtsättigung viel höhere Fotosyntheseraten als die Schattenpflanzen (blaue Kreise in Abb. 8.3). Die Schattenpflanzen sind bei niedrigen Intensitäten und die Sonnenpflanzen bei hohen Intensitäten überlegen. Verpflanzt man Sonnenpflanzen in den Schatten, gehen sie ein, weil sie keine positive Nettobilanz der Fotosynthese schaffen und schlichtweg verhungern. Verpflanzt man Schattenpflanzen in die volle Sonne, gehen sie ein, weil sie am Sonnenbrand sterben.

Wie erreichen die Pflanzen diese charakteristischen Anpassungen? Strukturelle und biochemische Eigenschaften werden verändert. Sonnenblätter sind dicker und haben oft mehrere Schichten von Palisadenparenchym mit Chloroplasten (Abb. 5.3 und 8.3). Die Strahlung von hoher Intensität kann leicht tiefer eindringen. Dadurch kann pro Flächeneinheit der Blätter mehr Strahlung absorbiert werden. Schattenblätter sind viel dünner (Abb. 8.3). Dafür haben Schattenblätter größere Chloroplasten mit einem dichten Thylakoidsystem (Abb. 8.4, siehe Kap. 2). So wird sichergestellt, dass von der geringen Strahlungsintensität möglichst viel absorbiert wird.

Wesentlich ist der Umbau der Pigmentsysteme. Wir können uns die Photonenflussdichte der Sonnenstrahlung, die auf eine Blattfläche auftrifft, metaphorisch wie einen Regen- oder Hagelschauer oder einen Schrotschuss vorstellen. Es fliegen Partikeln, Regentropfen, Hagelkörner oder Schrotkugeln und beim Licht mit seiner quantenphysikalischen Doppelnatur Welle/Partikel eben die Partikeln der Quanten oder Photonen. Hohe Strahlungsintensität ist wie ein starker Regen. Die Regentropfen treffen einen sicher, und man wird nass. Niedrige Strahlungsintensität ist eher ein Nieselregen. Aber die Photonen müssen Chlorophyllmoleküle treffen (Kap. 2), und zwar ganz besondere

Abb. 8.4 Zusammenstellung von Pflanzen von *Bromelia humilis*, die – von links nach rechts – im vollen Sonnenlicht, im Halbschatten und im Schatten eines Trockenwaldes gewachsen waren (Venezuela). Die schwarzen Pfeile verweisen auf die dazugehörigen Chloroplasten

Chlorophyllmoleküle, die die Anregung durch absorbierte Lichtquanten in Elektronentransport zur Bildung von Reduktionsäquivalenten (NADPH, Kap. 2) für die CO_2-Assimilation umsetzen können. Dazu bauen die Pflanzen aus den Pigmentmolekülen Lichtfallen oder Lichtsammelkomplexe auf (Abb. 8.5). Wir können diese molekularen Strukturen mit Funk- oder Fernsehantennen vergleichen, die ja auch elektromagnetische Strahlung absorbieren.

Es sind zwei chemisch ganz leicht verschiedene Typen von Chlorophyllmolekülen beteiligt, das Chlorophyll-a und das Chlorophyll-b. Chlorophyll-a sitzt im Zentrum der Lichtfalle und muss unbedingt von der Anregung getroffen werden. Chlorophyll-b-Moleküle sind Antennenmoleküle, die außen herum Lichtquanten einfangen und die Anregung von Molekül zu Molekül bis ins Reaktionszentrum der Lichtfalle weiterleiten können. Schattenpflanzen bauen größere Lichtsammelkomplexe mit mehr Chlorophyll insgesamt und mit mehr Chlorophyll-b im Verhältnis zum Chlorophyll-a auf, sie brauchen zum Einfangen des „Nieselregens" von Photonen größere Antennen.

Man kann es den Pflanzen oft sogar ansehen, wenn auch nicht immer so drastisch wie bei den *Bromelia*-Pflanzen von Abb. 8.4. Schattenblätter sind

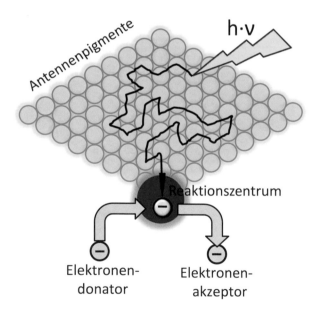

Abb. 8.5 Stark vereinfachtes Modell einer Lichtsammelantenne. Ein eingestrahltes Lichtquant (h·ν, gelber Pfeil) wird von einem Antennenpigment absorbiert. Innerhalb der Antenne wird die Energie durch Anregung benachbarter Pigmentmoleküle (dunkler Zickzackpfeil im Antennenbereich) bis zum Reaktionszentrum weitergegeben

dunkler grün und Lichtblätter heller. Dies ist auch bei Buchenblättern und Lärchennadeln erkennbar. Die dunkelgrünen Pflanzen in Abb. 8.4 sind im Schatten eines Trockenwaldes gewachsen, die Blätter haben große Chloroplasten. Die quittegelben Pflanzen stammen von der voll der Sonne ausgesetzten offenen Sandfläche. Die gelbe Farbe kommt daher, dass Schutzpigmente, vor allem Carotinoide (Abb. 3.4), das Chlorophyll der kleineren Chloroplasten noch überdecken. Die hellgrünen Pflanzen sind im Halbschatten gewachsen.

Nun verstehen wir auch, warum Sonnenpflanzen im Schatten verhungern. Mit ihren kleineren Antennen können sie dort einfach nicht genug Anregungsenergie von Photonen einfangen. Umgekehrt wird auch klar, warum Schattenpflanzen bei voller Sonnenexposition verbrennen. Sie absorbieren zu viel Energie, mit der sie nichts anfangen können. Mit dem Problem von zu viel Licht und der „Überenergetisierung" des Fotosyntheseapparates wollen wir uns jetzt gleich noch beschäftigen.

8.3   Zu viel Energie im Licht: Sauerstoffradikale und Fotodestruktion

Auch für die Nutzung hoher Strahlungsenergie eingerichtete Sonnenpflanzen müssen Strahlungsschutzmechanismen besitzen. Zu viel Lichtenergie stellt besonders auf dem Land ohne eine gewisse Lichtabsorption durch umgebendes Wasser für alle Pflanzen immer eine potenzielle Gefahr dar. Stellen Sie sich vor, dass Pflanzen bei intensiver Sonnenstrahlung die Spaltöffnungen schließen müssen, weil der Wasserverlust zu hoch wird (Kap. 5). Was passiert dann hinter geschlossenen Stomata? Das CO_2, das noch reduziert werden kann, ist rasch verbraucht. Die Systeme der fotosynthetischen Elektronenübertragung sind schnell mit Energie gesättigt, und das $NADP^+$ kann keine energetisch angeregten Elektronen mehr aufnehmen, weil es rasch gänzlich zu NADPH reduziert ist, da sein Reduktionspotenzial ohne CO_2 vom Calvin-Benson-Zyklus nicht mehr genutzt werden kann. Es wird aber weiterhin Chlorophyll angeregt, ein Elektronendruck baut sich auf, da Wasser weiter gespalten und Sauerstoff produziert wird. Das ist eine äußerst gefährliche Situation. Die Elektronen lagern sich nun dem Sauerstoff an, wodurch überaus aggressive Sauerstoffradikale entstehen, die alle möglichen chemischen Strukturen in den Zellen durch Oxidation zerstören, angefangen bei den Thylakoid- und Chlorophyllsystemen selbst. Das braune Gras in einer ausgetrockneten Wiese oder Steppe im Sommer ist eigentlich nicht vertrocknet, sondern regelrecht von innen verbrannt.

Pflanzen besitzen mannigfaltige spezielle Schutzmechanismen, die bei wachsendem Lichtstress eskalationsartig ineinandergreifen können. Pflanzen enthalten eine Reihe chemischer Verbindungen, die sich oxidieren lassen und so als Radikalfänger fungieren. Beispiele sind die Ascorbinsäure (Vitamin C) und verschiedene Carotinoide. Wir kennen das durch die Medizin. Radikale sind gefürchtete Auslöser von Krebs. Hier sehen wir den Grund, warum für eine vorbeugende gesunde Ernährung Pflanzen empfohlen werden. Sie liefern uns die Radikalfänger. Es gibt in den Pflanzen für den Schutz eigene Reaktionszyklen, durch die Elektronen hindurchfließen und die sonst nichts produzieren, also eigentlich einen Leerlauf darstellen, aber Energie verbrauchen und gefährliches Reduktionspotenzial von NAD(P)H abbauen. Es würde uns zu sehr ins Detail führen, sie hier im Einzelnen zu behandeln. Einen Zyklus wollen wir aber noch erwähnen, und das ist die Fotorespiration.

8.4   Eine weitere ökologische Dienstleistung der Pflanzen: der Erhalt der Gaszusammensetzung der Erdatmosphäre

Die Fotorespiration hat mit der Atmung, der Respiration, nur den Namen gemeinsam, weil sie formal wie die Dunkelatmung O_2 aufnimmt und CO_2 freisetzt. In Wirklichkeit ist der biochemische Reaktionszyklus vollkommen anders. Wir können uns hier nicht mit allen seinen Einzelheiten beschäftigen. Wir wollen uns mit Abb. 8.6 aber das Prinzip klarmachen. Damit sind wir nun auch bei der Oxygenasefunktion der RuBisCO (Kap. 7) angekommen. Durch das Binden von O_2 an den C_5-Körper Ribulose-bisphosphat (RubP) können natürlich nicht wie bei der CO_2-Fixierung zwei C_3-Körper der Glycerinsäure entstehen. Es entsteht nur eine Glycerinsäure, die dem Calvin-Benson-Zyklus (Kap. 7) zugeführt wird. Das kostet Reduktionsäquivalente. Daneben entsteht über verschiedene Schritte zuerst die C_2-Verbindung Glycolsäure, die durch O_2 zur Glyoxylsäure oxidiert wird. Aus dieser wird das CO_2 freigesetzt. Die C_1-Körper, die dabei übrig bleiben, werden einer Reihe von Reaktionen unterworfen, sodass aus ihnen auch wieder Glycerinsäure aufgebaut wird, die in den Calvin-Benson-Zyklus eintreten kann.

Die Fotorespiration steht zwar eher erst am Beginn einer möglichen Kaskade von Schutzmechanismen, vollführt dazu aber nützliche Funktionen. Entscheidend sind dabei das Binden von O_2, das Freisetzen von CO_2 und das Abführen von Reduktionsäquivalenten (Abb. 8.6). Dies mag ein Grund unter anderen dafür sein, dass die Oxygenasefunktion in der Milliarden von Jahren

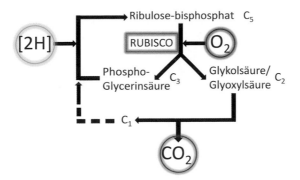

Abb. 8.6 Prinzip der Fotorespiration; stark vereinfachtes Schema des komplexen biochemischen Reaktionszyklus mit dem Binden von Sauerstoff (rot), dem Freisetzen von CO_2 (blau) und dem Verbrauch von Reduktionsäquivalenten (grün)

andauernden Evolution der RuBisCO bis heute durch die Selektion nicht eliminiert wurde.

Für das Leben auf der Erde ist bemerkenswert, dass die Pflanzen mit der Fotorespiration dem gesamten Leben eine entscheidende ökologische Dienstleistung erbringen. Sie stabilisieren den O_2- und CO_2-Gehalt unserer Atmosphäre. Die Fotosynthese der Pflanzen ist dafür verantwortlich, dass wir überhaupt O_2 in der Atmosphäre haben. Wenn die Konzentration zu hoch wird, wird es gefährlich, wie wir gesehen haben, auch für die Pflanzen selbst. Dann ändert sich aber das O_2/CO_2-Verhältnis, und die Oxygenaseaktivität der RuBisCO wird stärker bevorzugt, Sauerstoff wird verstärkt gebunden, wenn die O_2-Konzentration steigt. Die delikate RuBisCO-Balance von CO_2-Aufnahme und O_2-Produktion in der Fotosynthese und von O_2-Aufnahme und CO_2-Produktion in der Fotorespiration leistet einen wichtigen Beitrag zur Stabilisierung unserer Atmosphäre.

Literatur

Goh CJ, Kluge M (1989) Gas exchange and water relations in epiphytic orchids. In: Lüttge U (Hrsg) Vascular plants as epiphytes, Bd 76, Ecological studies. Springer, Berlin, S 139–166

9
Pflanzenernährung

Weinberg auf Kalkboden in der Pfalz, links die Rebsorte Ortega mit Eisenmangeler-scheinungen, rechts die eiseneffiziente Sorte Silvaner (Aufnahme Volker Römheld)

© Springer-Verlag GmbH Deutschland 2017
U. Lüttge, *Faszination Pflanzen*, DOI 10.1007/978-3-662-52983-6_9

9.1 Pflanzen ernähren die Welt – wie ernähren sich die Pflanzen?

Bis in das 19. Jahrhundert hinein gab es die „Humustheorie". Die Humus-auflage des Bodens enthält bekanntlich eine Menge organischen Materials von Ausscheidungen, Abfällen und Leichen von Tieren und Pflanzen. Man hatte angenommen, dass organische Substanzen aus dem Humus eine grund-legende Voraussetzung für das organische Leben der Pflanzen seien. Mit der Vorstellung, dass hier geheimnisvolle Kräfte wirken, hat der Chemiker Justus von Liebig (1803–1873) mit seinem Werk zur Widerlegung der Humusthe-orie aufgeräumt. Das führte zur Düngung mit anorganischen Salzen in der Landwirtschaft. Der schlagende Beweis wurde dann von dem Begründer der experimentellen Pflanzenphysiologie Julius Sachs (1832–1897) durch die Wasserkultur (Hydroponik) erbracht, die heute in vielen Gewächshauskultu-ren und in der Biotechnologie (Kap. 24) eine große Rolle spielt. Ausschließ-lich anorganische Zusätze reichen vollkommen, um die Pflanzen gedeihen zu lassen. Pflanzen sind in jeder Hinsicht autotroph (Kap. 1).

Pflanzen brauchen eine große Palette chemischer Elemente aus Mineral-stoffen. Wir unterscheiden Nährelemente und Spurenelemente. Die Nähre-lemente und ihre Verfügbarkeit für die Pflanzen in der Umwelt lassen sich in drei Gruppen einteilen:

- Kohlenstoff, Wasserstoff und Sauerstoff (C, H, O) kommen aus CO_2, O_2 und H_2O. Sie werden in der Fotosynthese nach der Summenformel $CO_2 + H_2O = [CH_2O] + O_2$ gewonnen, wie wir schon wiederholt gesehen haben.
- Stickstoff, Phosphor und Schwefel (N, P, S) kommen aus anorganischen Anionen, die im Stoffwechsel umgesetzt werden müssen.
- Kalium, Calcium und Magnesium liegen als anorganische Kationen (K^+, Ca^{2+}, Mg^{2+}) in der Form vor, wie sie in den Pflanzen gebraucht werden.

C, H und O sind in den organischen Verbindungen der Pflanzenkörper ent-halten. N, P und S kommen mengenmäßig vor allem in den Proteinen vor, aber auch in einer Vielzahl anderer im Stoffwechsel wichtiger Verbindungen. Kalium stabilisiert Proteinstrukturen und damit auch Enzyme im Cyto-plasma. Calcium ist eine wichtige Signalsubstanz bei der Regulation vieler Lebensprozesse. Magnesium ist Zentralatom im Chlorophyllmolekül.

Eine große Zahl verschiedener Spurenelemente ist in kleinsten Men-gen unerlässlich. Dazu gehören Mangan, Eisen, Nickel, Kupfer, Zink und Molybdän. Die Spurenelemente spielen gebunden an Enzymproteine bei biochemischen Umsetzungen eine Rolle und sind auch in kleineren organischen Molekülen gebunden, die als Kofaktoren an Enzymreaktionen teilnehmen. Wir können sie hier nicht im Einzelnen aufzählen. Viele davon sind auch für die Konsumenten in den Nahrungsketten einschließlich des Menschen entscheidend wichtig, u. a. Zink, Eisen und Selen. Sie werden von den Pflanzen aus der Umgebung aufgenommen.

Daher rührt auch das Anliegen, bei der Welternährung der Menschen (Kap. 25) nicht nur die quantitativen Aspekte, sondern genauso die dringenden qualitativen Aspekte im Auge zu behalten. Viele Menschen, besonders bei einseitiger pflanzlicher Ernährung in Entwicklungsländern, leiden unter Krankheiten, die durch Mineralstoffmangel bedingt sind. Unsere Kulturpflanzen müssen wir, zum Teil auch durch molekulargenetische Technologie, so verbessern, dass sie als unsere Ernährungsgrundlage durch verstärkte Mineralstoffaufnahme unsere Gesundheit sichern können. Hier zeigt sich ein großes Potenzial, was Pflanzen für uns leisten können.

Aber was ist nun „Pflanzenernährung"? Ganz offensichtlich ist der Gewinn von C, H und O in der Fotosynthese durch die Pflanzen ihre Ernährung. Der Begriff „Pflanzenernährung", der sich in der Botanik und Pflanzenphysiologie, besonders aber auch in der Landwirtschaft eingebürgert hat, und damit dieses Kapitel beziehen sich aber auf die Mineralstoffernährung mit den anderen Nährelementen und den Spurenelementen.

9.2 Besondere Leistungen der Pflanzen für das Leben in Zusammenarbeit mit Mikroorganismen: Assimilation von oxidiertem Stickstoff und Schwefel

N, P und S kommen im Boden vor allem in der oxidierten Form als die anorganischen Anionen Nitrat (NO_3^-), Phosphat (PO_4^{3-}) und Sulfat (SO_4^{2-}) vor. Beim Phosphat ist es einfach, wenn es erst einmal von den Pflanzen aufgenommen ist. Das Phosphat wird in dieser oxidierten Form im Stoffwechsel der Zellen gebraucht und muss nur unverändert in die organischen Verbindungen eingebaut werden. Allerdings ist die Verfügbarkeit von Phosphat häufig begrenzt. In phosphatarmen Böden bilden die Pflanzen ihr Wurzelsystem oft besonders intensiv und spezifisch aus, um genügend Phosphat aufnehmen zu können, und sie brauchen die Symbiose mit den Pilzen der Mykorrhiza (Kap. 14). Die Versorgung mit Phosphat wird auch zunehmend zu einem Problem in der Landwirtschaft und für die Welternährung (Kap. 25).

N und S werden in den Zellen in reduzierter Form auf der Stufe des Ammoniaks (NH_3, oder Ammonium NH_4^+) und des Schwefelwasserstoffs (H_2S, oder Sulfid S^{2-}) gebraucht. Das heißt, die oxidierten Anionen müssen reduziert werden. Dies folgt den Summenformeln:

$$NO_3^- + 4[2H] = NH_3 + 2\,H_2O + OH^-,$$

$$SO_4^{2-} + 4[2H] = S^{2-} + 4\,H_2O.$$

Das Nitrat wird über die Zwischenstufe Nitrit (NO_2^-) reduziert. Mithilfe von Bakterien oder Cyanobakterien, die frei im Bereich ihrer Wurzeloberflächen leben oder als Symbionten aufgenommen wurden (Kap. 14), können Pflanzen auch das riesige Reservoir des Luftstickstoffs (78 %) anzapfen und N_2 zum Ammoniak reduzieren:

$$N_2 + 3[2H] = 2\,NH_3.$$

Alle diese Reaktionen kosten sehr viel Reduktionskraft[1] und außerdem die Energie von ATP, die in den Summenformeln nicht berücksichtigt ist. Die Bereitstellung der Reduktionsäquivalente kann bei den Pflanzen besonders effektiv durch den Elektronentransport der Fotosynthese geleistet werden. Die Aktivität der Nitratreduktase ist in den Wurzeln nur bei niedrigem Angebot ausreichend, bei höheren Nitratkonzentrationen im Wurzelmedium wird das Nitrat zur Reduktion in die Blätter transportiert (Abb. 9.1). Auch die Sulfatreduktion ist auf den fotosynthetischen Elektronentransport und seine Bereitstellung von [2H] angewiesen. Zu viel aufgenommenes Nitrat und Sulfat kann in den Vakuolen der Zellen zwischengelagert werden. Die Reduktion erfolgt in den Organellen der Plastiden, soweit möglich in den nicht grünen Leukoplasten der Wurzeln und sonst im Endeffekt in den Chloroplasten der grünen Pflanzenorgane. Diese Zusammenhänge gehören auch zu den schönsten Beispielen für die Integration ganz verschiedener Komponenten zur sinnvollen Funktion des Pflanzenorganismus als einer ganzen Einheit (Teil III und Teil IV), hier mit der Ionenaufnahme durch die Wurzeln und der Verarbeitung in den Blättern.

Mit der Nitrat- und Sulfatreduktion erbringen die autotrophen Pflanzen neben der Primärproduktion von Biomasse durch die Fotosynthese einen

---

[1] Die Reduktionskraft kommt aus den reduzierten Ko-Faktorsystemen NAD(P)H + H$^+$ und ist hier als [2H] symbolisiert.

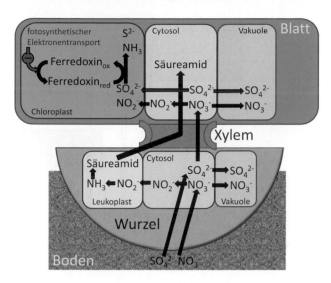

Abb. 9.1 Arbeitsteilung mit der Aufnahme von Nitrat (NO_3^-) und Sulfat (SO_4^{2-}) durch die Wurzeln und der Reduktion vornehmlich in den Blättern

weiteren unersetzlichen Dienst für alle Ökosysteme und für die gesamte Biosphäre, indem sie N und S in den Kreisläufen der Nahrungsketten und Nahrungsnetze im Umlauf halten. Allerdings können sie das nicht alleine, sondern brauchen dazu Mikroorganismen, d. h. Pilze und vor allem verschiedene funktionelle Gruppen von Bakterien.

Wo fangen wir bei einem geschlossenen Kreislauf an? Nehmen wir an, es gibt organisches Material im Substrat. Das ist für den Anfang am leichtesten zu sehen und sich vorzustellen. Da sind Abfälle, wie abgeworfenes Pflanzenmaterial, Ausscheidungen und Leichen von den Pflanzen als Produzenten und den heterotrophen Tieren als Konsumenten! Diese organischen Materialien stammen alle direkt oder indirekt aus der Primärproduktion der Pflanzen. Sie werden von Bakterien abgebaut (Abb. 9.2). Unter Sauerstoffmangel entstehen die für die „Wohlgerüche" der Fäulnis verantwortlichen Moleküle NH_4^+ und H_2S. Die Bakterienfotosynthese bildet aus dem H_2S elementaren Schwefel (S) (Abb. 2.3a). Chemosynthetiker unter den Bakterien (Kap. 1) entnehmen aus den noch reduzierten Verbindungen die Reduktionskraft, und so entstehen NO_3^- und SO_4^{2-}. Anaerobier wiederum holen sich aus den oxidierten Verbindungen den Sauerstoff, und N und S sind wieder reduziert. Stickstofffixierende Bakterien und Cyanobakterien reduzieren den Stickstoff N_2 weiter zum NH_4^+.

Wir sehen, dass das, was die einzelnen funktionellen Bakteriengruppen hier gemeinsam vollführen, auch schon ein Kreislauf der verschiedenen

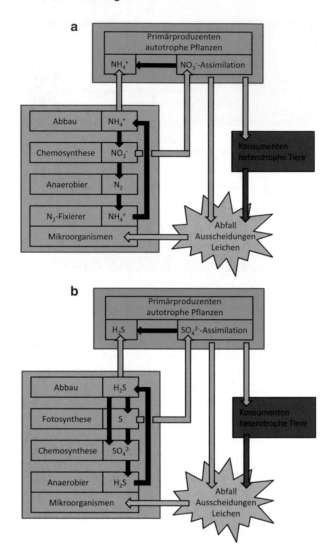

Abb. 9.2   Kreisläufe der verschiedenen Oxidationsstufen der Elemente Stickstoff N
(**a**) und Schwefel S (**b**) im Wechselspiel der autotrophen Primärproduzenten
(Pflanzen), der heterotrophen Konsumenten (Tiere) und der heterotrophen Destru-
enten (abbauende Mikroorganismen)

Oxidationsstufen der Elemente N und S ist. Aber wie geht es nun aus diesem
mikrobiellen Kreislauf heraus in die ganzen Ökosysteme hinein, nachdem
diese für den Anfang unserer Betrachtung die organischen Abfälle eingebracht
hatten? Es geht nur durch die Pflanzen, denn die heterotrophen Tiere sind
als Konsumenten auf reduzierten Stickstoff und Schwefel angewiesen. Sie
können noch nicht einmal die reduzierten Formen NH_4^+ und S_2^- verwerten,

geschweige denn die oxidierten Formen NO_3^- und SO_4^{2-} reduzieren. Das alles leisten die autotrophen Primärproduzenten. Sie versorgen im ökosystemaren Kreislauf mit ihren N- und S-haltigen organischen Verbindungen, vor allem mit ihren Proteinen, die heterotrophen Konsumenten.

9.3 Auch Pflanzen fressen Fleisch

Nun wurden gerade die Pflanzen über alles gepriesen, für ihre ökologischen Dienste, Mineralstoffe in die Nahrungsnetze einzuschleusen, und da kommt die schockierende Bemerkung: Auch Pflanzen fressen Fleisch. In der Tat, es gibt carnivore Pflanzen. Allerdings spielen sie für die globale Pflanzenbiomasse der Phytosphäre quantitativ keine bedeutende Rolle. Immerhin kennen wir aber weltweit etwa ein Dutzend Gattungen mit carnivoren Pflanzen, die an bestimmten Standorten durchaus für die Vegetation sehr markant sein können. Sie locken kleine Tiere, vor allem Insekten, an, fangen sie, halten sie fest und bauen sie mit ausgeschiedenen Verdauungsenzymen ab. Warum machen sie das?

Die carnivoren Pflanzen sind grün und fotosynthetisch aktiv, synthetisieren also ihre Kohlenstoffverbindungen selber. Aber sie besiedeln immer sehr nährstoffarme Standorte. Zu den einheimischen carnivoren Pflanzen gehört der Sonnentau (*Drosera*), der im Torfmoos von Hochmooren wächst (Abb. 9.3 oben links). Das Fettkraut (*Pinguicula*) finden wir in sauren nassen Wiesen im Gebirge (Abb. 9.3 oben rechts). Unter den Lianen und Epiphyten auf nährstoffarmen Baumstandorten finden wir ebenfalls carnivore Pflanzen, z. B. *Nepenthes* (Abb. 9.4). Sie sind als fotosynthetisch aktive Organismen nicht auf die Kohlenstoffverbindungen ihrer Beute angewiesen, sondern holen sich aus der Beute die Mineralstoffe, besonders N, P und S, aber auch Magnesium und Kalium u. a. Die Drüsen der carnivoren Pflanzen haben neben der Schleimausscheidung auch die Funktionen der Sekretion fleischverdauender Enzyme und der Resorption der freigesetzten niedermolekularen Verbindungen. Das Verdauungsenzym der Kannenpflanze von *Nepenthes*, das Nepenthesin, hat interessanterweise viele Eigenschaften mit dem Pepsin unseres Magens gemeinsam. Es entspricht ihm im molekularen Aufbau durch die Sequenz der Aminosäuren im Enzymprotein, und es arbeitet in stark saurem Milieu.

Die Vorrichtungen zum Anlocken der Tiere umfassen Farben und ausgeschiedene Düfte. Die *Drosera*-Blätter tragen Gewebefortsätze, sogenannte Tentakel, an deren Ende ein Drüsenköpfchen sitzt (Abb. 9.3 unten rechts). Es scheidet einen Schleim aus, der wie Tautropfen an den Enden der Tentakel verlockend in der Sonne glitzert, und dazu kommt die prächtig rote Farbe.

Abb. 9.3   Oben links Hochmoor im Chiemgau, Bayern. Die roten Überzüge auf dem hellgrünen Torfmoos unten links am Bildrand sind Pflanzen von *Drosera rotundifolia*. Darunter Torfmoos mit *Drosera*-Pflanzen und daneben ein Blatt mit den Fangtentakeln. Oben rechts *Pinguicula* auf einer nassen Hangwiese in den Zentralalpen

Der Schleim ist klebrig und lässt einem kleinen festgeklebten Tier keine Chance zum Entkommen. Außerdem können die Tentakel noch Bewegungen durchführen und das gefangene Tier regelreich einhüllen. Dann werden durch die Drüsen Verdauungsenzyme abgeschieden.

Auch die Blätter von *Pinguicula* arbeiten nach dem Klebefallenprinzip. Ihre Drüsen überziehen sie ganz mit einem klebrigen Sekret. Bei anderen carnivoren Pflanzen, z. B. in der Gattung *Nepenthes*, entstehen durch verändertes Wachstum krug- oder kannenähnliche Metamorphosen, wie wir das ähnlich bei der *Dischidia* gesehen haben (Abb. 6.7). Hier sind das nun Gleitfallen (Abb. 9.4). Der Rand lockt durch Farbe und auch durch eine fragwürdige Belohnung mit von Drüsen ausgeschiedenem Nektar. Berauscht von solcher Mahlzeit stürzen die Insekten in die Tiefe der Fangkanne. Ein Entrinnen gibt es kaum. Im unteren Teil der Kannen sitzen die Verdauungsdrüsen. Darüber trägt die Kannenwand eine Schicht mit kleinen Wachspartikeln, die sich

Abb. 9.4 Links rankende Pflanze von *Nepenthes gracilis* in einem malaysischen Regenwald mit den Fangkannen (gelbe Pfeilspitzen). Rechts Fangkanne einer *Nepenthes*-Hybride und eine aufgeschnittene Kanne als Einschub. Der obere helle, samtartige Teil trägt an der Oberfläche lose Wachspartikelchen, an denen sich Insekten nicht festhalten können, der untere dunkelgrüne Teil trägt die Verdauungs- und Resorptionsdrüsen

mit den Insektenfüßchen ablösen und kein Hochklettern erlauben (Abb. 9.4). Aktiv zuschlagende Blattfallen finden wir bei der Venusfliegenfalle, *Dionaea muscipula* (Abb. 17.2).

9.4 Kalk, Säure und Eisen

Der Blumen liebende Bergwanderer weiß, dass die Flora in den nördlichen und südlichen Kalkalpen ganz anders aussieht als in den Zentralalpen mit dem silikatreichen Urgestein. Der Kalkstein reagiert mit Wasser basisch und liefert schwach basische Böden. Das Silikatgestein bildet saure Böden. Oft sind die Blumen auf den Kalkfelsen üppiger als im kargeren Urgesteinsbereich. Was spenden uns nicht die Dolomiten im Frühjahr für eine überwältigende Blütenpracht? Auch der Hobbygärtner weiß, basische und saure Böden zu unterscheiden. Es gibt kalkliebende „basiphile" und kalkmeidende „acidophile" Pflanzen. Die basischen Böden sind meist beliebter. Aber es kommt darauf an. Der Liebhaber sucht das, was er nicht hat. Man schleppt Kalksteine heran, aber ein Kollege aus den Kalkalpen um Innsbruck hat mich auch einmal um den wunderbaren sauren Boden in meinem Garten beneidet.

Viele Pflanzen bevorzugen alkalisch reagierende Böden, die meist nährstoffreicher sind, aber andere verlangen durchaus saure Böden, wie z. B. die Rhododendren. Daran hängt auch die Versorgung mit dem wichtigen Spurenelement Eisen (Fe). In durchlüfteten kalkreichen Böden zeigen manche Pflanzen Eisenmangel und bleichen aus, obwohl eigentlich viel Eisen vorhanden ist. In diesen Böden liegt aber das Eisen hauptsächlich als unlösliches und für die Pflanzen nicht verfügbares Eisenoxid vor. Es gibt dagegen eiseneffiziente Pflanzen, die das Eisenoxid an ihrer Wurzeloberfläche reduzieren können und organische Verbindungen ausscheiden, die das reduzierte Eisen binden. In dieser Form kann es dann leicht aufgenommen werden. Das Eisen ist in den Organismen als Spurenelement ein essenzieller Bestandteil von Redoxsystemen (Kap. 1). Dazu gehören auch die Cytochrome der Elektronenübertragungsketten der Atmung in den Mitochondrien. Eisen ist dort als Zentralatom in einem sogenannten Häm-Molekül gebunden. Ganz ähnlich gebaute Häm-Moleküle finden wir im Chlorophyll, dort mit Magnesium als Zentralatom, und auch als roten Blutfarbstoff in unserem Hämoglobin. Das Molekül ist als universeller Baustein der Organismen so wichtig, dass es in

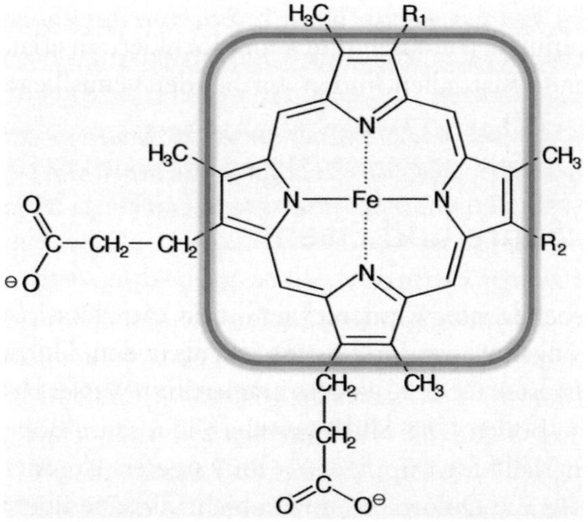

Abb. 9.5 Häm-Molekül des Cytochroms von Mitochondrien mit einem zentralen Eisenatom

Abb. 9.5 dargestellt ist. Der Nichtchemiker mag sich vielleicht einfach an der Schönheit der graphischen Symmetrie der chemischen Formel erfreuen.

Im Hämoglobin unseres Blutes ist das Zentralatom Eisen für das Binden von Sauerstoff verantwortlich. Eisen ist daher ein unerlässlicher Bestandteil der menschlichen Ernährung, und Eisenmangel hat eine gewisse Tendenz, sich zu einer Zivilisationskrankheit zu entwickeln. Eisen wird durch pflanzliche Ernährung oft nicht in ausreichendem Maße bereitgestellt. Man bemüht sich, die Qualität pflanzlicher Nahrungsmittel und ihren Eisengehalt durch Züchtung, einschließlich der molekularen Gentechnik (Kap. 25), zu verbessern. Es gibt nah verwandte Pflanzen, von denen die einen eiseneffizient sind und die anderen nicht. Das tritt auch bei Kulturvarietäten auf (Titelbild des Kapitels: links eisendefiziente Weinreben mit gelben Blättern, die Eisenmangel anzeigen, rechts eiseneffiziente Pflanzen in sattem Grün). Am besten wird Eisen mit dem Häm von Blut resorbiert. Im angemessenen und bescheidenen Maße ist Fleischernährung bei Eisenmangel nicht unwichtig. Das nutzen Gärtner manchmal sogar für Pflanzen. Auf einer Kalksteininsel im Lago di Como in Oberitalien habe ich einmal üppig blühende Rhododendrongärten gesehen. Auf meine erstaunte Frage, wie sie das hinbekämen, antworteten mir die Gärtner, man hole regelmäßig aus dem Schlachthof Blut zum Düngen.

9.5 Kochsalz als Standortfaktor

Leser der Abenteuergeschichten von Karl May kennen die tückischen Salinen des Schott el Djerid von Tunesien (Abb. 9.6), wo er in seinem Reiseroman *Durch die Wüste* Freund und Feind versinken lässt:

> *Eine Salzdecke, ... die kristallinische Struktur dieser Kruste ... stellenweise so hart und glatt, dass man Schlittschuhe hätte benutzen können, dann aber wieder ... das schmutzige, lockere Gefüge von niedergetautem Schnee ... vermochte nicht die geringste Last zu tragen.*

Kochsalz ist ein bedeutender mineralischer Standortfaktor. Wir kennen verschiedene Typen von Salzstandorten. Neben den Ozeanen und den Mangroven und Salzwiesen (Abb. 22.6) an den Küsten gibt es Salzwüsten und große Salinen im Inland (Abb. 9.6). Manche Pflanzen findet man mitten im schieren auskristallisierten Salz (Abb. 9.7a). Die Pflanzen passen sich auf verschiedene Weise an. Man unterscheidet die Strategie des Salzausschließens auf der Wurzelebene von der Strategie der Salzakkumulation. Bei stärkerer Salzbelastung ist Letzteres zur osmotischen Stabilisierung die einzige Möglichkeit. Die

Abb. 9.6   Inlandsalinen. Oben links Schott el Djerid, Tunesien. Unten links Blick in das Death Valley, Kalifornien. Rechts Salzausblühung auf „des Teufels Golfplatz"

Pflanzen lagern das Salz dann in große Vakuolen ein und werden dadurch sukkulent, man spricht von Salzsukkulenz (Abb. 9.7b). Zum osmotischen Ausgleich im Cytoplasma, wo das Kochsalz für die biochemischen Prozesse schädlich wäre, werden verschiedene organische Verbindungen synthetisiert, was für den Stoffwechsel weniger aufwendig ist, da das Cytoplasma nur wenige Prozent des gesamten Volumens der sukkulenten Zellen ausmacht. Wenn Blätter abgeworfen werden, werden die Pflanzen das Salz wieder los. Viele Salzpflanzen haben auch Salzdrüsen, durch die sie in einem aktiven energieaufwendigen Prozess Kochsalz ausscheiden können (Abb. 9.7c).

Ein zunehmend besorgniserregendes Problem ist das Kochsalz für die Landwirtschaft in Bewässerungskulturen in ariden Trockengebieten, wo die Wasserverdunstung größer ist als der Niederschlag. Auch das beste Süßwasser enthält immer gewisse Spuren an Salz. Dies bleibt durch die Verdunstung in den oberflächennahen Bodenschichten zurück und sammelt sich an. Die Böden versalzen und werden unbrauchbar. Durch die Bewässerung gehen jährlich riesige Anbauflächen verloren. Man sucht nach salzangepassten Wildpflanzen, die sich dort kultivieren lassen. Man versucht, mit herkömmlicher Züchtung

Abb. 9.7 **(a)** *Halocnemum strobilaceum* in der Salzkruste des Schott el Djerid, Tunesien; **(b)** Salzsukkulenz des Quellers, *Salicornia stricta* (Originalaufnahme Manfred Kluge); **(c)** Blatt der Mangrove *Avicennia germinans* mit Kochsalz, das nach der Sekretion durch Drüsen auf dem Blatt auskristallisiert ist

Resistenzen in Kulturpflanzen aufzubauen. Es ist auch eines der immer wieder als besonders hochrangig herausgestellten Ziele der molekularen Gentechnologie, geeignete Gene von Salzpflanzen zu identifizieren und in Kulturpflanzen einzubauen, um die Welternährung zu sichern (Kap. 25).

9.6   Botanischer Bergbau: toxische und janusköpfige Metalle

Durch die industrielle Aktivität der Menschen gelangen immer mehr Metalle in unsere Umwelt, in Böden und in das Grundwasser. Manche dieser Metalle sind für Pflanze, Tier und Mensch schlichtweg toxisch, wie Chrom, **Cadmium**, Quecksilber und **Blei**.[2] Andere haben eine janusköpfige Natur. Einerseits sind sie als Spurenelemente für den Stoffwechsel dringend nötig, andererseits sind sie in höheren Dosen ebenfalls toxisch. Dazu gehören **Mangan**, **Kupfer**, **Cobalt**, **Nickel**, **Zink** und Molybdän. Die Metalle sind toxisch, weil sie mit Redoxsystemen interferieren.

Es gibt eine ganze Reihe von Wildpflanzen, die auf schwermetallbelasteten Böden wachsen können. Sie nehmen oft beträchtliche Mengen der Metalle auf. Beispiele in unserer Flora sind das Galmei-Leimkraut (*Silene vulgaris* var. *humilis*), das auf zinkhaltigen Abraumhalden des Erzbergbaus wächst, und das Gelbe Galmei-Stiefmütterchen (*Viola calaminaria*) aus dem Rheinisch-belgischen Schiefergebirge. Die Metalle werden an organische Verbindungen gebunden und durch Transport in die Vakuolen der Zellen unschädlich gemacht. Man nennt solche Pflanzen Hyperakkumulatoren.

Für alle oben fett markierten Metalle kennt man schon solche Pflanzen. Dazu kommen Hyperakkumulatoren von Arsen und Selen. Man setzt die Hyperakkumulatoren in der Praxis ein, um die Metalle aus verseuchten Böden herauszuholen. Es sind Verfahren, die unter den Bezeichnungen Phytoextraktion und Phytoremediation (=Phytosanierung) bekannt werden. Das Pflanzenmaterial muss man entsorgen. Es gibt auch schon Ansätze eines botanischen Bergbaus. Man kann die Metalle aus den Hyperakkumulatoren wieder für industrielle Zwecke zurückgewinnen.

---

[2] Erklärung für Fettdruck folgt sofort.

10

Sesshaftigkeit und die Eroberung des Raumes

Tillandsia recurvata auf Telefondrähten in Venezuela

© Springer-Verlag GmbH Deutschland 2017
U. Lüttge, *Faszination Pflanzen*, DOI 10.1007/978-3-662-52983-6_10

10.1 Festgewachsene Pflanzen: Verurteilung zur Passivität im Raum?

Sind die festgewachsenen Pflanzen an ihrem Standort so fest im Raum gebunden, dass sie wirklich nur mit der großen Plastizität ihrer Lebensäußerungen passiv auf die Einwirkungen von außen reagieren können? Gewiss, ein rascher Ortswechsel einzelner Pflanzenindividuen ist unmöglich. Aber ist die Ausbreitung der Pflanzen im Raum nicht einfach nur eine Frage der Zeit? Hobbygärtner wissen das durchaus. Immer wieder treten überall im Garten unerwünscht Wildpflanzen auf. Wir müssen die durch die Selektion der Evolution geschaffenen Organismen ja nicht gleich „Un"-Kräuter nennen, aber sie nehmen überhand, wenn man nicht jätet.

Pflanzen erzeugen zu ihrer Ausbreitung die verschiedensten strukturellen Gebilde, sogenannte Diasporen (von grch. *diaspora*, „Verstreutheit"), und erobern damit den Raum. Diasporen können vegetativ entstehen, aus oberirdischen Ausläufern, wie z. B. bei Erdbeeren, oder über Erdsprosse (Rhizome), wie z. B. bei den Buschwindröschen (Kap. 16, Abb. 16.9). Manchmal werden ganze Pflanzen zu Diasporen. Abgestorbene Pflanzen, die Früchte und Samen gebildet haben, rollen sich ein, und der Wind kann sie als „Steppenroller" über weite Flächen treiben. Ein einheimisches Beispiel ist der sparrig verzweigte Feld-Mannstreu (*Eryngium campestre*). Meist sind die Diasporen aber durch geschlechtliche Fortpflanzung entstandene Samen oder ganze Früchte.

10.2 Sexualität, ohne je dem Partner begegnet zu sein

Als Erster ist der Aristoteles-Schüler Theophrastos (371–287 v. Chr.) der Erkenntnis ganz nahe gekommen, dass Pflanzen ein Sexualleben haben, als er die Samen- und Fruchtbildung bei Feigen und Dattelpalmen mit der Befruchtung der Fische verglich. Es dauerte dann aber noch zwei Jahrtausende, bis der wirkliche Beweis durch Rudolf Jacob Camerarius (1665–1721) erbracht wurde. Er hat es mithilfe von zweihäusigen Pflanzen herausgefunden. Diese Pflanzen haben eingeschlechtliche weibliche oder männliche Blüten, die auf verschiedene Pflanzenindividuen verteilt sind. Dazu gehört der Spinat, mit dem Camerarius gearbeitet hat. Er hat weibliche und männliche Pflanzen getrennt kultiviert. Dann haben die weiblichen Pflanzen keine keimungsfähigen Samen ausgebildet. Erst wenn männliche Pflanzen in der Nähe waren, konnte Nachwuchs gebildet werden. Es mussten also die Staubblätter und

Pollen dafür verantwortlich sein, wie Camerarius 1694 in einem Brief festgehalten hat:

> *„Es erscheint also billig, diesen Staubbeuteln einen edleren Namen zu geben und die Funktion der männlichen Geschlechtsteile beizulegen ... Wie bei den Pflanzen die Staubbeutel die Bildungsstätte des männlichen Samens sind, so entspricht der Behälter der Samen mit seiner Narbe oder seinem Griffel den weiblichen Geschlechtsteilen. "*
>
> *(Aus Mägdefrau 1992)*

Der Pollen mit den Spermazellen zur Befruchtung der Eizelle kommt auf die Narben der Fruchtknoten, ohne dass sich die Partner je begegnet sind. Es ist Sexualität unbekannterweise. Bei den Wasserpflanzen können sich die Gameten schwimmend begegnen. Es ist eines der Probleme des Lebens auf dem Land, die Gameten zusammenzubringen. Dies ist das Thema der Disziplin Blütenbiologie. Die Pollenübertragung erfolgt durch den Wind und durch verschiedene Tiere. Mit der Windbestäubung machen die Allergiker unter uns im Frühjahr leidvolle Erfahrungen, wenn die Luft voller Pollen ist. Bei der Bestäubung durch Tiere sind besonders die Honigbienen bekannt; aber auch andere Insekten, wie Käfer, Schmetterlinge und Hummeln, Vögel und Fledermäuse und bei manchen Kakteen in der Wüste sogar Eidechsen, bringen Pollen vom männlichen zum weiblichen Pflanzenpartner, die sich deshalb nie begegnen müssen.

Neben den eingeschlechtlichen weiblichen und männlichen Blüten auf verschiedenen Pflanzen (Zweihäusigkeit = Diözie) gibt es auch eingeschlechtliche weibliche und männliche Blüten auf derselben Pflanze (Einhäusigkeit = Monözie). Die meisten Angiospermenblüten sind aber zwittrig und haben sowohl Staub- als auch Fruchtblätter. Hier gibt es eine Reihe verschiedener Mechanismen, um die mit einer Selbstbestäubung verbundene Inzucht zu vermeiden.

Die Wege der Pollenübertragung sind vielfältig. Die Blütenbiologie erlaubt eine Fülle von faszinierenden Beobachtungen über das Zusammenleben von Tieren und Blumen. Sie haben oft eine gemeinsame Evolution („Coevolution") gegenseitiger Anpassung durchlaufen und sind dann so eng aufeinander angewiesen, dass sie ohne einander nicht mehr lebensfähig sind. Die Mannigfaltigkeit der Natur ist hier unermesslich. Es ist ein Gebiet, was gerade auch dem Laien und Liebhaber Kurzweil und Anregung bringen kann. Leider können wir das hier nicht weiter ausbreiten. Für das Verständnis dessen, was die Pflanzen auf der Erde für uns leisten, müssen wir uns aber noch ansehen, wie sie ihre Diasporen ausbreiten und wie sie den Raum als Ressource einnehmen.

10.3 Transportmittel: Schwimmeinrichtungen, Flugeinrichtungen, Schleudern, Raketen und blinde Passagiere

Die Vielfalt der Früchte kennen wir von unserem Speisezettel. Es gibt Beerenfrüchte, wo die ganze Fruchtwand fleischig und saftig ist. Ihnen stehen die Nussfrüchte gegenüber, deren Fruchtwand trocken ist. Bei den Steinfrüchten (Kirschen, Mirabellen, Zwetschgen …) ist die Fruchtwand komplex, die äußerste Schicht ist häutig, dann folgen die mittlere saftige Schicht und der harte, verholzte Kern, der den Samen einschließt. Erdbeeren, Himbeeren, Brombeeren sind Sammelnussfrüchte. Komplexe Früchte sind Äpfel und Birnen, denen die Botaniker den eigenen Namen „Apfelfrüchte" geben. Alle diese Früchte sind Schließfrüchte. Die Samen bleiben in der Fruchtwand eingeschlossen. Die Diasporen sind die Früchte selbst. Bei anderen Pflanzen springen die Fruchtwände auf, und die Diasporen sind dann die Samen.

So groß wie der Reichtum der Fruchttypen ist, so mannigfaltig sind auch die Transportmittel für die Ausbreitung der Diasporen. Manche haben Schwimmeinrichtungen ausgebildet und lassen sich durch das Wasser transportieren, z. B. bei den am Wasser wachsenden Schwarzerlen. Besonders vielfältig sind die Flugeinrichtungen. Wir begegnen Beispielen wie den Früchten des Löwenzahns mit ihren Schirmen (Abb. 10.1) oder des Ahorns mit ihren

Abb. 10.1   Löwenzahn (Fotolia)

Flügeln, die sich Kinder gerne auf die Nase kleben. Bei den nacktsamigen Nadelbäumen haben die Samen Flügel. Die Flugsamen der Öffnungsfrüchte von *Zanonia javanica* sind perfekte Gleitflieger, was Ingenieure zu Flugzeugkonstruktionen angeregt hat (Abb. 23.1). Ein Modell für die Technik waren auch die Streufrüchte der Mohnpflanzen (Abb. 23.3). Die Orchideen bilden so kleine und leichte Samen aus, dass diese wie Staub durch den Wind ausgebreitet werden können.

Manche Pflanzen haben Methoden der Selbstverbreitung entwickelt. Bei der Virginischen Zaubernuss (*Hamamelis virginiana*) öffnen sich die Kapseln mit einer solchen Heftigkeit, dass die Samen bis zu vier Meter weit fortgeschleudert werden. Besondere Schleudermechanismen haben die Springkrautarten entwickelt. In unseren Wäldern finden wir das gelb blühende Kleine und Große Springkraut. Letzteres hat den treffenden Namen *Impatiens noli-tangere*, Rühr-mich-nicht-an. Die Früchte bauen durch osmotische Kräfte und Wassereinlagerung einen starken Binnendruck gegen ein festes äußeres Fruchtwandgewebe auf. Die reifen Früchte platzen dann bei der leichtesten Berührung auf. Die Fruchtblätter rollen sich blitzartig ein und schleudern dabei die Samen weg. Das Drüsige Springkraut, *Impatiens glandulifera* (Abb. 10.2 und 10.3a), ist aus dem Himalaya bei uns eingewandert. Spektakulär ist der Explosionsmechanismus der Spritzgurke, *Ecballium elaterium*. Auch hier wird ein hydrostatischer Binnendruck aufgebaut. Am Ansatz des Fruchtstiels ist die Sollbruchstelle, an der bei überhöhtem Druck die Frucht abreißt und unter dem explosionsartigen Ausschleudern des flüssigen Inhalts mit den Samen wie eine Rakete wegfliegt (Abb. 10.2).

Trockene Früchte werden von Tieren wie Eichelhähern und Eichkätzchen zur Vorratshaltung verschleppt, wobei immer ein Teil nicht mehr aufgefunden wird und unverzehrt bleibt. Saftige Früchte werden gleich gefressen, manchmal nach beginnender alkoholischer Gärung, was auf Tiere, z. B. Affen, verständlicherweise einen besonderen Reiz ausübt. Die widerstandsfähigen und unverdaulichen Samen reisen als blinde Passagiere mit herum und werden schließlich mit dem Kot ausgeschieden. Andere ungeladene Mitreisende sind Kletten, die sich an Tieren anheften, was zur Erfindung des Klettverschlusses in der Bionik geführt hat (Kap. 23, Abb. 23.6). Ein von Pflanzen vielfältig genutzter Weg der Verbreitung ist der Handel und Wandel der Menschen mit ihren Transportsystemen geworden, wo sich Diasporen häufig als blinde Passagiere einnisten. Das hat für die Pflanzenverbreitung längst globale Dimensionen angenommen.

Abb. 10.2   Schleudern und Raketen. Oben *Impatiens glandulifera*, darunter links Blüte und Frucht nach dem Samenausschleudern (oben rechts im Bild), rechts schematische Zeichnung (nach Troll, aus Strasburger et al. 1978). Unten Spritzgurke (*Ecballium elaterium*), links Längsschnitt durch die Frucht mit der Sollbruchstelle am Fruchtstiel (Pfeil), dem grünen Exokarp (E) und dem inneren Widerstandsgewebe (W); rechts Rückstoßmechanismus der Rakete mit dem Jetstrahl der ausgeschleuderten feuchten Fruchtmasse mit den Samen. (Nach Overbeck, aus Strasburger et al. 1978)

10.4 Der Raum als Ressource

Bei der Eroberung des trockenen Landes durch die frühen Gefäßpflanzen haben wir in Kap. 3 gesehen, welch bedeutende Eigenschaft als Ressource der Raum für die Pflanzen hat. Bei der Gestaltung unseres Raumes auf dem Planeten Erde und bei der Reparatur zerstörter Landschaft durch die Pflanzen werden wir dem später noch einmal begegnen (Kap. 20, 21 und 22). Ein anschauliches Beispiel sind Tillandsien, Bromelien-Gewächse, die sich sogar auf Telefondrähten ansiedeln (Kapitel-Titelbild).

Durch ihre Diasporen sind Pflanzen gar nicht so ortsgebunden, wie es scheinen mag. Pflanzen können aus weit entfernten Ländern in örtlich gewachsene Ökosysteme einwandern. Wir nennen solche Pflanzen Neophyten. Bei uns sind markante Beispiele *Impatiens glandulifera* aus dem Himalaja, die sich gegenwärtig rasant ausbreitet, die kanadische Goldrute, *Solidago canadensis*, und die Kermesbeere, *Phytolacca acinosa* (Abb. 10.3). Es sind schöne Pflanzengestalten, aber sie werden durch Konkurrenz der einheimischen autochthonen Vegetation zur Gefahr.

Nicht nur einzelne Pflanzen, sondern ganze Vegetationseinheiten können wandern. Es ist nur eine Frage der Zeit. Migrationen kennen wir z. B. in unseren Breiten von den Eiszeiten. Pflanzen wurden aus den Gebirgen und der Arktis verdrängt und mussten in tiefere oder südlichere Lagen zurückweichen. In peripheren Refugien und auf eisfreien Flächen oberhalb des Eisschildes fanden sie Rückzugsmöglichkeiten. In den Zwischeneiszeiten konnten sie ihren früheren Lebensraum zurückerobern. Die Möglichkeiten der Wanderungen der Pflanzen waren dabei auf den Kontinenten verschieden. In Europa haben die in Ost-West-Richtung „quer" verlaufenden Alpen das eiszeitliche Entkommen nach Süden eingeschränkt. In Nordamerika verlaufen die großen Gebirgszüge in Nord-Süd-Richtung „längs", und Wanderungen waren weniger erschwert. Das wirkt sich auf den Artenreichtum der verschiedenen temperaten Floren aus. Gegenwärtig gibt es auch schon viel Forschung, um Vorhersagen zu entwickeln, welche Wanderungen der Vegetation durch

Abb. 10.3   Neophyten in Mitteleuropa: (a) *Impatiens glandulifera*, (b) *Solidago canadensis*, (c) *Phytolacca acinosa*

globale Temperaturveränderungen ausgelöst werden könnten. In den Hoch-
gebirgen verschieben sich die Vegetationszonen wohl weiter bergauf, und für
extrem alpine Arten kann es dann nach oben kein Ausweichen zum Überleben mehr geben.

Literatur

Mägdefrau K (1992) Geschichte der Botanik. Leben und Leistung großer Forscher,
     2. Aufl. Gustav Fischer, Stuttgart
Strasburger E, Noll F, Schenck H, Schimper AFW (1978) Lehrbuch der Botanik
     für Hochschulen, 31. Aufl. Gustav Fischer Verlag, Stuttgart, neubearbeitet von
     Denffer D, Ehrendorfer F, Mägdefrau K, Ziegler H

Teil III

Modularität oder Emergenz?

11

Kontrast zweier Auffassungen: Pflanzen aus dem Baukasten versus Pflanzen als denkende Wesen

Ein Baum: ein modulares System und Nebenprodukt seiner Teile oder ein integra-
ler, einheitlicher und selbstständiger Organismus?

© Springer-Verlag GmbH Deutschland 2017
U. Lüttge, *Faszination Pflanzen*, DOI 10.1007/978-3-662-52983-6_11

Es gibt derzeit zwei Auffassungen über die Pflanzen als Lebewesen, die so extrem gegensätzlich sind, wie man sich das kaum vorstellen kann. Die einen betrachten Pflanzen als rein modulare Systeme und sprechen es ihnen ab, integrale einheitliche und selbstständige Organismen zu sein. Die anderen sehen Pflanzen als denkende Wesen gewissermaßen mit neurobiologischer Aktivität. Sie besitzen Individualität und Intelligenz mit der Fähigkeit zur Kommunikation, zum Lernen, zur Entwicklung von Gedächtnis und von Voraussicht und Absicht.

11.1 „Vegetieren": ein Nebenprodukt aus dem Baukasten der Module

Die modulare Betrachtung sieht nur die Bausteine. Die modularen Organismen sind aus halbautonomen oder vollkommen autonomen Teilen aufgebaut. Die Module eines Baumes wären die Wurzeln mit der Funktion der Wasser- und Nährsalzaufnahme, der Stamm und die Blätter mit der Funktion der Fotosynthese. Dazu können Symbionten kommen, wie die Pilze, die als Mykorrhiza mit ihren fädigen Hyphen die Wurzeln umspinnen, oder die Misteln als Parasiten (Abb. 11.1). Der Stamm verleiht Standfestigkeit und hat Leitbahnen für den Transport zwischen Laubkrone und Wurzeln. Die extreme Sicht der Modularität ist aber: „Ein Baum ist kein fest integrierter Organismus, sondern ein Nebenprodukt seiner Teile."[1] So betrachtet ist das Leben der Pflanzen in Anlehnung an den Begriff Vegetation das, was wir im Sprachgebrauch gelegentlich „dahinvegetieren" nennen, basierend auf dem „vegetativen" Nervensystem, wenn wir von stark eingeschränkten unwillkürlichen Lebensaktivitäten reden.

11.2 Nerven, Synapsen und Gehirne bei Pflanzen?

Die neurobiologische Betrachtung zieht weitgehende Vergleiche mit unserem Nervensystem, Gehirn und Bewusstsein. Es gibt eine Fülle von Beispielen für Kommunikation von Teilen innerhalb von Pflanzen und zwischen verschiedenen Pflanzen an ihrem Standort. Die Module des Baumes werden schon durch die Leitbahnen für den Stofftransport im Stamm miteinander

---

[1] „A tree is not a tightly integrated organism but a by-product of its parts." (Haukioja et al. 1991).

Abb. 11.1   Bäume und ihre Module: Wurzeln, Stamm, Zweige, Laubkrone sowie Symbionten (Pilz) und Parasiten (Mistel) (rechts Titelbild von Lüttge, Higinbotham 1979)

verbunden und kommunizieren auf diese Weise. Die Kommunikation innerhalb ganzer Pflanzen kann sehr komplex sein. Hoch entwickelte Signalsysteme sprechen auf Reize an und können sogar Bewegungen in dem Raum auslösen, in dem die Pflanzen verwurzelt sind. Damit können sich die Pflanzen mit hoher Plastizität ihrer Reaktionen an die Herausforderungen veränderlicher Umweltfaktoren anpassen. Einzelne Exemplare derselben Pflanzenart können dabei unterschiedliches Verhalten entwickeln, die Pflanzen zeigen also Individualität. Viele Bewegungen von Pflanzen kommen durch Wachstum und Entwicklung zustande.

Pflanzen erobern den Raum durch Wachstum. Durch raumorientiertes Wachstum können sich Pflanzen im Raum in der Richtung von Gradienten verschiedener Ressourcen einstellen. Sie können gezielt auf Ressourcen wie Wasser und Mineralstoffe hinwachsen, Konkurrenz meiden und gegenseitige Unterstützung suchen. In Reaktionen auf Wasser, Nährstoffe und Licht kann das Größenverhältnis des Wurzelsystems zum Sprosssystem modifiziert werden. Je nach dem Bedarf für größere Wasser- und Nährstoffaufnahme durch die Wurzeln oder für einen besseren Lichtgenuss im belaubten Sprosssystem können die unter- bzw. oberirdischen Organe in ihrem Wachstum gefördert werden. Dabei zeigen die Pflanzen die Fähigkeit, gewissermaßen aus der Umwelt zu lernen und Erfahrungen zu sammeln und diese auch wie in einem Gedächtnis zu speichern. Wir werden darüber im Teil IV mehr erfahren. Es ist sehr unterhaltsam und stimulierend, ein Kaleidoskop von Beispielen zu betrachten, die angeführt werden, um dies zu illustrieren. Die Biologie der Pflanzen ist voll von solchen Beispielen und jeder mag seine eigene umfangreiche Liste aufbauen. Aber kann man es wirklich vertreten, dafür Begriffe wie Voraussicht, Intention und Intelligenz zu benutzen?

11.3 Signale und ihre Information: der Brückenschlag

Es stellt sich hier eine grundsätzliche, konzeptuelle Frage: Ist es wirklich hilfreich, die Beobachtung von Individualität, Kommunikation, Signalaufnahme, Lernen und Gedächtnis der Pflanzen darin gipfeln zu lassen, dass wir ihnen Intelligenz, Voraussicht und Absicht zuerkennen? Einige Autoren sind so weit gegangen, bei jeglicher Kommunikation zwischen pflanzlichen Zellen von der Funktion von Synapsen zu sprechen – im direkten Vergleich mit den Synapsen in den Gehirnen höher entwickelter Tiere. Die Spitze der Pflanzenwurzeln wurde mit einem Gehirn verglichen. Damit überschreiten wir die Grenze zwischen Homologien und Analogien. Homologien sind Entsprechungen hinsichtlich der Entwicklungsgeschichte, also Strukturen und Funktionen gleichen Ursprungs in der Evolution. Sie umfassen präzise definierte, tatsächlich wirkende Mechanismen, die Pflanzen und Tieren gemeinsam sind. Analogien sind Entsprechungen unterschiedlichen Ursprungs. Sie legen auf der Grundlage der Anwendung von Begriffen aus dem Bereich des kognitiven Verhaltens von Tieren, wie Intelligenz, Voraussicht und Absicht, Schlussfolgerungen nahe, die unweigerlich in spekulative philosophische Extrapolationen münden. Es erscheint klüger, eine inflatorische Ausweitung der Terminologie zu vermeiden und ihre Spezifität im Dienste der Genauigkeit und Klarheit aufrechtzuerhalten. Daraus ergibt sich aber eine andere Herausforderung. Wir brauchen einen Begriff, der umfasst, was zwischen Tieren und Pflanzen homolog ist.

Darüber müssen wir nachdenken. Im Augenblick erscheint es geeignet, von Information zu sprechen. Pflanzen sind wie Tiere sensitiv und können Signale aufnehmen. Es wird oft ein grundlegender Unterschied zwischen Organismen mit Sensitivität, wie Tieren und Menschen, und ohne Sensitivität, wie Pflanzen, gesehen. Diese intuitive Vorstellung ist falsch. Sensitivität ist kein Kriterium für die Unterscheidung zwischen beseelten und nicht beseelten Lebewesen. Pflanzen reagieren sehr empfindlich auf Stimuli aus ihrer belebten und unbelebten Umgebung. Die Stimuli von anderen Lebewesen in der Umwelt schließen Konkurrenz und Kooperation mit anderen Pflanzen, Wunden von Pflanzenfressern, Wirkungen von Krankheitserregern und vieles andere mehr ein. Die Stimuli aus der nicht belebten Umwelt können alle möglichen Faktoren sein, wie die Intensität und Farbe des Lichtes, die Temperatur, die Schwerkraft, Wind und andere mechanische Einwirkungen, chemische Komponenten und auch Verunreinigungen bei der Verschmutzung der Umwelt. Nach dem biologischen Stresskonzept kann jeder beliebige Faktor zum Stressor werden, wenn seine Intensität zu hoch oder zu niedrig ist.

All die Informationen, die in diesen Stimuli enthalten sind, kann die Pflanze verarbeiten und ihr Verhalten entsprechend einrichten. Mit dem Begriff Information können wir eine Brücke zwischen den extremen Positionen schlagen. Wir dürfen das Leben der Pflanzen weder als reines Nebenprodukt der Modularität von Bausteinen abwerten noch als begabt mit Nervensystemen, Synapsen und Gehirnen überhöhen. Dazu wollen wir uns in den folgenden Kapiteln zuerst mit den Modulen befassen und dann schauen, was bei einer Integration der Module überraschend Neues herauskommen kann.

Literatur

Baluška F, Mancuso S, Volkmann D, Barlow P (2004) Root apices as plant command centres: the unique „brain-like" status of the root apex transition zone. Biol Bratisl 59(Suppl 13):1–13

Baluška F, Volkmann D, Menzel D (2005) Plant synapses: actin-based adhesion domains for cell-to-cell communication. Trends Plant Sci 10:106 111

Haukioja E, Grubb PJ, Brown V, Bond WJ (1991) The influence of grazing on the evolution, morphology and physiology of plants as modular organisms. Philos Trans R Soc B 333:241–247

Trewavas A (2003) Aspects of plant intelligence. Ann Bot 92:1–20

12

Skalierungen und die Hierarchie der Module

Metapher für Skalierungen: ineinandergeschachtelte russische Puppen (Barry Osmond, Canberra)

12.1 Zusammenbauen und Zerlegen

Zusammenbauen und Zerlegen lieben schon ganz kleine Kinder beim Spiel mit ihren einfachen Bauklötzchen. Sie bauen etwas auf, das sie dann mit Wonne wieder einstürzen lassen. Die Bauklötzchen sind Module. Auch alles, was wir in

© Springer-Verlag GmbH Deutschland 2017
U. Lüttge, *Faszination Pflanzen*, DOI 10.1007/978-3-662-52983-6_12

Technik und Architektur herstellen, setzt sich aus strukturellen und funktionellen Modulen zusammen. Das gilt ebenso für lebende Organismen, wie es schon im vorangegangenen Kapitel gestreift wurde. Module sind die Organellen in den einzelnen Zellen oder die verschiedenen Organe in höheren Pflanzen und Tieren. Es ergibt sich eine einfache und nützliche Definition der Modularität: Sie ist eine Betrachtungsweise, die einzelne Systeme in ihre verschiedenen Komponenten, eben die Module, zerlegt und/oder sie wieder daraus aufbaut.

12.2 Reduzieren und Spezialisieren: Lehrt es uns mehr und mehr über immer weniger und weniger?

Bausteine oder Module ganzer Pflanzen sind die verschiedenen Grundorgane Wurzeln, Sprosse und Blätter (Abb. 12.1). Die Modularität sieht das Verhalten ganzer Pflanzen als Nebenwirkung der Reaktionen der Module. Wir können eine kleine Liste der Eigenschaften der modularen Betrachtung aufstellen:

- Trennung,
- Reduktionismus, Reduktion der Zahl der Freiheitsgrade,
- Module als Komponenten von Systemen, Pflanzen haben keine Individualität als einheitliche Organismen,

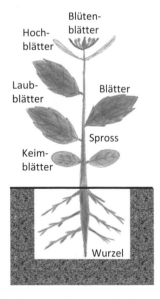

Abb. 12.1 Schema einer höheren Pflanze mit den Grundorganen Wurzel und Spross und den verschiedenen Typen der Blätter

- Spezialisierung,
- Genomik.

Dies bedeutet Folgendes: Die Pflanzenorgane würden getrennt für sich nebeneinanderher arbeiten. Die Betrachtung isolierter Module ist Reduktionismus, weil geringe oder fehlende Verknüpfung mit anderen Komponenten die Mannigfaltigkeit möglicher Wechselwirkungen (Freiheitsgrade) einschränkt. Wenn man das Modul Blatt herausgreift, die Betrachtung auf dieses eine Organ reduziert und sich intensiv mit seiner Fotosynthese beschäftigt, lernt man viel. Man verliert aber zum Beispiel den Blick auf die Notwendigkeit der Versorgung mit Mineralstoffen durch die Wurzel, ohne die die Fotosynthese gar nicht ablaufen kann. Man übersieht dann auch, dass nur der Bedarf an Assimilaten in den anderen Organen die Fotosynthese antreibt und Übersättigung die Fotosynthese hemmt. Die Interaktion zwischen Blättern und Wurzeln verläuft über den Spross. Die Beschränkung auf eines der Organe reduziert die Komplexität ihrer integrierten Wechselwirkungen. Die Addition der Module erzeugt keine Individualität. Die Beschäftigung mit den Modulen führt zu starker Spezialisierung innerhalb der Wissenschaft.

Module sind sich wiederholende, d. h. in mehreren Kopien vorhandene strukturelle und funktionelle Einheiten. Biologische Module sind Strukturen, Prozesse oder metabolische Reaktionsketten, die man aus dem Zusammenhang heraustrennen kann. In der wissenschaftlichen Forschung führt die konzentrierte Beschäftigung mit den Modulen zur Spezialisierung. Konrad Lorenz (1977, S. 51) zitiert das Bonmot, dass der Spezialist am Ende der Spezialisierung und des Zerlegens eines Systems in seine Teile mehr und mehr über immer weniger und weniger weiß, bis er schließlich alles über nichts weiß. Dabei dürfen wir aber nicht übersehen, dass wir die Spezialisierung trotzdem brauchen. Wir müssen die Module so genau wie möglich kennen, wenn wir später ihre Zusammenhänge und ihre Integration verstehen wollen. Modularität und Reduktionismus bilden den Ausgangspunkt dafür, aber wir dürfen nicht bei der Modularität stehen bleiben.

12.3 Sehr klein und sehr groß: riesige Spannweite der Größenordnungen

Modulare Betrachtungen können wir auf allen Ebenen der Verkleinerung oder Vergrößerung anstellen. Vergleiche zwischen den Ebenen nennen wir Skalieren, da wir uns dann mit den Betrachtungsebenen zwischen Skalen unterschiedlichen Maßstabs bewegen (Abb. 12.2).

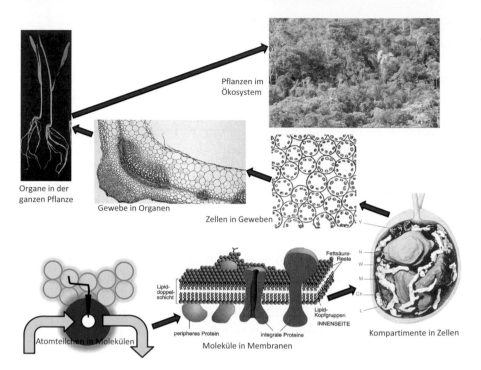

Abb. 12.2 Hierarchie von Modulen oder Strukturen und Funktionen. Aufstieg durch die Skalierungsebenen (rote Pfeile):
Elektronen bei der Fotosynthese (siehe auch Abb. 8.5); Membran mit Lipid- und Proteinmolekülen (nach Munk, aus Jäger et al. 2014); Zelle der einzelligen Alge *Chlamydomonas reinhardtii* mit Kompartimenten: Ch großer becherförmiger Chloroplast, L Lipidtröpfchen, M Mitochondrien, N Zellkern, V Vakuole, W Zellwand (nach F. Schötz, aus Lüttge und Pitman 1976); Zellen eines Blattgewebes (nach Fitting, aus Strasburger et al. 1978); Gewebe im Spross der weißen Taubnessel (*Lamium album*) (nach B. Kost und J. W. Kadereit, aus Kadereit et al. 2014); junge Gerstepflänzchen mit Organen (Wurzeln, Blätter); Ökosystem des atlantischen Regenwaldes, Brasilien

Wenn wir mit feinstem Maßstab sehr genau hinsehen, also stark vergrößern, um Module zu erkennen, befinden wir uns auf der Ebene der Atomteilchen, Photonen und Elektronen. Wie wir in Kap. 2 gesehen haben, sind das die Akteure bei der Photosynthese mit den Chlorophyllmolekülen und den Thylakoidmembranen. Damit sind wir aber schon um zwei Skalierungsebenen höher gesprungen, zu Molekülen und Membranen. Vergröbern wir den Maßstab weiter, so sehen wir, dass Membranen innerhalb von Zellen Kompartimente voneinander abgrenzen. Mit den Kompartimenten erkennen wir die Module der Zellen, das Cytoplasma, die Chloroplasten, den Zellkern, die Mitochondrien und die Vakuole. Zellen wiederum sind die Module von

Geweben, Gewebe von Organen, Organe von ganzen Pflanzen und ganze Pflanzen von Ökosystemen. Wenn wir unsere Betrachtungen von Skalierungen in Raum und Zeit mit Atomen und Molekülen beginnen und schließlich mit der Evolution der Biosphäre auf der Erde enden, sehen wir, dass die Skalen im Raum 16 Größenordnungen und in der Zeit 32 Größenordnungen umfassen (Abb. 12.3). Darauf fußt auch die Betrachtung der großen biologischen Disziplinen in Form einer Stufenleiter (Abb. 12.4).

12.4 Hierarchien von Modulen und Netzwerken

Durch Abb. 12.2 wurde schon deutlich, dass Module komplexe Systeme zusammensetzen, die dann auf der nächstgröberen Skala selber wieder zu Modulen werden. Module hängen zusammen und werden integriert. Dabei können wir unterscheiden zwischen der Integration vieler individueller Module desselben Typs, wie der Zellen in Geweben oder vieler Wurzeln, Sprosse und Blätter, Zweige von Bäumen, Ableger etc., oder der Integration verschiedener Typen von Modulen, wie Wurzeln plus Sprosse plus Blätter innerhalb ganzer Pflanzen. Im Zusammenhang mit der Integration ergibt sich die Betrachtung der Module als Knoten in hierarchischen Systemen von Netzwerken.

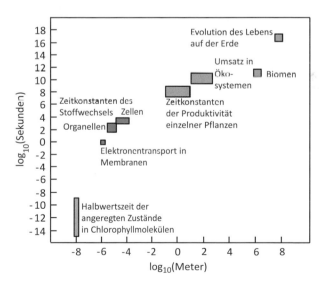

Abb. 12.3 Skalierungsebenen biologischer, vornehmlich pflanzlicher Prozesse nach ihrer strukturellen Ausdehnung im Raum (Abzisse) und ihrer Dynamik in der Zeit (Ordinate)

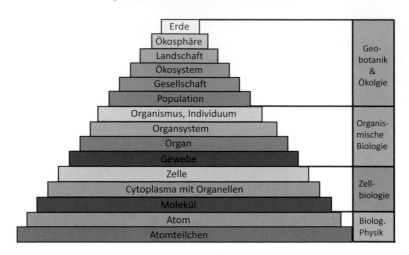

Abb. 12.4   Stufenleiter der Betrachtung der großen biologischen Disziplinen

Einzelne Enzyme sind z. B. die Knoten von biochemischen Reaktionswegen. Der Calvin-Benson-Zyklus der Fotosynthese in den Chloroplasten und der Zitronensäurezyklus der Atmung in den Mitochondrien werden zu Knoten, die aus jeweils vielen einzelnen Enzymreaktionen bestehen. Kompartimente wie das Cytosol und die Organellen der Chloroplasten und Mitochondrien sind Knoten im Netzwerk des Gesamtstoffwechsels. Sie werden untereinander vor allem durch den Energiestoffwechsel, aber auch durch den Zusammenhang abbauender und aufbauender Prozesse vernetzt. Stoffwechselprodukte (Metabolite), die Reduktionsäquivalente und energiereiche Phosphatbindungen tragen oder aus Abbauprozessen stammen und wieder für Aufbauprozesse zur Verfügung stehen, werden zwischen den Organellen und dem Cytosol transportiert.

So entsteht die Integration der drei Kompartimente (Abb. 12.5). Ganze Organismen sind Knoten in Ökosystemen. So wie wir eine Hierarchie von Modulen haben, haben wir auch eine Hierarchie von Netzwerken, weil auf den ansteigenden Skalen ganze Netzwerke feinerer Skalierung zu neuen Knoten oder Modulen zusammenschnurren (Abb. 12.5). Man kann das auch mit den ineinandergeschachtelten russischen Puppen vergleichen.

Die Information über alle Module eines Organismus liegt im Genom. Das Erfassen aller Module auf der molekularen Ebene hat vor einigen Jahren zum Begriff der Systembiologie geführt. Rasante technische Entwicklungen der Analytik haben es ermöglicht, alle Gene und Genprodukte (Proteine) einer Zelle oder eines Organismus zu erfassen. Hierfür hat man den Begriff „Genomics" geprägt. Hieraus abgeleitet wurden anglifizierende Bezeichnungen wie „Transcriptomics", „Proteomics" oder „Metabolomics" und darüber hinaus

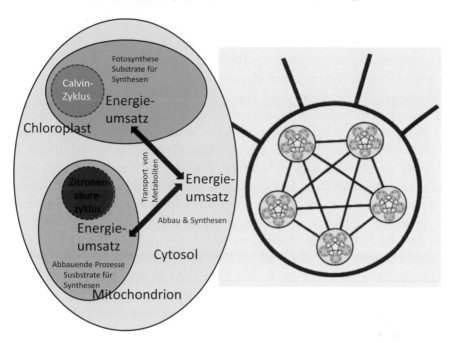

Abb. 12.5   Hierarchische Systeme von Modulen und Netzwerken. Wie ineinandergeschachtelte russische Puppen (Titelbild) können Netzwerke zu Knoten von neuen Netzwerken auf höheren Skalierungsebenen zusammenschnurren. Einzelne Enzymreaktionen sind Knoten in den metabolischen Netzwerken der Mitochondrien, Chloroplasten und des Cytoplasmas (Cytosol), die dann auch wieder Knoten im übergreifenden Intermediärstoffwechsel werden können

allgemein „Omics" für verschiedene Gruppen von strukturellen und funktionellen Bausteinen oder Modulen. Man spricht deshalb von „Systembiologie", weil man sieht, dass man aller Komponenten habhaft wird und das ganze System abbildet.

12.5 Verknüpfung der Module: Addition oder Integration?

Wenn wir die Module als Knoten in Netzwerken betrachten, können wir dabei natürlich nicht übersehen, dass sie über die Maschen des Netzwerks miteinander verknüpft sind. Sie werden integriert. Es fließen Signale, Substrate, Reaktionsprodukte und Energie zwischen den Knoten. Die Vertreter der Auffassung, dass Pflanzen rein modulare Produkte seien, verstehen dabei trotzdem das Verhalten der Pflanzen nur als die Summe aller modularen Vorgänge. Sie verkennen, dass die Integration mit komplexen Wechselwirkungen zwischen den Modulen zu etwas ganz Neuem führen kann. Das Neue wird viel mehr als die Summe seiner Teile sein, nämlich eine sich ähnlich einem Ereignis herauskristallisierende Qualität, die wir unter dem Begriff der Emergenz im nächsten Kapitel kennenlernen werden.

Damit werfen wir dann auch einen neuen Blick auf den Begriff der Systembiologie. Die Omics bedeuten aufzählende „additive Systembiologie" und wir wollen zu konstruktiver „synthetischer Systembiologie" vorstoßen. Reine Modularität bedeutet Reduktionismus. Reduktionismus hat nichts mit der Verfeinerung des Maßstabs zu kleineren Einheiten hin zu tun. Als ich einmal verzweifelte angesichts des Problems, dass man Komplexität auf den verschiedenen räumlichen Skalen nicht exakt quantifizieren kann, meinte ein Student der theoretischen Physik, ich solle doch gelassener sein. Es sei doch offensichtlich, dass das Studium der Atomkerne in der Kernphysik nicht einfacher oder weniger komplex sei als das Studium der Ökosysteme. Natürlich hat er recht. Reduktionismus ist nicht die Reduktion der Maßstäbe, sondern die Reduktion der Freiheitsgrade der Betrachtung auf jeder beliebigen Skala. Wenn ein ganzes Netzwerk einer niedrigen Skala zu einem Knoten auf der nächsthöheren Ebene wird, verdichtet sich seine innere Vielfalt in diesem Knoten, man erkennt viele Freiheitsgrade nicht mehr. Umgekehrt ist die Erhöhung der Möglichkeiten von Wechselwirkungen ein Attribut der Komplexität, die bei Integration aus den zugrunde liegenden Modulen erwachsen kann.

Literatur

Anderson PW (1972) More is different. Science 177:393–396

Bolker JA (2000) Modularity in development and why it matters to evo-devo. Am Zool 40:770–776

de Kroon H, Huber H, Stuefer JF, van Groenendael JM (2005) A modular concept of phenotypic plasticity in plants. New Phytol 166:73–82

Jäger E, Neumann S, Ohmann E (2014) Botanik, 5. Aufl. Springer, Berlin

Lorenz K (1977) Die Rückseite des Spiegels. Versuch einer Naturgeschichte menschlichen Erkennens. Deutscher Taschenbuch Verlag, München

Lüttge U (2012) Modularity and emergence: biology's challenge in understanding life. Plant Biol 14:865–871

Lüttge U, Pitman MG (Hrsg) (1976) Encyclopedia of plant physiology, Bd 2, New series. Transport in plants, part A, cells. Springer, Heidelberg

Strasburger E, Noll F, Schenck H, Schimper AFW (1978) Lehrbuch der Botanik für Hochschulen, 31. Aufl. Gustav Fischer Verlag, Stuttgart, neubearbeitet von Denffer D, Ehrendorfer F, Mägdefrau K, Ziegler H

13

Emergenz oder Fulguration: Blitzartig entsteht Neues

Emergenz ist Fulguration (swa182/Fotolia)

© Springer-Verlag GmbH Deutschland 2017
U. Lüttge, *Faszination Pflanzen*, DOI 10.1007/978-3-662-52983-6_13

13.1 Poesie impressionistischer Gemälde und Wetterleuchten der Innovation integrierter Systeme

Ein impressionistischer Maler wie Claude Monet greift mit dem Pinsel in seine Farbtöpfe und klatscht beinahe zufällig Farbflecken auf die Leinwand. Daraus entsteht eine Landschaft, ein Garten von atemberaubender Schönheit. Diese Metapher für Emergenz ist voll Poesie. Wir verdanken sie dem Physik-Nobelpreisträger Robert Laughlin. Die Farbkleckse sind Module, deren Integration und Zusammenhang zur Emergenz des lebendigen Bildes eines schönen Gartens führt. Der Verhaltensforscher und Nobelpreisträger Konrad Lorenz hat den Begriff Emergenz nicht so sehr gemocht. Nach der sprachlichen Logik schien ihm Emergenz eher zu bedeuten, dass etwas Präformiertes, aber noch Unsichtbares plötzlich sichtbar werden würde, wie ein tauchender Walfisch, der zum Atmen an die Wasseroberfläche kommt. Konrad Lorenz (1977, S 47–48) hat deshalb den Begriff Fulguration (lat. *fulgur*, „Blitz") vorgeschlagen, um zu beschreiben, dass etwas ganz Neues entsteht, das vorher überhaupt nicht da gewesen war. Fulguration ist Blitzen und Wetterleuchten. Der Begriff Fulguration hat sich in der Literatur nicht durchgesetzt. Die Gedanken von Konrad Lorenz unterstreichen aber drastisch, was wir unter Emergenz verstehen.

13.2 Emergenz neuer physikalischer Gesetze bei der Integration von Systemen

Robert Laughlins Standpunkt ist, dass alle physikalischen Gesetze emergent sind. Die Gesetze, die das Verhalten eines integrierten Systems beschreiben, sind unabhängig von den Gesetzen, die die einem solchen integrierten System zugrunde liegenden Einzelprozesse beschreiben. Die Gesetze der Thermodynamik und der klassischen Mechanik sind emergent aus den Gesetzen der Quantenmechanik. Da alle Gesetze emergent sind, gibt es keine wirklich fundamentale Theorie. Als Beispiel können wir mit Robert Laughlin ein Gas betrachten. Es gehorcht der allgemeinen Gasgleichung

$$P \times V = R \times T,$$

wo P der Gasdruck, V das Gasvolumen, T die Temperatur und R die allgemeine Gaskonstante bedeuten. Ein Gas hat also eine Temperatur und einen Druck. Ein einzelnes Gasmolekül hat das aber nicht. Einzelne Gasmoleküle sausen zwar von ihrer inneren thermischen Energie getrieben im Raum herum, sie entwickeln aber nur Druck und Temperatur, wenn sehr viele von ihnen als Bausteine zusammen ein Gas bilden und sie bei ihrer Bewegung zusammenstoßen. Das Gas mit Temperatur und Druck ist emergent.

Das führt uns ganz in die Nähe eines im Leben der Pflanzen wichtigen Zusammenhangs, wenn wir daran erinnern, dass die Moleküle in einer verdünnten Lösung sich auch nach den Regeln des Gasgesetzes verhalten. Lösungen entwickeln einen Druck. Einzelne Moleküle tun das nicht. Den Druck der Lösungen nennen wir auch osmotischen Druck oder osmotisches Potenzial. Abb. 13.1 zeigt das anhand zweier Gefäße (i und ii), von denen eines eine verdünnte Lösung, z. B. eine Zuckerlösung (π_i), das andere das reine Lösungsmittel Wasser (π_{ii}) enthält. Es besteht dadurch ein Konzentrationsgradient zwischen den beiden Gefäßen; das osmotische Potenzial im Gefäß (i) ist höher als im Gefäß (ii). Beide Gefäße sind durch eine sogenannte semipermeable Membran getrennt, die für die Wassermoleküle, nicht aber für die Zuckermoleküle durchlässig ist. Getrieben durch den Gradienten des osmotischen Potenzials strömen Wassermoleküle durch die für sie durchlässige semipermeable Membran von der Kammer (ii) in die Kammer (i) ein, deren Flüssigkeitsvolumen sich dadurch erhöht, was aber nur durch das Aufsteigen der Lösung in einem Steigrohr möglich ist. Dort baut sich ein hydrostatischer Gegendruck (P) auf. Der Prozess des osmotischen Wasserflusses kommt zum Erliegen, wenn sich

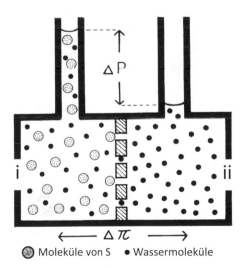

Abb. 13.1 Modell der Osmose. Osmotisches Druckgefälle $\Delta\pi = \pi_i - \pi_{ii}$, hydrostatisches Druckgefälle $\Delta P = P_i - P_{ii}$, im Gleichgewicht ist $\Delta P = \Delta\pi$ (Lüttge, Higinbotham 1979)

die beiden gegeneinandergerichteten Gradienten, der osmotische Druck und der hydrostatische Druck, die Waage halten.

Wenn wir nun in Gedanken die semipermeable Membran der Abb. 13.1 durch eine Biomembran ersetzen, etwa den die Zellvakuole umgebenden Tonoplasten, dann wird Gefäß (i) zur Zellvakuole (V). Gleichzeitig ersetzen wir den hydrostatischen Gegendruck im Steigrohr durch den elastischen Gegendruck der Zellwand. Dann wird Gefäß (ii) zu der die Zelle umgebenden Außenlösung (A) (Abb. 13.2). Wenn der osmotische Druck in der Zellvakuole größer ist als in der Außenlösung ($\pi_V > \pi_A$), strömt Wasser ein, und es entsteht ein Druck auf die Zellwand $\Delta P^{V \to A}$. Wir nennen ihn den Turgordruck. Wenn der osmotische Druck außen und innen gleich groß ist ($\pi_V = \pi_A$), ist der Druck auf die Zellwand gleich null, und wenn der osmotische Druck außen größer ist als innen ($\pi_V < \pi_A$), strömt Wasser aus, das Volumen wird innen kleiner, sodass sich der Zellleib von der Zellwand zurückzieht. Wir nennen das Plasmolyse.

So sind wir mitten in der Betrachtung eines für die ganze pflanzliche Zellphysiologie immens wichtigen Phänomens angekommen, nämlich des Zellturgors. Das Phänomen des Turgors ergibt sich aus der Eigenschaft der diffundierenden Moleküle mit ihrer thermischen Bewegungsenergie als völlig neue emergente Eigenschaft. Er spielt durch den Aufbau eines Gewebedruckes

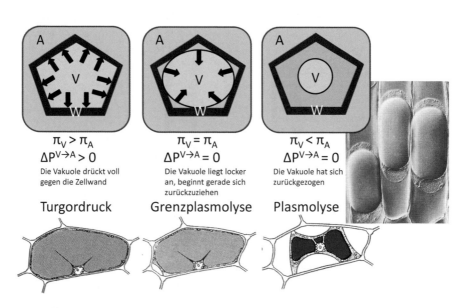

Abb. 13.2 Turgor und Plasmolyse. A Apoplast (=außen), V Vakuole, W Zellwand. (Zeichnungen unten nach W. Schumacher; Fotografie rechts: Interferenzkontrastaufnahme plasmolysierter Zellen von H. Falk, aus Kadereit et al. 2014)

in krautigen Pflanzen eine Rolle zum Erhalten der Gestalt, die beim Welken kollabiert, wenn der Turgordruck durch Wasserverlust zusammenbricht. Er ist essenziell für das Öffnen und Schließen der Spaltöffnungen, die bei erhöhtem Turgordruck in den Schließzellen aufgehen und bei erniedrigtem Turgordruck zugehen (siehe Kap. 5). Er regiert viele andere Prozesse im Zusammenhang mit dem Wasserhaushalt der Pflanzen.

13.3 Emergenz neuer molekularer Wunderwerke aus Proteinen als Bausteinen

In Kap. 11 haben wir gesehen, dass es der modularen Auffassung von den Pflanzen reicht, ihre Module für sich zu betrachten. In Kap. 12 wurde dann gezeigt, dass die verschiedenen „Omics" alle vorhandenen Module erfassen und man so zu einer „Systembiologie" vorzustoßen denkt. Aber die Module sind dabei gar nicht zu Systemen vereinigt. Jetzt können wir einen ganz großen Schritt weiter gehen. Nehmen wir uns ein Proteom vor. Man kann heute alle Proteine einer Pflanzenzelle isolieren und in Lösung bringen. Dann schwimmen sie alle nebeneinander herum. Das ist das Proteom. Man kann die Proteine mit geeigneten Methoden auch auftrennen und ihrer einzeln habhaft werden. Oder sollten wir besser statt „nebeneinander" sagen „durcheinander"? Die isolierten Proteine stehen ja so nicht miteinander in Wechselwirkung. Sie liegen alle als Module vor, wie ein Haufen Bauklötzchen. Aber was kann daraus werden?

Einige der Proteine bauen als Bausteine komplizierte Makromoleküle auf, die aus mehreren verschiedenen Untereinheiten bestehen. Anschauliche Beispiele sind die ATPasen. Solche ATPasen liegen in den Innenmembranen der Mitochondrien und in den Thylakoidmembranen der Chloroplasten und synthetisieren Adenosintriphosphat (ATP), die allgemeine Energiewährung der Lebewesen. Die ATP-Synthese ist die Grundlage der Energieversorgung aller Zellen. Sie wird durch einen Protonengradienten und den Transport von Protonen durch den ATPase-Komplex hindurch angetrieben. Abb. 13.3 zeigt ein Schema der Chloroplasten-ATPase. Die Protonen fließen durch den Komplex der c-Untereinheiten in der Membran hindurch aus dem Thylakoidinnenraum in das Chloroplastenstroma. Die Gruppe der c-Untereinheiten dreht sich dabei wie ein Trommelrevolver. Das Ganze ist ein kleiner molekularer Motor und wird durch einen Stator aus den Untereinheiten b und b' stabilisiert. Das Köpfchen aus den Untereinheiten α, β und δ ragt in das Stroma der Chloroplasten hinein, und hier wird ATP synthetisiert.

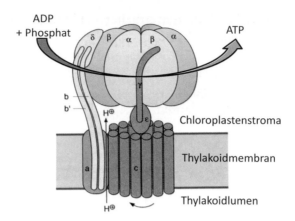

Abb. 13.3 Molekulares Modell der H⁺-ATPase in den Thylakoidmembranen der Chloroplasten. (Nach Junge, aus Heldt, Piechulla 2008)

Eine ähnlich gebaute ATPase liegt in der pflanzlichen Vakuolenmembran, im Tonoplasten. Wieder befindet sich der Trommelrevolver der c-Untereinheiten in der Membran. Das Köpfchen liegt im Cytoplasma. Dort wird ATP aufgenommen und hydrolisiert. Die dabei frei werdende Energie wird genutzt, um Protonen aus dem Cytoplasma in die Vakuolen zu transportieren. Die H⁺-ATPase des Tonoplasten hat wichtige Funktionen für die Regulation des pH-Wertes im Cytoplasma. Der Protonengradient, den sie am Tonoplasten aufbaut, treibt die Aufnahme verschiedener Substanzen in die Vakuole hinein, ist also auch für den osmotischen Druck mit verantwortlich, von dem wir oben gerade gehört haben.

Die ATPasen sind gegenüber den einzelnen Modulen der Untereinheiten etwas ganz Innovatives und völlig Neues. Es ist durch die Integration der Untereinheiten emergent geworden.

Es gibt viele ähnliche Beispiele. Solche komplexen integralen Wunderwerke von Multienzymkomplexen mit emergenten Funktionen sind im Stoffwechsel eher die Regel als Ausnahmen. Wir könnten nicht auf sie kommen, auch wenn wir noch so viel über ihre einzelnen Untereinheiten wüssten. Und doch: Gerade sie sind geeignet, daran zu erinnern, dass wir die Module genau kennen müssen, wenn wir verstehen wollen, wie sie in der Zelle zusammengebaut werden und was sie bei ihrer Integration zum emergenten Ganzen beitragen können. Wir brauchen Modularität, aber wir dürfen dabei nicht stehen bleiben.

13.4 Modularität und Emergenz: Gegensätze oder Entwicklungslinien?

Auf dem Hintergrund dieser Beispiele können wir nun die Eigenschaften der Modularität, die schon in Kap. 12 aufgelistet wurden, den entsprechenden Eigenschaften der Emergenz gegenüberstellen (Tab. 13.1). Modularität sieht die Bausteine oder Module getrennt, Emergenz untersucht ihre Integration. Modularität reduziert die Freiheitsgrade auf die isolierte Betrachtung der Module, Emergenz bildet sich aus der Selbstorganisation sich integrierender Module mit neuen möglichen Wechselwirkungen. So entfaltet sich wachsende Komplexität. Aus der Wiederholung der einzelnen Module von Systemen erwachsen durch die Emergenz Ganzheit oder Holismus und Einzigartigkeit. Auch Pflanzen sind, wie alle Organismen, integrierte individuelle Einheiten. Der Reduktionismus der Spezialisierung wird durch übergreifende Betrachtung abgelöst. Die letzte Zeile in Tab. 13.1, Genetik und Epigenetik, müssen wir uns noch genauer ansehen.

13.5 Das Genom: Konzertflügel unter den Händen des Interpreten

In einem riesigen Konzertsaal habe ich vor ein paar Jahren ein Abschiedskonzert des bedeutenden Pianisten Alfred Brendel gehört. Da stand der Konzertflügel aufgeschlagen einsam auf der großen Bühne. Wir sahen alle Tasten, alle Saiten. Alle Module des Flügels lagen uns offen. Aber es war nichts. Dann

Tab. 13.1 Gegenüberstellung von Modularität und Emergenz

Modularität	Emergenz
Trennung	Integration
Reduktionismus	Selbstorganisation
Reduktion der Zahl der Freiheitsgrade	Entfaltung von Komplexität
Module als Komponenten von Systemen	Holismus
Wiederholung	Einzigartigkeit
leugnet, dass Pflanzen einheitliche Organismen sind	setzt voraus, dass alle Organismen integrierte Einheiten sind
Spezialisierung	übergreifende Betrachtung
Genetik	Epigenetik

betrat der Künstler fast zögernd die Bühne, ging langsamen Schrittes zum Flügel, setzte sich, griff in die Tasten und entlockte dem Instrument Wunder um Wunder. Emergenz der Musik! So ist es auch mit dem Genom. Auch wenn wir durch die Genomik alle Gene kennen, bleibt es unbelebt, wie das Musikinstrument, das niemand spielt. Die Spieler des Genoms sind Transkriptionsfaktoren und andere regulatorische Elemente, die die Aktivität der Gene ganz spezifisch aufrufen und in Szene setzen. Was da durch ein gegebenes Instrument gespielt wird, kann durchaus ganz verschieden sein. Vergleichen wir einmal ein paar Größen von Genomen:

- Menschen: 25.000 Gene,
- ein kleiner Nematodenwurm oder die Fruchtfliege: 15.000–20.000 Gene,
- die einjährige Ruderalpflanze *Arabidopsis thaliana*: 27.000 Gene.

Das sind vergleichbare Größen, aber was sind die Organismen doch so unterschiedlich in ihrer Komplexität! Das Genom des Menschen unterscheidet sich nur um 1,3 % von dem des Schimpansen. Das sind aber nur etwa 300 Gene, die verschieden sind. Es muss am Bespielen des Instruments Genom liegen, was emergent herauskommt.

Die Botanik hat ein schönes Blumenbeispiel für uns zur Illustration solcher Emergenz aus dem Genom. Auf Äckern, an Wegrändern und anderen Ruderalstandorten finden wir die gelben bilateral symmetrischen zygomorphen Blüten der Pflanze *Linaria vulgaris* Mill. Einer anderen Pflanze mit radiär symmetrischen Blüten hat Karl von Linné einen anderen Gattungsnamen, *Peloria*, gegeben (Abb. 13.4). Es war ihm nicht bewusst, dass beide zur gleichen Art gehören und bei *Peloria* nur der Promoter eines einzigen Gens epigenetisch verändert ist. Wie kann das gehen?

Die molekulare Epigenetik ist ein System des Ablesens der genetischen Information der DNA. Die DNA der Gene ist in den Chromosomen in Nucleosomen als Chromatin organisiert (Abb. 13.5). Epigenetische Regulation fußt auf Struktur- und Konformationseigenschaften, die durch Acetylierung und Methylierung der DNA und der Histonproteine der Nucleosomen modifiziert werden. Der Essigsäure- oder Acetylrest ist zwei Kohlenstoffatome lang und damit groß genug, um Platz für den Zutritt der Transkriptionsfaktoren zu lassen, sodass bei Acetylierung das Umschreiben der genetischen Information in Botschafter-RNA erfolgen und das Protein, für das das Gen codiert, synthetisiert werden kann. Bei Methylierung wird es im wahrsten Sinne des Wortes eng. Die Methylreste haben nur ein Kohlenstoffatom. Sie liegen eng

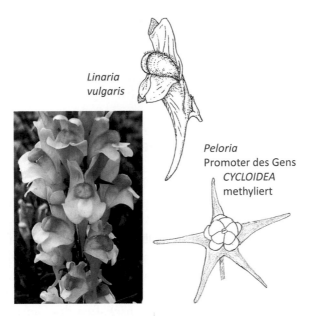

Abb. 13.4 Beispiel emergenter Blütenformen von *Linaria vulgaris* bei Methylierung nur eines Gen-Promoters (Fotografie M. Kluge, Zeichnung links oben nach F. Firbas, aus Kadereit et al. 2014)

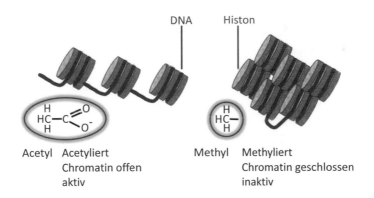

Abb. 13.5 Epigenetische Genregulation durch Acetylierung und Methylierung von DNA (rote Stränge) und Histonen (blaue Rollen). Der größere Acetylrest macht das Chromatin offen und aktiv für die Ablesung, da er Platz für Regulationsfaktoren und Promoter lässt. Der kleinere Methylrest blockiert das Chromatin für die Ablesung. (Nach U. Sonnewald, aus Kadereit et al. 2014)

aneinander und blockieren den Zutritt der Transkriptionsfaktoren. Das Gen ist abgeschaltet. Genau dies ist nun bei *Peloria* der Fall. Der Promoter des Cycloidea-Gens (*Lcyc*) ist blockiert. Was für ein Unterschied der emergenten Blütenformen bei der epigenetischen Modifikation, bei der die Basensequenz der DNA völlig unverändert bleibt (Abb. 13.5)!

13.6 Hierarchie der emergenten Systeme

Wir haben in Kap. 12 gesehen, dass Module Bausteine von Netzwerken sind, die auf einer höheren Skalierungs- oder Integrationsebene wieder zu neuen Modulen zusammenschnurren können. Da wir nun gelernt haben, dass emergente Systeme durch die Selbstorganisation und Integration von Modulen hervortreten, ist klar, dass sie auch eine Hierarchie bilden. Ein paar Beispiele machen das deutlich. Ein Gras ist schon ein selbstständiger emergenter Organismus. Aber es ist ein Modul für eine Wiese. Die Eigenschaften der Wiese können wir nicht aus den Eigenschaften des Grases ableiten. Das Gleiche gilt für einen Baum und den Wald. Wenn wir nur die Bäume betrachten, können wir tatsächlich den ganzen Wald vor lauter Bäumen nicht sehen. Das Ganze ist etwas anderes als die Summe seiner Teile. Das hatte schon Aristoteles erkannt. Es setzt sich bei den Systemen auf den verschiedenen Skalen fort. Die Wiese und der Wald werden zu Modulen von Landschaften, es emergieren Biome und schließlich die ganze Biosphäre auf der Erde. Mit dem Studium der Integration und Emergenz neuer Systeme kommen wir weg von der additiven Systembiologie der Modularität und erreichen die synthetische Systembiologie.

Literatur

Laughlin RB (2005) A different universe: reinventing physics from the bottom down. Basic Books, New York [Deutsche Ausgabe: (2010) Abschied von der Weltformel. Die Neuerfindung der Physik, 2. Aufl. (Übers: Reuter H). Piper, München]
Lorenz K (1977) Die Rückseite des Spiegels. Versuch einer Naturgeschichte menschlichen Erkennens. Deutscher Taschenbuch Verlag, München

14
Die Stufenleiter der Integration

Białowieża, Polen. Der letzte Urwald in Europa, hunderte von Jahren unberührt

© Springer-Verlag GmbH Deutschland 2017
U. Lüttge, *Faszination Pflanzen*, DOI 10.1007/978-3-662-52983-6_14

14.1 Organismen sind nie alleine: Holobionten

Der Mensch trägt eine große Menge von Bakterien mit sich herum, auf der Haut, in Mund und Nase, im Darm und sonstwo im Körper. Im Verdauungssystem hat jeder von uns ein gutes Kilogramm Bakterien, und das sind mehrere hundert verschiedene Bakterienarten. Die Anzahl der Bakteriengene in unserem Körper ist etwa 100- bis 150-mal so groß wie die Anzahl der Gene unseres eigenen Genoms. Ohne diese Bakterien würde nicht nur unsere Verdauung nicht funktionieren. Sie haben viele andere nützliche Wirkungen. Zum Beispiel könnte sich ohne diese Bakterien unser Immunsystem nicht aufbauen und zu funktioneller Reifung gelangen.

Der Mensch und seine Bakterien bilden ein festintegriertes System assoziierter Organismen. Es ist im Sinne von Kap. 13 eine emergente Einheit. Solche Einheiten unter Lebewesen sind **Holobionten** (von grch. *holo*, „ganz"). Nach einer eng fassenden Definition ist ein Holobiont ein in der Evolution hoch entwickeltes System, bestehend aus Pflanze oder Tier als den jeweils zentralen Organismen oder „Wirten", die mit allen ihren assoziierten Mikroorganismen in Interaktion stehen. Ein solches System bildet eine Einheit für Selektion und Evolution (Abb. 14.1). Der Mensch ist also ein Holobiont. Ohne all seine Bakterien, ohne ein Holobiont zu sein, könnte der Mensch nicht leben und überleben. Alle die Gene des Menschen und der Bakterien zusammengenommen nennt man das **Hologenom**.

Holobionten sind weit verbreitet. Wenn man die enge Definition etwas erweitert, sieht man, dass alles Leben holobiontartige Assoziationen bildet. Wenn wir dabei in der Definition Interaktion besonders wichtig nehmen und wenn wir statt Mikroorganismen Organismen im Allgemeinen in

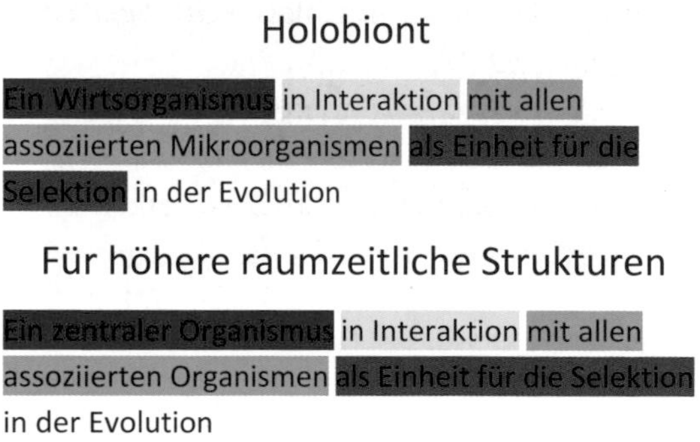

Holobiont

Ein Wirtsorganismus in Interaktion mit allen assoziierten Mikroorganismen als Einheit für die Selektion in der Evolution

Für höhere raumzeitliche Strukturen

Ein zentraler Organismus in Interaktion mit allen assoziierten Organismen als Einheit für die Selektion in der Evolution

Abb. 14.1 Holobiont-Definitionen

Betracht ziehen, können wir – ohne die Definition allzu sehr zu strapazieren – auch höhere raumzeitliche Skalen der biologischen Organisation erreichen (Abb. 14.1). Organismen sind nie alleine.

14.2 Endosymbiosen: grüne Holobionten

In der Tat gibt es Holobionten schon zwischen einfacheren Organismen. Es muss nicht gleich ein evolutiv fortgeschrittener Organismus im Zentrum stehen. Auch einfache eukaryotische Einzeller können als Holobionten zusammenleben. Ciliaten, wie *Paramecium*, sind eigentlich heterotrophe Einzeller. Der Ciliat *Paramecium bursaria* schluckt aber grüne Zellen der Alge *Chlorella*. Er kann an ihrer Fotosynthese teilhaben. Die Algen geben 45 % ihrer Fotosyntheseprodukte an den Ciliaten ab. Dafür bietet er ihnen Schutz vor einem für sie tödlichen Virus, das im freien Wasser vorkommt. Ein solches Miteinander ist ein Zusammenleben zum gegenseitigen Nutzen.

Wir nennen es *Symbiose* (grch. „Zusammenleben"). Hier haben wir es mit einer Endosymbiose („Zusammenleben innerhalb") zu tun, weil sich die *Chlorella*-Zellen im Inneren der Zellen von *Paramecium* als ihrem Wirt befinden. Ein anderes Beispiel ist die Endosymbiose zwischen dem eukaryotischen Pilz *Geosiphon pyriformis* und dem prokaryotischen Cyanobakterium *Nostoc punctiforme*, die ganz selten auf lehmigen Äckern gefunden wird (Abb. 14.2a). Der Name „Erdschlauch" („Geosiphon") kommt daher, dass die fädigen Hyphen des Pilzes bei Berührung mit den Cyanobakterien millimeterlange Blasen oder Schläuche bilden, in die sie als Wirt die Cyanobakterien aufnehmen (Abb. 14.2b). Die Cyanobakterien stellen Fotosyntheseprodukte zur Verfügung. Außerdem können sie mit einer Nitrogenase Luftstickstoff fixieren und zur Stickstoffernährung des Konsortiums beitragen. Unter den höheren Pflanzen bildet das „Mammutblatt" *Gunnera* eine Cyanobakterien-Endosymbiose mit *Nostoc* aus (Abb. 14.3).

Eine Endosymbiose von ganz besonderer Art und von großer ökologischer und wirtschaftlicher Bedeutung sind die Knöllchen der Leguminosen. Dabei gibt es eine Menge ganz verschiedener spezifischer Partnerbeziehungen zwischen verschiedenen Arten von Bakterien und Leguminosen-Wirtspflanzen (Abb. 14.4). Die Bakterien dringen über die Wurzelhaare in die Pflanze ein. Die Wurzelhaare winden sich an der Spitze und rollen sich etwas ein, sodass ein Raum entsteht, in dem sich Bakterienzellen sammeln können. Über einen Infektionsschlauch gelangen die Bakterien dann in das Innere der Wurzel. Die Pflanze reagiert mit Zellteilungen zur Erzeugung eines besonderen Gewebes,

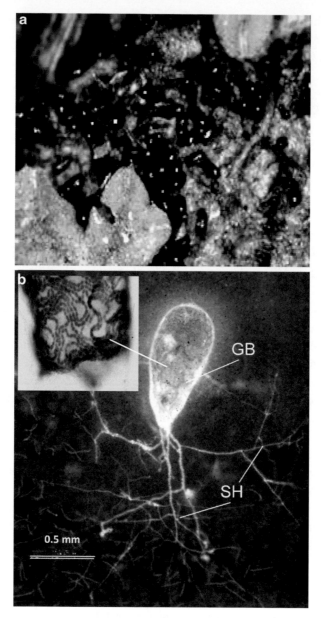

Abb. 14.2 Die Endosymbiose von *Geosiphon pyriformis* und *Nostoc punctiforme*. (a) *Geosiphon*-Blasen (schwarz) zwischen Thalluslappen des Hornmooses *Anthoceros* (grün) auf einem Acker bei Biebergemünd im Spessart. (b) Junge *Geosiphon*-Blase (GB) mit Substrathyphen (SH) des Pilzes. Insert: Filamente des Cyanobakteriums *Nostoc* innerhalb einer Blase, von außen durch die durchsichtige Blasenhülle gesehen. (Originalaufnahmen D. Mollenhauer)

0,5 mm

Abb. 14.3 Links *Gunnera insignis* am natürlichen Standort auf dem Irazú-Vulkan, Costa Rica. Rechts Symbiose zwischen *Gunnera* und *Nostoc*, Basis der Keimblätter von *Gunnera* mit Schleimdrüsen, wo Cyanobakterien eingedrungen sind. (Nach Johansson, Kadereit et al. 2014)

das die Knöllchen aufbaut, und schließt dort die Bakterienzellen endosymbiotisch in besonderen Vakuolen ein. Die Bakterien ändern dabei ihre Form, und wir nennen sie jetzt Bakteroide. Sie fixieren nun Luftstickstoff.

Da das entscheidende Enzym der Stickstofffixierung, die Nitrogenase, sehr sauerstoffempfindlich ist, muss in der Umgebung des Enzyms im Knöllchengewebe die Sauerstoffkonzentration niedrig gehalten werden. Andererseits brauchen die Knöllchen für ihren intensiven Stoffwechsel Sauerstoff. Für die richtige Verteilung des Sauerstoffs in den Knöllchen dient eine chemische Verbindung, die dem roten Farbstoff unseres Blutes, dem Sauerstoff transportierenden Hämoglobin, chemisch sehr ähnlich ist, das Leg(uminosen)-hämoglobin. Man kann es an der rötlichen Färbung aufgeschnittener Knöllchen erkennen (Abb. 14.4d). Hier haben in der Evolution verwandtschaftlich immens weit auseinanderliegende Organismen, Pflanze und Wirbeltier, für den gleichen Zweck die gleiche chemische Lösung gefunden.

Die Knöllchen sind von Leitbündeln durchzogen, damit sie aus der Fotosynthese des Sprosses mit Substraten versorgt werden können, aus denen für ihren Stoffwechsel Energie gewonnen werden kann, und die als Akzeptoren für den reduzierten Stickstoff dienen. Die Leitbündel sind außerdem nötig, um die Stickstoffverbindungen aus den Knöllchen und Wurzeln abzutransportieren und in anderen Pflanzenteilen zu verteilen.

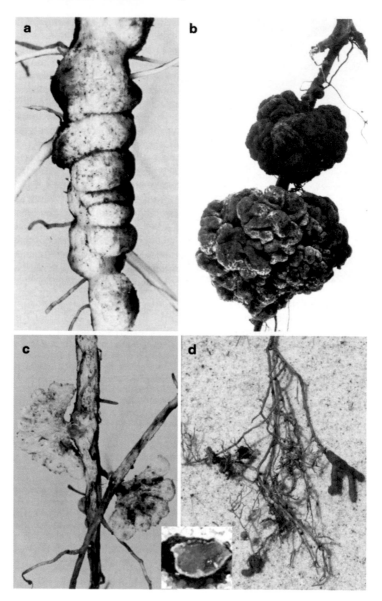

Abb. 14.4   Beispiele für die Vielfalt der Leguminosenknöllchen. (a) und (b) Lupinen (*Lupinus luteus, Lupinus arboreus*), (c) Saubohne (*Vicia faba*), (d) tropische Strauch-Leguminose *Andira legalis*. Unten links eingefügt ein aufgeschnittenes Knöllchen von *Andira legalis* mit der rötlichen Färbung durch das Leghämoglobin. (**a-c** nach J. S. Pate, aus Lüttge und Pitman 1976)

Die verschiedenen Strukturen und Funktionen der Knöllchensymbiose
können sich nur durch ein ausgeklügeltes System von Signalen und Informa-
tionsverarbeitung ausbilden und erhalten. Es sind im Wesentlichen chemische
und molekulare Signale im Spiel. Bakterien und Pflanzenwurzeln tauschen
Erkennungssignale aus. Morphogenetische Antworten – Knöllchenbildung,
Infektionsschlauch, Formveränderung zu Bakteroiden – werden gesteuert.
Wurzel, Spross und Blätter der Pflanzen müssen kooperieren. Hier haben wir
ein Beispiel hoch komplex integrierter Koordination in Pflanzen vor uns. Die
Leguminosen mit ihren Knöllchenbakterien sind als Holobionten schon ganz
besonders emergente Biosysteme. Ihre immense wirtschaftliche Bedeutung
liegt darin, dass wir bei der Verwendung von Leguminosen für unsere Ernährung auf Stickstoffdüngung verzichten können und dass sie durch Unter-
pflügen als Gründüngung zum Eintrag von Stickstoff in Agrarökosysteme
beitragen und so auch andere Kulturpflanzen versorgen können. In natürlichen Ökosystemen tragen sie oft wesentlich zum Stickstoffhaushalt bei.

14.3 Alle Zellen sind Holobionten: die Endosymbiontentheorie der Evolution eukaryotischer Zellen

Die rezenten Endosymbiosen, wie *Geosiphon* und die Leguminosenknöllchen,
die sich vor unseren Augen immer wieder neu etablieren, sind noch aus einem
anderen Grund von tief greifender Bedeutung. Der ganze Erfolg der grünen
Eukaryonten und des grünen Kleides fotosynthetisch aktiver höherer Pflanzen auf der Erde kommt eigentlich daher, dass einmal in den Urzeiten der
Evolution noch nicht grüne Urkaryonten Cyanobakterien „geschluckt" und
diese nicht abgebaut und verdaut haben. Sie haben sie sich als Symbionten
in ihrem Zellinneren, als **Endosymbionten**, erhalten und ihre Dienste zur
Fotosynthese genutzt.

Die Urkaryonten mussten sich durch Phagocytose ernähren. Das funkti-
onierte so, dass Nahrungspartikel in der wässrigen Umgebung vom Cytoplasma umwallt und dann als membranumgebene Nahrungsvakuolen in die
Zellen eingeschleust wurden (Abb. 14.5). Der Inhalt der Nahrungsvakuolen wurde dann fermentativ abgebaut, denn die Urkaryonten hatten noch
keine Mitochondrien für die Atmung. Wenn die mit der Beute eingeschleus-
ten Membranen, d. h. die Membranhüllen der Nahrungsvakuolen, zum Teil

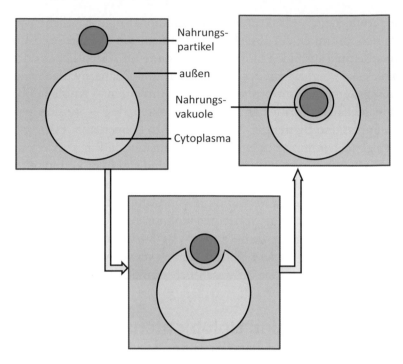

Abb. 14.5 Schema der Phagocytose

erhalten blieben, konnten solche Zellen sich ein inneres Membransystem aufbauen und damit auch einen Zellkern abgrenzen. Sie waren wohl schon vor 3
Milliarden Jahren auf der Erde existent.

Die typischen eukaryotischen Zellen der Algen und Höheren Pflanzen
wurden dann dadurch ins Leben gerufen, dass die Urkaryonten grüne, fotosynthetisch aktive Cyanobakterien und nichtgrüne, aerob lebende atmungs-
aktive Bakterien phagocytotisch aufgenommen haben. Sie wurden dadurch
zu Holobionten, denn sie bauten die aufgenommenen Prokaryontenzellen
nicht als Nahrung ab, sondern erhielten sie als Endosymbionten und behan-
delten sie gut, woraus der Gewinn der „eingeworbenen" Fotosynthese- und
Atmungsaktivität resultierte. Dadurch gewannen sie große Vorteile bei der
Selektion in der weiteren Evolution. In einer langen gemeinsamen Coevolution von Wirt und Endosymbiont, der **Symbiogenese**, wurden dann aus
den Cyanobakterien die Chloroplasten und aus den nichtgrünen Bakterien
die Mitochondrien, wie wir sie in Kap. 2 kennengelernt haben. Über Milliarden Jahre der Evolution sind sie Endosymbionten geblieben. Jede einzelne
eukaryotische Zelle ist also im Grunde genommen ein Holobiont.

Die ersten Gedanken zu dieser Endosymbiontenhypothese der Evolution eukaryotischer Zellen wälzte der aus Deutschland ins brasilianische Blumenau ausgewanderte Biologe Fritz Müller. Er hatte auch Kontakt mit dem besonders in den Tropen weit gereisten Mitbegründer der ökologischen Pflanzengeographie Andreas Franz Wilhelm Schimper, der solche Gedanken 1883 näher ausgeführt hat. Mikroskopische Beobachtungen sprechen dafür. Wenn die Chloroplasten aus Cyanobakterien hervorgegangen sind, müssen sie von mindestens zwei Membranen umgeben sein. Die äußere sollte die Membran der ursprünglichen Nahrungsvakuole und die innere die Außenmembran des Cyanobakteriums sein. Tatsächlich haben die Chloroplasten aller Grünalgen und aller höheren Pflanzen eine doppelte Membranhülle.

Der Schluckvorgang hat sich dann später in anderen Entwicklungslinien noch wiederholt, sodass Zellen mit schon richtigen Chloroplasten als Endosymbionten aufgenommen wurden. So treten in den verschiedenen Gruppen der Algen auch Chloroplasten mit Hüllen aus bis zu vier Membranen auf. Bei der sich stets neu bildenden Symbiose von *Paramecium bursaria*, die oben erwähnt wurde, ist es auch so. Da wurden ja eukaryotische *Chlorella*-Zellen geschluckt. Die enthaltenen Chloroplasten sind von vier Membranen umgeben – ihrer eigenen Doppelmembran, der Außenmembran der *Chlorella*-Zellen und der Membran der Nahrungsvakuolen.

Aber kehren wir noch einmal zu Fritz Müller und Andreas Franz Wilhelm Schimper zurück. Ihre Hypothese war wirklich abenteuerlich. Sie wurde zwar 1905 von dem russischen Gelehrten Constantin Sergejewitsch Mereschkowsky weiter ausgearbeitet, aber doch in den meisten Biologenkreisen als reine Ausgeburt der Fantasie angesehen. Mit diesem Makel war sie bis in die 1960er-Jahre hinein behaftet. Aber die Intuition und Kühnheit von Müller, Schimper und Mereschkowsky führte doch zum Sieg ihrer Vorstellung. Durch den großen Fortschritt insbesondere der Molekularbiologie ist sie heute als ausgewachsene Theorie fest verankert. Die heute sich immer wieder neu etablierenden Endosymbiosen von *Paramecium bursaria*, *Geosiphon*, *Gunnera* und der Leguminosenknöllchen zeigen ja, dass so etwas funktioniert. Von den Membranhüllen haben wir auch schon gesprochen. Die Chloroplasten und Mitochondrien haben auch ihr eigenes Genom, das wie bei den Prokaryonten in zirkulären DNA-Makromolekülen organisiert ist. Molekulare Analysen zeigen Verwandtschaften der Chloroplasten und Mitochondrien mit rezenten autotrophen und heterotrophen Prokaryonten.

14.4 Auch Ökosysteme sind Holobionten: von Ektosymbiosen zu höheren Verbundsystemen

Ein besonders schönes anschauliches Beispiel für Holobionten sind die Flechten (Abb. 14.6). Flechten gehen Ektosymbiosen („Zusammenleben außerhalb") ein, das heißt, die Partner durchdringen sich nicht intrazellulär wie

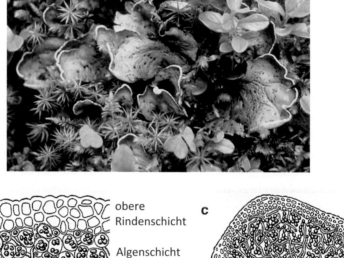

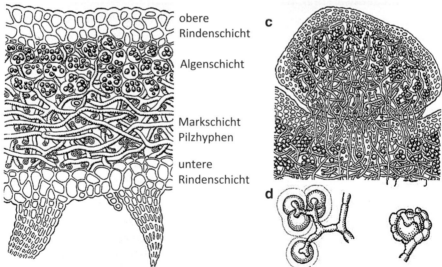

b

obere Rindenschicht

Algenschicht

Markschicht Pilzhyphen

untere Rindenschicht

c

d

Abb. 14.6 Ektosymbiose der Flechten. (a) Fotografie der Flechte *Peltigera aphthosa* mit Grünalgen (grüne Flächen) und Cyanobakterien (schwarze Punkte, „Aphthen" oder Cephalodien = Köpfchen). Schematische Querschnitte, (b) durch den Flechtenthallus und (c) durch ein Cephalodium. (d) Kontakte zwischen Pilzhyphen und Algenzellen. ((b) nach J. Sachs, (c) nach K. Mägdefrau, (d) nach Bornet, aus Kadereit et al. 2014)

bei den Endosymbiosen. Die Partner sind nichtgrüne Hyphen von Pilzen (Mykobionten) und Grünalgen oder Cyanobakterien oder beide (Phycobionten). Die Pilzhyphen bilden feste äußere Rindenschichten aus und ein lockereres inneres Geflecht, wo sie die Algenzellen beherbergen. Der Beitrag der Pilzhyphen zur Lebensgemeinschaft besteht vor allem im Erwerb von Wasser und Nährsalzen. Die Algen liefern die Fotosyntheseprodukte. Die Pilzhyphen dringen nicht in die Algenzellen ein, Fortsätze bilden aber ganz enge Kontakte zum Austausch der verschiedenen Substanzen.

Flechten sind durch die Kooperation von Myko- und Phycobionten oft extrem genügsam und stressresistent. Sie kommen an allen möglichen Standorten, von Wüsten- und Trockengebieten bis zu tropischen Regenwäldern, vor. Das Zusammenleben der Partner erzeugt so enge Wechselwirkungen, dass ganz charakteristische Gestaltbildung erfolgt, wie z. B. bei der in Abb. 14.6 gezeigten *Peltigera aphthosa*. Sie hat sowohl Grünalgenzellen (grüne Oberflächen) als auch Cyanobakterien (schwarze Punkte wie Aphthen, genannt Cephalodien, in denen auch Stickstoff aus der Luft fixiert wird) als Symbionten. Die Formenvielfalt der Flechten ist von riesiger Mannigfaltigkeit. Die verschiedenen typischen Flechtengestalten kann man als Flechtenarten beschreiben und eine Flechtensystematik entwickeln. Weltweit kennt man etwa 25.000 Flechtenarten, 2000 davon sind in Mitteleuropa verbreitet.

Eine ganz andere sehr weit verbreitete Ektosymbiose mit Pilzen ist deren Zusammenleben mit höheren Pflanzen in verschiedenen Organen, in Wurzeln und vor allem auch in Sprossen und Blättern. Pilze wachsen zwischen den Zellen dieser Pflanzenorgane. Man spricht von den Pilzen als **Endophyten**. Sie haben viele positive Effekte für ihre Wirtspflanzen. Sie erleichtern den Widerstand gegen Stresssituationen, wie Trockenheit, Temperaturwirkungen und hohe Salzkonzentration im Milieu. Sie helfen bei der Abwehr von Fraßfeinden, sowohl von Insekten als auch von Säugetieren, die als Pflanzenfresser (Herbivoren) auftreten. Gräser mit verschiedenen Pilzarten entwickeln unterschiedliche Standortpräferenzen. In einzelnen Pflanzen können dutzende bis hunderte verschiedener Pilzarten endophytisch leben. Das erinnert ganz stark an den Holobionten Mensch mit allen seinen Bakterien. Allein schon durch ihre endophytischen Pilze sind die meisten Pflanzen auch Holobionten.

Von den Ektosymbiosen können wir zu höher integrierten Assoziationen weitergehen. Sie schließen auch Organismen ein, die als getrennte Individuen in derselben Umgebung leben und eine gemeinsame Evolution, eine Coevolution, durchlaufen haben und so als Systeme alle Eigenschaften von Holobionten besitzen. Hierzu gehören die Biofilme und die Bodenkrusten, von denen schon in Kap. 3 die Rede war. Mit den Bodenkrusten sind wir bereits bei einem richtigen Ökosystem angelangt, wenn sich das Leben dort auch vornehmlich auf der mikroskopischen Ebene abspielt.

Wenn wir noch einmal auf *Geosiphon pyriformis* zurückkommen und genauer hinsehen, wo und wie es lebt, werden wir Zeuge davon, wie aus einem symbiotischen Netzwerk ein komplexes holobiontartiges System entsteht (Abb. 14.7). *G. pyriformis* besiedelt phosphatarme, feuchte Böden, z. B. aufgelassene Ackerflächen (Abb. 14.2a). Dort kommen auch Bryophyten (Moose) wie *Blasia* und *Anthoceros* vor. Das Cyanobakterium *Nostoc punctiforme* wächst freilebend und wird zum Symbionten sowohl von *G. pyriformis* als auch von *Blasia* und beide tauschen die Symbionten aus. Das Hornmoos *Anthoceros* beherbergt einen Pilz. Es ist wahrscheinlich, dass die Pilze und dabei auch *G. pyriformis* mit höheren Pflanzen Mykorrhiza bilden. Es ist spannend, dass solche Beobachtungen uns deutlich machen, wie zunehmende Integration von an sich schon komplexen Systemen zu immer komplexeren emergenten Holobiontsystemen führt.

Aber was ist Mykorrhiza, und warum kann sie uns zeigen, dass riesige Flächen bedeckende Ökosysteme als Holobionten angesehen werden können? Mykorrhiza ist die Symbiose von Pflanzenwurzeln mit Pilzen. Die Hyphen der Pilze können den Boden viel weitgreifender durchdringen als die Wurzeln und in feinere Bodenporen eindringen, sodass weitere Ressourcen von Wasser

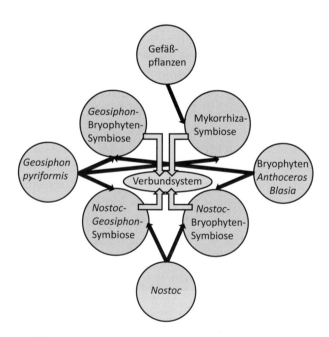

Abb. 14.7 Holobiont mit raum-zeitlicher Struktur auf hoher Skalierungsebene als symbiotisches Netzwerk mit den handelnden Teilnehmern Cyanobakterien (*Nostoc punctiforme*), Moosen (den Bryophyten *Anthoceros* und *Blasia*), Pilzen (*Geosiphon pyriformis*) und höheren Gefäßpflanzen

und mineralischen Nährstoffen erschlossen werden können. Die Pflanzen liefern natürlich wieder die Fotosyntheseprodukte.

Die Mykorrhiza der Pflanzen ist ubiquitär. Krautige und holzige Pflanzen haben fast ausnahmslos Mykorrhiza. Die Ausbildung der Mykorrhiza war mit Sicherheit schon eine der Voraussetzungen für die erfolgreiche Eroberung des Festlandes durch die Pflanzen, die dann ja Mineralstoffe nicht mehr direkt aus dem sie umgebenden Wasser aufnehmen konnten. Mykorrhizapilze hat man schon unter den Fossilien von *Rhynia* gefunden, d. h. bei den ersten Gefäßpflanzen auf dem festen Land (Kap. 3).

Wir unterscheiden verschiedene Typen von Mykorrhiza. Bei der ektotrophen Mykorrhiza umspinnen die Pilzhyphen die Wurzeln an der Oberfläche und wachsen in die Wurzelrinde ein, wo sie zwischen den Zellwänden ein Netz, das sogenannte Hartig'sche Netz, ausbilden. Bei der endotrophen Mykorrhiza dringen die Hyphen auch in das Innere der Wurzelzellen ein, bleiben aber auch dort von Zellmembranen umhüllt. Die Waldbäume haben ektotrophe Mykorrhiza (Abb. 14.8). Die Pilzhyphen können die Wurzeln verschiedener

Abb. 14.8 Die Mykorrhiza vernetzt alle Bäume eines Waldes zum Holobionten. Fotografie rechts: Übersicht eines Ausschnitts des Wurzelsystems der Tanne (*Abies alba*) mit Mykorrhiza; Fotografie links: einzelne Seitenwurzel mit den Pilzhyphen. (Nach H. Ziegler, aus Kadereit et al. 2014)

Bäume ummanteln. Dadurch verbinden sie unterirdisch im Boden alle Bäume eines Waldes. Man spricht hier auch scherzhaft von www = wood wide web. Biofilme von Bakterien sind beteiligt, die auch als Helfer die Ausbildung von Mykorrhiza unterstützen. Der ganze Wald, das große Flächen bedeckende Ökosystem, integriert sich zum Holobionten.

14.5 Supra-Holobiont: Gaia oder die ganze Biosphäre

Damit sind wir auf der Stufenleiter der Integration des Lebens der Pflanzen schon so weit aufgestiegen, dass es nicht mehr allzu gewagt erscheinen mag, wenn wir uns die ganze Biosphäre der Erde als einen Supra-Holobionten vorstellen wollen. Ökosysteme sind die Module, aus denen emergent die großen Biome hervorgehen. Mit ihnen wollen wir uns in Kap. 20 noch beschäftigen, weil dies zeigen kann, wie die Pflanzen die globalen Lebensräume gestalten. Die Biome sind die Module unterhalb der Biosphäre. Unter Biosphäre verstehen wir hier das gesamte Leben auf der Erde, auf dem Land, im Wasser und in der Luft.

In der alten griechischen Mythologie ist die vollbusige mystische Göttin Gaia die Mutter Erde. Der berühmte Umweltforscher James Lovelock (1979) hat dieses Bild aufgegriffen für sein naturwissenschaftliches Konzept des ganzen Lebens auf der Erde als einer Einheit: „… a complex entity involving the Earth's biosphere, atmosphere, oceans, and soil …". Gaia ist die Biosphäre, der endgültige Supra-Holobiont. Wir kommen in Kap. 25 und 26 auf Gaia zurück, wenn wir uns fragen, ob die Erde uns Menschen und das andere Leben bei allen erschreckenden globalen Bedrohungen weiter beherbergen und ernähren kann. Lovelock hat Gaia 1979 ursprünglich als eine sich selbst regulierende, selbst erhaltende Einheit gesehen: „… the hypothesis … that the biosphere is a self-regulating entity with the capacity to keep our planet healthy by controlling the chemical and physical environment". Er hat sich dreißig Jahre später (2009) gefragt, ob das unter den heftigen Eingriffen durch den Menschen aufrechterhalten werden kann.

Literatur

Geus A, Höxtermann E (Hrsg) (2007) Evolution durch Kooperation und Integration – Zur Entstehung der Endosymbiosetheorie in der Zellbiologie. Basilisken-Presse, Marburg

Lovelock J (1979) Gaia. A new look at life on earth. Oxford University Press, Oxford [Deutsche Ausgabe: (1982) Unsere Erde wird überleben. Gaia, eine optimistische Ökologie (Übers: Ifantis-Hemm C). Piper, München]

Lovelock J (2009) The vanishing face of Gaia – a final warning. Basic Books, New York

Lüttge U, Pitman MG (Hrsg) (1976) Encyclopedia of plant physiology, Bd 2, New series. Transport in plants, part A, cells. Springer, Heidelberg

Matyssek R, Lüttge U (2013) The planet holobiont. In: Matyssek R, Lüttge U, Rennenberg H (Hrsg) The alternatives growth and defense: resource allocation at multiple scales in plants, Nova Acta Leopoldina NF 114/Nr. 391. S 325–344

Mereschkowsky C (1905) Über Natur und Ursprung der *Chromatophoren* im Pflanzenreiche. Biol Centralblatt 25:593–604, 689–691

Rodriguez RJ, White JF, Arnold AE, Redman RS (2009) Fungal endophytes: diversity and functional roles. New Phytol 182:314–330

Rosenberg E, Koren O, Reshef L, Efrony R, Zilber-Rosenberg I (2007) The role of microorganisms in coral health, disease and evolution. Nat Rev Microbiol 5:355–362

Schimper AFW (1883) Über die Entwicklung der Chlorophyllkörner und Farbkörper. Bot Ztg 41:105–120

Schneckenburger S (2013) Von Griffeln, Stäben und Schläuchen – Fritz Müller und die Botanik. In: Schmidt-Loske K, Westerkamp C, Schneckenburger S, Wägele JW (Hrsg) Fritz und Hermann Müller. Biologiehistorische Symposien. Basilisken-Presse, Rangsdorf, S 53–79

Schnepf E (1966) Organellen-Reduplikation und Zellkompartimentierung. In: Sitte P (Hrsg) Probleme der biologischen Reduplikation. Funktionelle und morphologische Organisation der Zelle. Springer, Berlin, S 372–393

Zilber-Rosenberg I, Rosenberg E (2008) Role of microorganisms in the evolution of animals and plants: the hologenome theory of evolution. FEMS Microbiol Rev 32:723–735

Teil IV

Mechanismen der Integration

15

Transport für die Integration

Trachee, Gefäß für den Ferntransport von Wasser. (Aufnahme W. Barthlott, aus Kadereit et al.)

© Springer-Verlag GmbH Deutschland 2017
U. Lüttge, *Faszination Pflanzen*, DOI 10.1007/978-3-662-52983-6_15

15.1 Notwendige Durchbrechung notwendiger Grenzen: Transport

Jeder von uns kennt Grenzen – Grenzen im physischen und im übertragenen Sinne. Grenzen sind notwendig, um Verschiedenheit zu sichern. Damit sind Grenzen auch wichtig zum Erhalt von Mannigfaltigkeit und Diversität. Wenn Grenzen aber undurchdringlich sind und hermetische Abschottung mit sich bringen, führen sie zur Stagnation und zum Absterben innerhalb der von ihnen umgebenen Bereiche. Grenzen müssen kontrolliert durchlässig sein, um Vielfalt dynamisch, offen und entwicklungsfähig zu erhalten. Wir haben das gleich am Anfang dieses Buches bei den Voraussetzungen für das Leben gesehen. Alle Lebewesen brauchen als Systeme eine Abgrenzung nach außen, die aber für den Fluss von Materie und Energie kontrolliert durchlässig sein muss (Kap. 1). Die notwendige Durchbrechung physischer Grenzen erfolgt durch Transport über diese Grenzen hinweg. Dadurch wird Transport zur Voraussetzung für Wechselwirkungen zwischen Systemen. Transportprozesse sind eine der entscheidenden Grundlagen von Integration und Emergenz.

15.2 Fußgänger – Straßenbahnen – Hochgeschwindigkeitszüge: Transport für die Integration auf verschiedenen Skalen

Wenn ich es nicht so weit habe, aber ein punktuelles Ziel ganz genau und präzise erreichen will, gehe ich zu Fuß. Wenn es sich um eine mittlere Entfernung handelt, benutze ich den Nahverkehr. Wenn die zurückzulegende Strecke groß ist, hilft mir ein Hochgeschwindigkeitszug. Entsprechend der Distanzen auf ihren Skalen benutze ich verschiedene Transportmöglichkeiten. Genau das finden wir auch beim Transport in den Pflanzen vor.

In Netzwerken sind die einzelnen Knoten miteinander verknüpft. Solche Verknüpfungen stellen häufig Transportprozesse dar. Aus dem Phänomen der Hierarchie von Netzwerken (Abb. 12.5) folgt dann, dass wir Transportprozesse auf verschiedenen Skalen vorfinden. Wenn wir die Bilder der Abb. 12.2 mit den pflanzlichen Systemen auf verschiedenen Skalen unseren Verkehrsmitteln gegenüberstellen, wird die Analogie deutlich (Abb. 15.1). Der Kurzstreckentransport führt durch die Membranen. Der Mittelstreckentransport verläuft in Geweben von Zelle zu Zelle. Der Langstreckentransport verbindet Organe, wie die Wurzeln, den Spross und die Blätter der Pflanzen. Die drei Transportwege finden wir in allen Pflanzenorganen wieder. Ihre Verschaltung lässt sich exemplarisch wie folgt am Beispiel der Aufnahme und Weiterleitung der Mineralstoffe durch die Wurzeln besonders schön zeigen.

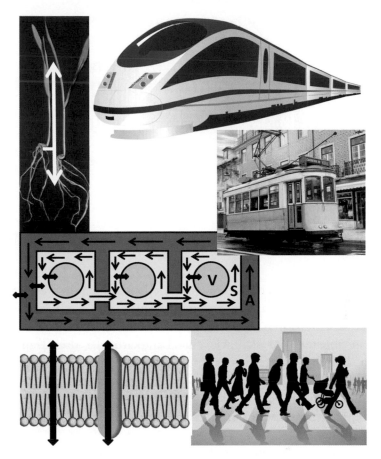

Abb. 15.1   Von unten nach oben Kurzstreckentransport durch eine Membran, Mittelstreckentransport von Zelle zu Zelle in einem Gewebe (A Apoplast, S Symplast, V Vakuole) und Langstreckentransport zwischen Organen einer ganzen Pflanze im metaphorischen Vergleich mit unseren Verkehrsmitteln auf verschiedenen Skalierungsebenen (Schnellzug: depositphotos/svetap, Straßenbahn: depositphotos/mlehmann, Fußgänger: depositphotos/scusi0-9)

15.3 Karte der Transportwege in der Pflanzenwurzel

Die Ionenaufnahme durch die Wurzeln und der Weitertransport in den Spross und die Blätter nutzen die drei Transportwege der Kurz-, Mittel- und Langstrecken hintereinander. Der äußere Mantel der Wurzel ist das Gewebe der Wurzelrinde (Abb. 15.2). Durch Kurzstreckentransport werden Mineralstoffe aus dem Boden in die Rindenzellen aufgenommen. Innerhalb der Wurzelrinde, die wie ein Hohlzylinder einen zentralen Zylinder umschließt, werden die Mineralstoffe dann durch Mittelstreckentransport in diesem

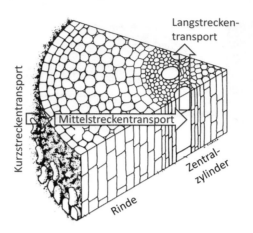

Abb. 15.2 Transportwege durch die Wurzel (verändert nach Lüttge aus Läuchli, Bieleski 1983)

Gewebe weitertransportiert. Sie treten in die Leitbahnen des Ferntransportes im Zentralzylinder ein, durch die sie in den Spross und die Blätter gelangen.

Aus der schematischen Zeichnung der Wurzel in Abb. 15.3 können wir einen Plan ableiten, der sich wie eine Landkarte der drei Transportwege lesen lässt. Durch Kurzstreckentransport über Membranen der Rindenzellen treten die Ionen der Mineralstoffe in das Rindengewebe ein. In den zentralen Zellsaftvakuolen können sie gespeichert werden. Dazu dient wiederum Kurzstreckentransport durch die Membranen der Vakuolen, die wir Tonoplasten nennen.

In der Rinde erfolgt nun ein Mittelstreckentransport als Zubringer für den Ferntransport durch die Leitbahnen des Zentralzylinders. Hierzu gibt es zunächst zwei Routen. Die eine liegt in den Zellwänden. Diese Route außerhalb des Cytoplasmas nennen wir den apoplastischen Transport. Die einzelnen Fibrillen der Zellwandstrukturen (Kap. 4) lassen genug Raum für die Bewegung von Wassermolekülen und Ionen. An einer Stelle kurz vor dem Eintritt in den Zentralzylinder ist dieser Weg aber durch eine Inkrustierung versperrt. Dort müssen die Ionen spätestens in das Cytoplasma der Rindenzellen eintreten.

Dort liegt die zweite Route des Mittelstreckentransportes. Das Cytoplasma aller beteiligten Zellen hängt über Poren in den Zellwänden zusammen. Wir nennen diese Poren Plasmodesmen, das über die Plasmodesmen verbundene Cytoplasma aller Zellen den Symplasten und den Mittelstreckentransport darin den symplastischen Transport. Die Vorgänge des Beladens und Entladens der Ferntransportwege mit den Mineralstoffen und Assimilaten sind

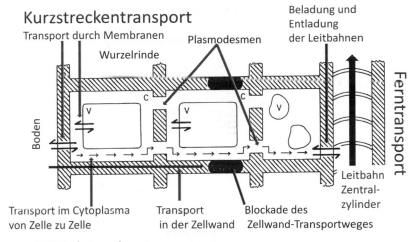

Abb. 15.3 „Landkarte" der Transportwege durch die Wurzel (C Cytoplasma, V Vakuole)

Kurzstreckentransporte durch Membranen, wie das in Abb. 15.3 ganz rechts ersichtlich ist. Die Struktur der Transportwege im Nahtransport durch Membranen und im Ferntransport durch Leitbahnen müssen wir uns in den folgenden beiden Abschnitten noch etwas näher ansehen.

15.4 Die Möglichkeiten der Fußgänger: Wege des Kurzstreckentransportes durch Membranen

Die Wege der Fußgänger können, wie wir wissen, die unterschiedlichste Beschaffenheit haben. Auch die Wege des Kurzstreckentransportes durch Membranen sind von mannigfaltiger Natur. Hier spielt sich alles auf der Ebene von Molekülen ab (Abb. 15.4). Membranen sind aus einer doppelten Schicht von fettähnlichen Lipidmolekülen aufgebaut, in die verschiedene Proteine eingebettet sind. Die Kohlenwasserstoffketten der Lipidmoleküle haben an einem ihrer beiden Enden wasseranziehende, sogenannte hydrophile, Bereiche. Dadurch erhalten die Membranen hydrophile äußere Oberflächen. Die hydrophoben Kohlenwasserstoffketten selbst bilden das Innere der Membranen, das eine Wasser abstoßende, sogenannte lipophile, Phase darstellt.

Fettlösliche, lipophile Substrate können gut durch die Membran diffundieren, wenn sie erst einmal durch die hydrophile Oberfläche hindurchgelangt sind. Hydrophile Substrate schaffen das nicht, sie werden von der inneren

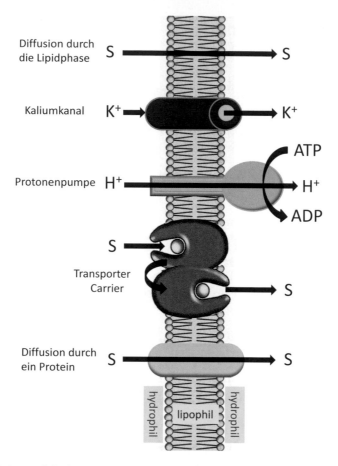

Abb. 15.4 Molekulare Transportwege durch eine Membran. Die Lipidmoleküle bilden die Membran als doppelte Schicht mit den hydrophilen Köpfchen (gelbe Kugeln) nach außen und den lipophilen Kohlenwasserstoffketten (schwarze Schwänzchen) nach innen (S = verschiedene Substrate)

lipophilen Membranphase abgestoßen. Sie können aber im hydrophilen Inneren von Proteinen diffundieren, die die Membran durchdringen. Besonders hydrophil sind elektrisch geladene Ionen und natürlich die Wassermoleküle selbst. Wasserstoffionen (H^+) werden von speziellen Membranenzymen, den H^+-ATPasen, unter Verbrauch von Energie aus dem Adenosintriphosphat (ATP) aktiv durch die Membran gepumpt (Kap. 13). Für verschiedene Ionen und für Wassermoleküle gibt es in den Membranen von Proteinen gebildete Kanäle. In Abb. 15.4 ist exemplarisch ein Kaliumkanal (K^+) eingezeichnet. Die Wasserkanäle heißen Aquaporine (Poren für Wasser).

Die Kanäle sind hochregulierte, sehr komplexe Proteinstrukturen. Die Pflanze kann sie z. B. öffnen und schließen. Wir nennen das nach dem englischen *gate* („Tor") *Gating*, für das Auf- und Zumachen der Transportwege. Dies ist auch für die sensible Verarbeitung von Reizen und Signalen durch die Pflanze von Bedeutung (Kap. 16). Schließlich gibt es besondere Transporterproteine oder *Carrier* (engl. „Träger") für alle möglichen hydrophilen Substrate, z. B. auch Zuckermoleküle. Die Carriermoleküle binden ein Substrat auf einer Membranseite. Dadurch ändern sie ihre molekulare Konformation, was zum Umklappen der Bindestelle auf die andere Membranseite führt, wo das Substrat wieder freigesetzt werden kann. So kommen Substrate auf ähnliche Weise durch die Membran, wie wir eine Drehtür benutzen.

15.5 Fernstrecken für Wasser und Nährsalze und für Fotosyntheseprodukte

Die Fernstrecken für den Transport von Wasser mit den Nährsalzen und für die Fotosyntheseprodukte sind beides lange Röhrensysteme, die aber unterschiedlich strukturiert sind. Der Ferntransport braucht vor allem Transportwege ohne große Hindernisse. Für Wasser und Assimilate sind verschiedene Leitbahnen spezialisiert (Abb. 15.5). Sie sind in Leitbündeln als sogenanntes Xylem bzw. Phloem organisiert. Die Leitbündel durchziehen die Pflanzenorgane. Man hat sie auch mit Adern verglichen. Die Bezeichnung „Blattadern" ist zutreffend und viel sinnvoller als „Blattnerven". In den Stämmen von Holzgewächsen, Sträuchern und Bäumen, sind die Leitbahnen für Wasser und Nährsalze im Holz und die Leitbahnen für Assimilate in der umgebenden Rinde lokalisiert.

Die Transportbahnen im Xylem sind lang gestreckte hintereinander aufgereihte Zellen. Diese Zellen sind tot (Abb. 4.5). Die Inhalte des lebenden Zellkörpers sind abgestorben, und dadurch sind für den Ferntransport offene Röhren entstanden. Es gibt engere Röhren mit quer gestellten und durch kleine Öffnungen durchbrochenen Zellwänden an den Enden, die sogenannten Tracheiden, und weitere Röhren, die Tracheen (Titelbild dieses Kapitels). Bei den Tracheen sind die Querwände der toten Zellen durchbrochen. Hintereinander gereiht ergeben diese Zellen mit den aufgelösten Querwänden lange Rohrleitungen, die bei manchen Bäumen so lang wie der ganze Baumstamm sein können. Die Transportbahnen im Phloem sind ebenfalls lang gestreckte Zellen, die aber noch von äußeren Membranen umgeben

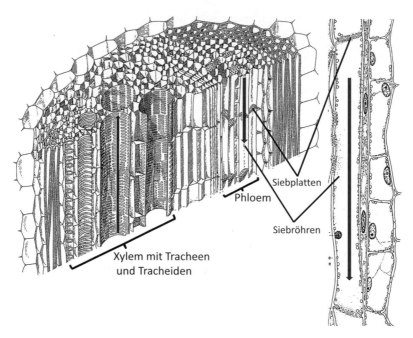

Siebplatten

Phloem

Siebröhren

Xylem mit Tracheen
und Tracheiden

Abb. 15.5 Links Leitbündel eines Maissprosses mit dem Xylem mit engerlumigen Tracheiden und weitlumigen Tracheen und mit Siebröhren und ihren Siebplatten. (Nach K. Mägdefrau, aus Kadereit et al. 2014) Rechts Siebröhren der Passionsblume (*Passiflora caerulea*). (Nach R. Kollmann, aus Kadereit et al. 2014) Rote Pfeile: Ferntransport

sind und lebendes Cytoplasma enthalten. Die Querwände sind von Poren durchbrochene Platten, die wie Siebe gestaltet sind. Wir sprechen daher von Siebplatten, Siebporen und Siebröhren.

Die Transportgeschwindigkeit im Phloem mit den noch lebenden Zellen der Siebröhren und den perforierten Siebplatten liegt im Bereich von 0,5 bis 1,5 m/h. Der Transpirationsstrom ist in Nadelhölzern, die keine Tracheen, sondern nur englumige Tracheiden besitzen, mit etwa 1 m/h auch nicht viel schneller. In den weitlumigen Tracheen der Laubbäume werden dagegen 1 bis 45 m/h erreicht (Abb. 15.6) und in Lianen sogar Spitzengeschwindigkeiten von 150 m/h.

15.6 Ferntransport von Wasser: einfach wie Wäschetrocknen

Die treibende Kraft für den Ferntransport von Wasser mit den gelösten Nährsalzen aus der Wurzel in den Spross und die Blätter ist in der Regel die trockene Luft. Um das zu verstehen, brauchen wir den Begriff des

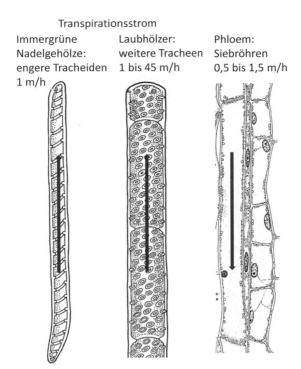

Transpirationsstrom

Immergrüne   Laubhölzer: Phloem:
Nadelgehölze: weitere Tracheen   Siebröhren
engere Tracheiden   1 bis 45 m/h   0,5 bis 1,5 m/h
1 m/h

Abb. 15.6 Geschwindigkeiten des Ferntransportes. (Zeichnungen nach Rauh, aus Jäger et al. 2014, und Kollmann, aus Kadereit et al. 2014)

Wasserpotenzials. Das Wasserpotenzial wird durch das Symbol Ψ gekennzeichnet und hat die physikalische Dimension eines Druckes. Die Basis dafür ist reinstes destilliertes Wasser. Solches Wasser, wenn es z. B. in ein Glas gegossen ist, hat das Wasserpotenzial Null: $\Psi = 0$ bar. Das ist physikalisch-chemisch das höchste Wasserpotenzial, das vorkommt. Dies mag als eine etwas merkwürdige Definition erscheinen, aber reiner und mit höherer Potenz vorliegend kann Wasser eben nicht sein. Wenn wir Substanzen im Wasser lösen, werden Wassermoleküle gewissermaßen durch die Moleküle der gelösten Substanzen verdrängt, das Wasserpotenzial wird niedriger als 0 bar, also negativ. Konzentrierte Salz- oder Zuckerlösungen können sehr negative Wasserpotenziale haben. Was nun für Lösungen gilt, gilt auch für die Gasphase. In der Luft sind ja immer gasförmig Wassermoleküle enthalten. Wir wissen, die Luft kann trockener oder feuchter sein. Ein kleiner Teil des Atmosphärendruckes beruht auf dem Vorhandensein von Wassermolekülen in der Luft. Auch das können wir quantitativ als Wasserpotenzial charakterisieren. Hier wird übrigens anschaulich klar, warum Ψ die Dimension eines Druckes hat.

Durch diesen Exkurs wird deutlich, dass wir in den einzelnen Abschnitten der Wassertransportwege Wasserpotenziale bestimmen können. Dies erlaubt es, vom Wasser im Boden über die verschiedenen wässrigen Lösungen in Teilen der Pflanze, in den Wurzeln und den Leitbahnen bis in die Blätter und schließlich in die Atmosphäre durchgängig Gradienten des Wasserpotenzials zu ermitteln, die wir als $\Delta\Psi$ bezeichnen. Abb. 15.7 zeigt ein Beispiel mit Messungen, die an dem strauchförmigen Korbblütler *Encelia farinosa* in Kalifornien durchgeführt wurden. Wasser strömt immer vom höheren zum niedrigeren Wasserpotenzial. In der Bodenlösung ist Ψ wenig negativ, also relativ hoch, in den Blättern ist es niedriger. In unserem Beispiel ist der gesamte Gradient innerhalb der Pflanze etwa $\Delta\Psi = 10$ bar. Ein riesiger Sprung von $\Delta\Psi$ liegt zwischen den Blättern und der Atmosphäre, weil die Dichte der Wassermoleküle selbst in feuchter Luft wesentlich kleiner ist als in einer wässrigen Lösung. Das Wasserpotenzial der Luft hat sehr große negative Werte. So haben wir insgesamt ein $\Delta\Psi$ von deutlich über 900 bar und eine große treibende Kraft für den Wassertransport durch die ganze Pflanze. Es ist eigentlich nichts anderes, als wenn wir nasse Wäsche in die Luft hängen. Sie trocknet, weil Wassermoleküle aus der wässrigen Phase in der Wäsche mit hohem Ψ in die Gasphase der Luft mit sehr negativem Ψ übertreten. Die Pflanze zieht das

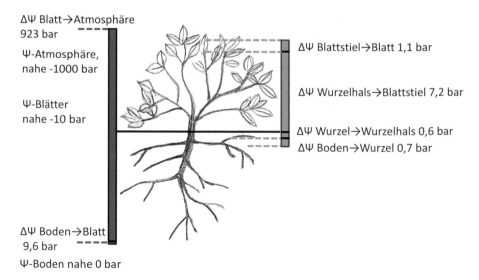

Abb. 15.7 Wasserpotenzialgradienten ($\Delta\Psi$) zwischen Boden, Pflanze und Atmosphäre. Die rechte violette Säule zeigt die Wasserpotenzialgradienten innerhalb der Pflanze, die linke braune Säule verdeutlicht den enormen Wasserpotenzialgradienten zwischen den Blättern und der Atmosphäre gegenüber dem Wasserpotenzialgradienten zwischen dem Boden und den Blättern. Die Messdaten wurden von Nobel und Jordan an der strauchförmigen Asteracee *Encelia farinosa* in Kalifornien erhoben

Wasser aus dem Boden nach. Wir nennen den Übertritt aus der Pflanze in die Atmosphäre Transpiration und den ganzen Volumenfluss des Wassers durch die Pflanze Transpirationsstrom.

15.7 Tau, Schweiß oder eine aktive Leistung der Wurzeln? Die Guttation oder der Wassertransport unter Druck

Beim Beladen der Leitbahnen des Xylems in den Wurzeln bauen die Membrantransportprozesse osmotische Gradienten auf, und Wasser kann nachströmen. Dieser Volumenfluss erzeugt einen hydrostatischen Druck in den Leitbahnen (Abb. 13.1). Wir sprechen vom Wurzeldruck. Diesen können wir uns durch ein einfaches Experiment, das jeder Leser leicht durchführen kann, sichtbar machen. Wenn wir bei einem Keimling, der mit der Wurzel im Wasser steht, den Spross kurz über dem Ansatz der Wurzel abschneiden, treten aus der Schnittfläche Flüssigkeitstropfen aus. Der Wurzeldruck presst sie aus den Wasserleitbahnen heraus. Sogar ohne Eingriff sehen wir oft Folgen des Wurzeldrucks. Ist es wirklich nur Tau, was unsere Füße benetzt, wenn wir an einem kühlen Sommermorgen genüsslich barfuß durch eine Wiese schlendern? Ist es am Ende Schweiß, weil die Wissenschaftler die Tropfen an den Blättern „Guttation" (von lat. *gutta*, „Tropfen") nennen? Die Spitzen der Grasblätter besitzen kleine Öffnungen, sogenannte Hydathoden, direkt über den Endigungen der Leitbahnen des Xylems. Dort drückt der Wurzeldruck die Xylemflüssigkeit heraus. Guttation ist also ausgepresster Xylemsaft. Besonders attraktiv ist der Anblick guttierender Blätter des Frauenmantels, die an den Blattzähnchen Hydathoden besitzen und rundum Guttationströpfchen tragen können (Abb. 15.8). Wir sehen das immer am frischen Morgen, wenn die Luftfeuchtigkeit hoch ist und deshalb der Transpirationsstrom noch nicht richtig in Gang kommt. Der Fluss des Xylemstroms durch die Guttation versorgt auch dann die Blätter mit Mineralstoffen.

15.8 Fluss von der Quelle der Produktion zur Senke des Verbrauches

Den Fluss von der Quelle zur Senke beobachten wir gerne im Gebirge von oben, wo Wasser aus dem Fels heraussprudelt, bis nach unten, wo das Bächlein in der Talsenke ankommt. Der Transport der Assimilate in

Abb. 15.8 Guttationstropfen an den Spitzen von Grasblättern (oben) und an den Blattzähnchen beim Frauenmantel (unten, Johanna Mühlbauer/Fotolia)

den Siebröhren ist ein solcher Volumenfluss. Die Assimilationsprodukte der Fotosynthese aus den grünen Pflanzenteilen, im Wesentlichen aus den Blättern, werden in der ganzen Pflanze verteilt. Die treibende Kraft ist hier nicht ein Sog des negativen Wasserpotenzials der Atmosphäre wie beim Transpirationsstrom, sondern ein Druck wie bei der Guttation. Bei den Siebröhren ist es ein Druck der Produktionsorte, das heißt ein Druck der Quellen zu den Verbrauchs- oder Speicherorten, den Senken. Er wird durch das Beladen mittels Kurzstreckentransport in die Siebröhren in den Quellen und durch das Entladen in den Senken aufrechterhalten. Die treibenden Kräfte für den Volumenfluss sind also Konzentrationsgradienten und osmotische Prozesse (Abb. 13.1).

15.9 Fernleitung von Signalen und Information

Abb. 15.9 zeigt die Integration der Organe Wurzel, Spross und Blätter in der ganzen Pflanze durch den Ferntransport. Wasser und Mineralstoffe können über das Phloem und das Xylem in der ganzen Pflanze rezirkuliert werden. Fotosyntheseprodukte werden von der Quelle in den Blättern zur Senke in der Wurzel transportiert. In solchem Transport von Material steckt aber auch schon Information. Der Wassertransport von der Wurzel in die Blätter signalisiert die Verfügbarkeit von Wasser im Substrat. Der Transport von Assimilaten aus den Blättern in die Wurzel beinhaltet Information über die Aktivität der Fotoynthese und damit über den Energiestatus. Darin sind

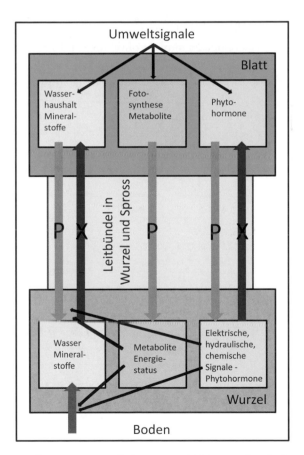

Abb. 15.9 Integration von Wurzel, Spross und Blättern durch den Ferntransport im Xylem (X) und im Phloem (P)

auch Konsequenzen der Einflüsse von Umweltsignalen verpackt. Allerdings ist das eher ein grobes Signalsystem. Bei einer Störung ist es, als würde ein uns vertrauter Lieferant plötzlich nicht mehr liefern. Wir können daraus schließen, dass er Probleme hat. Dem steht ein hoch komplexes und sensitives Signalsystem für Feinregulationen gegenüber. Daran sind elektrische, hydraulische und chemische Signale in Form der Pflanzenhormone beteiligt, die auch im Xylem und im Phloem weitergeleitet werden können. Wir sind damit beim Thema des folgenden Kap. 16.

Literatur

Jäger E, Neumann S, Ohmann E (2014) Botanik, 5. Aufl. Springer, Berlin

Lüttge U (1983) Import and export of mineral nutrients in plant roots. In: Läuchli A, Bieleski RL (Hrsg) Encyclopedia of plant physiology, Bd 15, New series. Springer, Berlin, S 181–211

Lüttge U (2016) Transport processes: the key integrators in plant biology. Prog Bot 77:3–65

16

Reize und Signale: Information für die Integration

Apikaldominanz bei einer Fichte: Der Besitzer einer Almhütte hat ihr den Wipfeltrieb abgeschnitten, um bessere Aussicht zu genießen. Alle oberen Seitentriebe wachsen hoch und vollführen einen Wettlauf, wer gewinnt, die Dominanz übernimmt und zum neuen Wipfeltrieb wird

© Springer-Verlag GmbH Deutschland 2017
U. Lüttge, *Faszination Pflanzen*, DOI 10.1007/978-3-662-52983-6_16

16.1 Das Bombardement durch Reize und Signale

Was stürmt alles auf uns ein! Akustische, mechanische, chemische und Temperatur-Reize der unterschiedlichsten Intensitäten gehören zu unserem Alltag. Pflanzen sind dem genauso ausgesetzt. Bei Pflanzen kommen hydraulische Reize dazu, und chemische Reize spielen eine besonders wichtige Rolle. In den Reizen sind spezifische Bestandteile enthalten, die als Signale von den Pflanzen verarbeitet werden können. Dadurch werden Prozesse der Entwicklung und Differenzierung und die verschiedensten Reaktionen ausgelöst.

Die Zellen, und damit die Lebewesen, die sie aufbauen, haben an der äußeren Oberfläche Membranen. Auf diese treffen externe Reize und Signale zuerst auf. Membranen sind äußerst komplexe molekulare Strukturen. Einen Eindruck davon haben wir bei den Mechanismen des Kurzstreckentransportes durch Membranen gewonnen (Abb. 15.4). Signale werden in Proteinstrukturen der Membranen aufgenommen und verarbeitet (Abb. 16.1). Diese Proteine heißen deshalb Rezeptoren. Die verschiedenen Signaltypen können ineinander umgewandelt werden. Eine zentrale Funktion haben dabei elektrische Signale, vor allem auch für die Weiterleitung.

Das zeigt am besten ein Beispiel, bevor wir uns die einzelnen ineinandergreifenden Bestandteile der ganzen Maschinerie näher ansehen. Wenn Insekten an Pflanzenblättern zu fressen beginnen, lösen sie den mechanischen Reiz der Verwundung aus. Dazu kommen chemische Reize durch Substanzen aus dem Speichel der Tiere. Dies wird in ein elektrisches Signal übersetzt. Man hat kürzlich entdeckt, dass daran als chemisches Signal das Glutamat, das

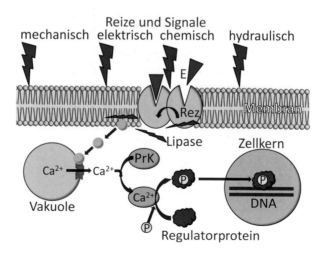

Abb. 16.1   Molekulares Signalsystem von der Einwirkung von Reizen bis zur Genregulation für neue Reaktionen. E Effektormolekül, Rez Rezeptor, PrK Proteinkinase, P Phosphatgruppe, DNA Desoxyribonukleinsäure der Gene

Anion der Aminosäure Glutaminsäure, beteiligt sein muss. Es sind nämlich Rezeptorproteine für Glutamat in der Membran mit im Spiel. Dies ist insofern aufregend, als Glutamat bei der Funktion von Synapsen in unserem eigenen Nervensystem eine zentrale Rolle spielt. Im Unterschied zu Tieren haben Pflanzen aber gar kein Nervensystem (Kap. 11). Glutamatrezeptoren sind also uralte Proteine, die es in der Evolution der Lebewesen schon bei gemeinsamen Vorfahren gegeben haben muss, bevor sich Pflanzen und Tiere getrennt haben. Das elektrische Signal wird weitergeleitet und löst dort, wo es ankommt, die Bildung des Pflanzenhormons Jasmonsäure (bzw. von Derivaten davon) aus. Das heißt, es erfolgt wieder eine Übersetzung in ein chemisches Signal. Dieses steuert dann Abwehrreaktionen gegen weitere Fraßattacken der Insekten.

16.2 Die Medien und Wege der Flüsse von Signalen

Der Fluss der Information von Reizen bis zu möglichen Reaktionen ist ein ganz außerordentlich anspruchsvoller, verwickelter Prozess. Der ganze Vorgang muss äußerst zuverlässig und fein reguliert sein. Dazu sind komplexe Verschaltungen notwendig. Abb. 16.1 zeigt das in extremer Vereinfachung gewissermaßen als Karikatur oder *cartoon*, wie die Angelsachsen zu solchen wissenschaftlichen Zeichnungen sagen.

Das Einwirken der mechanischen, elektrischen und hydraulischen Signale auf die Membran ist in Abb. 16.1 angedeutet, ohne dass die beteiligten molekularen Proteinstrukturen eingezeichnet sind, denn letztlich kommt es stets zu chemischer Signalverarbeitung. Wir haben es gerade beim Beispiel der Fraßattacke gesehen: mechanischer/chemischer Reiz → chemisches Signal → elektrisches Signal und seine Weiterleitung → chemisches Signal → Abwehrreaktion. Das chemische Signal ist nun ein Effektormolekül (E), das an ein Rezeptorprotein (Rez) in der Membran bindet. Dies setzt ein enzymatisches Prinzip, eine Lipase, frei, die wie ein Messer funktioniert und von einem Molekül an anderer Stelle der Membran eine chemische Verbindung abschneidet.[1] Diese aktiviert nun einen Calcium-(Ca^{2+})-Kanal in Membranen. Dadurch werden Ca^{2+}-Ionen aus Speichern, z. B. in den Zellvakuolen, in das Cytoplasma transportiert. Ca^{2+}-Ionen sind wichtige Signale in lebenden Zellen. Sie bewirken die Übertragung einer Phosphatgruppe auf ein Regulatorprotein, die sogenannte Phosphorylierung durch eine Kinase.[2] Ca^{2+}-Ionen aktivieren eine zunächst inaktive Proteinkinase (PrK), die dann das Regulatorprotein

---

[1] Einzelne Reaktionsschritte habe ich dabei übersprungen.

[2] *Kinase* ist die allgemeine Bezeichnung für Enzyme, die aus Adenosintriphosphat (ATP) eine Phosphatgruppe auf andere Moleküle übertragen.

phosphoryliert.[3] Dieses Protein ist damit in einem Zustand, der es befähigt, als Regulator an die DNA heranzutreten, wenn es in den Zellkern eingedrungen ist, und neue Genexpressionen zu steuern. Damit werden schließlich Reaktionen auf neue, durch den Reiz signalisierte Situationen möglich.

Im Räderwerk dieses Regulationsnetzwerkes können die einzelnen Signaltypen ineinander übersetzt werden, wie wir das bei der Fraßattacke von Insekten gesehen haben. Mit den elektrischen, hydraulischen und chemischen Signaltypen wollen wir uns in den folgenden drei Abschnitten befassen und dann noch gasförmige Signale und farbige Lichtsignale behandeln.

16.3 Elektrisierung: elektrische Signale

Wir neigen dazu, was uns aufregt, als elektrisierend zu bezeichnen. Das ist gar nicht abwegig, denn elektrische Prozesse sind zentrale Bestandteile unserer Nervenfunktionen. Bekannt sind sie vor allem als **Aktionspotenziale**. Auch Pflanzen zeigen solch elektrische Phänomene. Dies hat seit ihrer Entdeckung anthropomorphisierende Analogiebetrachtungen ausgelöst, die nicht angemessen sind, denn Pflanzen haben keine Nervensysteme (Kap. 11).

An den Membranen der Zellen liegen elektrische Gradienten an, die sogenannten Membranpotenziale. Dies beruht darauf, dass durch den Ionentransport an den Membranen besonders durch Ionenpumpen und Ionenkanäle (Kap. 15, Abb. 15.4) Gradienten der elektrisch geladenen Ionen zwischen den beiden Membranseiten entstehen. Sie können im Fließgleichgewicht (*steady state*) stabil sein. Die daraus resultierenden elektrischen Membranpotenziale werden dann als Ruhepotenzial bezeichnet. Bei der äußeren Plasmamembran von Pflanzenzellen ist es so gepolt, dass es innen negativ ist. Es kann bis zu einige hundert Millivolt erreichen.

Reize können nun Ionenflüsse beeinflussen, vor allem durch die Veränderung der Durchlässigkeit von Ionenkanälen (siehe Kap. 15: *Gating*). Dann entstehen die kurz andauernden Auslenkungen des Ruhepotenzials. Am besten bekannt sind die Aktionspotenziale. Ein Beispiel eines pflanzlichen Aktionspotenzials zeigt Abb. 16.2. Auf die kurze Reizeinwirkung hin ereignet sich zunächst eine Depolarisierung, das Potenzial wird weniger negativ. Darauf folgt eine Repolarisierung. In einem anschließenden Refraktärstadium ist die Membran für eine gewisse Zeit nicht mehr erregbar. Bei Pflanzen spielt sich das alles im Sekundenbereich ab und ist um bis zu vier Größenordnungen langsamer als in unserem Zentralnervensystem, wenn es auch den entsprechenden Funktionen des Nervensystems, z. B. von manchen trägen Muscheln (Mollusken),

---

[3] Einzelne Reaktionsschritte habe ich dabei übersprungen.

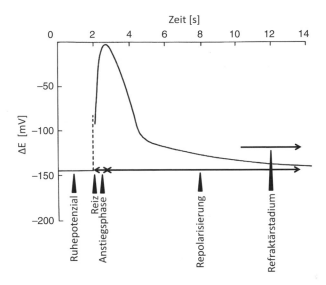

Abb. 16.2 Pflanzliches Aktionspotenzial: *Chara corallina*. (Nach Hope und Walker, aus Lüttge und Pitman 1976)

nahekommt. Die beteiligten Ionen sind bei Pflanzen meist Kalium- und Chloridionen, beim Wirbeltiernervensystem Kalium- und Natriumionen.

Man kann die Aktionspotenziale messen, indem man an Gewebeteile oder verschiedene Organe Elektroden anlegt und die elektrische Spannung ableitet. Platziert man in einiger Entfernung voneinander zwei Elektroden, kann man erfassen, wie lange es nach einer Erregung dauert, bis das ausgelöste Aktionspotenzial an den beiden Punkten entlanggelaufen ist. Mit der Entfernung zwischen den beiden Punkten kann man dann die Leitungsgeschwindigkeit ausrechnen.

Schwierig wird das Unterfangen, wenn man die Signalfortleitung von Zelle zu Zelle innerhalb eines Gewebes messen will, z. B. in einem Blatt. Dann muss man mit Mikromanipulatoren in zwei verschiedene Zellen in gewissem Abstand Elektroden einstechen. Es ist oft schon schwierig genug, das bei einer Zelle zu schaffen. Deswegen haben wir einen Trick benutzt (Abb. 16.3). Wenn man grüne Zellen Wechseln von Licht – Dunkel – Licht aussetzt, löst man jedesmal unmittelbar eine kurzfristige Schwingung des Membranpotenzials aus. Das beruht darauf, dass beim Ab- und Anschalten der Fotosynthese die zellulären Ionengleichgewichte verschoben werden. Dies ist zwar kein richtiges Aktionspotenzial, aber wir können es ausnutzen, um die elektrische Koppelung der Zellen im Blattgewebe nachzuweisen. Mit einer Elektrode in einer grünen Zelle können wir die fotosyntheseabhängigen Membranpotenzialoszillationen sehen. Es gibt sogenannte panaschierte Blätter mit weißen oder gelblichen bleichen Blattbereichen. Dort sind die Chloroplasten mutiert

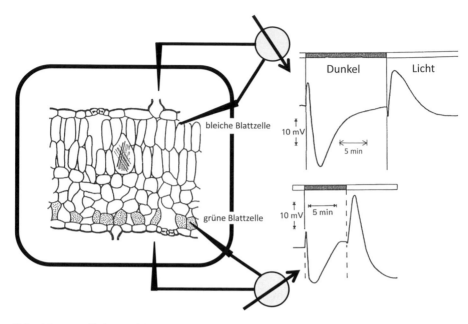

Abb. 16.3 Zelluläre Ableitung von fotosyntheseabhängigen Membranpotenzial-schwingungen in panaschierten Blättern aus einer grünen Zelle (unten) und aus einer bleichen Zelle (oben). Signalleitung von den grünen Zellen in entfernt gelegene bleiche Zellen! (Lüttge und Higinbotham1979)

und können keine Fotosynthese betreiben. Wenn wir ein Blattstückchen nehmen, wo sich nur bleiche Zellen befinden, messen wir mit der Elektrode in einer bleichen Zelle auch keine Membranpotenzialschwingungen. Nehmen wir nun ein Blattstückchen, das sowohl grüne als auch bleiche Zellen enthält, können wir die Schwingungen mit einer Elektrode in einer bleichen Zelle in einigem Abstand von den nächsten grünen Zellen messen. Es kann gar nicht anders sein, als dass das Signal von einer entfernt liegenden grünen Zelle in die bleiche Zelle geleitet wurde. Diese Reaktion im Versuch der Abb. 16.3 erscheint momentan, d. h., auf der kurzen Strecke im Blatt können wir keine Verzögerung erkennen. Die Leitungsgeschwindigkeit ist viel höher, als das durch Ionendiffusion im Symplasten (Kap. 15, Abb. 15.3) erklärbar wäre.

Die Fernleitung der elektrischen Signale erfolgt entlang der Leitbündel viel rascher als in Parenchymen und läuft vor allem in den Siebröhren ab. Die Geschwindigkeit der Fernleitung in der ganzen Pflanze reicht von 1 bis 50 mm pro Sekunde, aber der Volumenfluss in den Siebröhren liegt nur bei etwa 0,3 mm pro Sekunde (Abb. 15.6). Das kann man nur so erklären, dass die elektrische Leitung wie bei Nerven entlang von Membranen verläuft, die sich bei den Pflanzen in Geweben durch die Plasmodesmen und im Phloem durch die Siebplatten hindurch kontinuierlich fortsetzen. Ein Aktionspotenzial an einem Punkt der Membran reizt die Membran unmittelbar daneben und löst dort ein neues Aktionspotenzial aus. Diese elektrische Welle pflanzt sich mit großer Geschwindigkeit fort, elektrotonisch, wie wir dazu sagen. So haben Pflanzen zwar keine Nerven, aber mit den Siebröhren doch ein weitreichendes System für den raschen Transport elektrischer Signale.

16.4 Wasser, Wasser: hydraulische Signale

Wasser! Wasser! Das ist der um Hilfe schreiende Ruf der Verdurstenden. Auch eines der größten Bedürfnisse der Pflanzen auf dem Land ist die Versorgung mit Wasser (Kap. 5). Aber wie signalisieren die Pflanzen das? Es wurde oben schon erwähnt, dass hydraulische Signale ein wichtiger Bestandteil von Signalketten und Signalnetzen sind. Wenn die Luft trocken wird, steigern die Blätter die Transpiration und verlangen mehr Nachschub durch den Transpirationsstrom aus den Wurzeln. Wenn es dramatisch wird und der Nachschub nicht reicht, nehmen die hydraulischen Turgordrücke in den Zellen ab (Kap. 13, Abb. 13.1 und 13.2), und die Spaltöffnungen werden geschlossen (Kap. 5). Der Wasserverlust durch die Transpiration

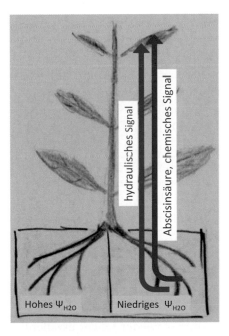

Abb. 16.4 Versuche mit geteiltem Wurzelsystem. Niedriges Wasserpotenzial (Ψ_{H2O}) in einem Teil des Wurzelsystems signalisiert Wassermangel unabhängig von der tatsächlichen Wasserversorgung

wird eingeschränkt. Das ist auch ein hydraulisches Signal der Blätter an die Wurzeln.

Aber wie signalisieren in umgekehrter Richtung Wurzeln an die Blätter? Das wird ganz entscheidend, wenn der Boden schneller trocknet, als sich der Wasserstatus der Blätter verschlechtert. Dann müssen die Wurzeln signalisieren, dass sie nicht mehr so gut liefern können, sodass die Transpiration durch Schließen der Spaltöffnungen rechtzeitig gedrosselt wird. Dazu wurden Experimente mit geteiltem Wurzelsystem entwickelt (Abb. 16.4). Man hat Pflanzen so wachsen lassen, dass sie ihre Wurzeln in zwei getrennten Kammern mit Boden ausbilden konnten. Wenn man nun in einer Kammer das Wasserpotenzial (Ψ_{H2O}) des Bodens hoch ließ, es aber in der anderen Kammer stark absenkte, kam die Pflanze in „Verständigungsschwierigkeiten". Einerseits konnte aus der Kammer mit dem hohen Ψ_{H2O} ausreichend Wasser in die Blätter nachströmen, und sie hatten gar keine Wasserprobleme. Andererseits signalisierte das Wurzelsystem aus der anderen Kammer mit dem niedrigen Ψ_{H2O}, dass es doch erhebliche Probleme gäbe.

So konnte man lernen, dass die Wurzeln sich aufbauenden Wassermangel signalisieren können und sich unabhängig vom tatsächlichen Wasserstatus der Blätter Reaktionen der Spaltöffnungen einstellen können. Ein wichtiges Signal für das Schließen der Spaltöffnungen ist das pflanzliche Hormon („Phytohormon") Abscisinsäure. Man hat ursprünglich angenommen, dass es nur dieses chemische Signal ist, das von den Wurzeln in die Blätter transportiert wird. Heute weiß man, dass auch hydraulische und elektrische Signale beteiligt sind. Hier haben wir wieder ein Beispiel dafür vor uns, dass die verschiedenen Signaltypen ineinandergreifen und vernetzt sind.

In den Zellen sind hydraulische Signale die Änderungen des hydrostatischen Turgordruckes. Der Druck auf Membranen ist eine mechanische Einwirkung. Druckänderungen können sich auch in den Wassersäulen in den Leitbahnen im Xylem aufbauen. Wasser ist ganz wenig kompressibel. Das bedeutet, dass sich Wasserkörper kaum zusammendrücken lassen. So können sich Druckänderungen über die Wassersäulen in Form von hydrostatischen Schockwellen unmittelbar über größere Strecken fortpflanzen.

16.5 Chemische Signale aus dem Baukasten der Pflanzen

Pflanzen sind, wie wir immer wieder sehen, exzellente Chemiker. Sie erzeugen die fantasievollsten Produkte. Die traditionelle Pflanzenphysiologie kennt ein bisschen weniger als etwa zehn klassische pflanzliche Hormone

(Phytohormone). Das sind gewissermaßen primäre Botschafter. Man entdeckt jetzt aber immer mehr chemische Verbindungen, die als Effektoren an Rezeptoren binden (Abb. 16.1) und die als sekundäre Botschafter in verschiedene Signalnetzwerke eingreifen. Die Liste der chemischen Signale erfährt eine regelrechte Inflation. Man mag darüber streiten, welche davon man nun auch Hormone nennen will. Es erscheint im Zusammenhang mit dem Anliegen dieses Buches nicht nötig, sie alle aufzulisten und einzeln zu besprechen. Es ist auch viel kurzweiliger, wenn wir uns ein paar Fallbeispiele ansehen. Als Phytohormonen sind wir oben schon der Jasmonsäure und der Abscisinsäure begegnet, und wir haben Ca^{2+}-Ionen als sekundäre Botschafter und Signalübermittler in den Zellen kennengelernt (Abb. 16.1). Bei den Bewegungen der Pflanzen (Kap. 17) sehen wir auch noch mehr davon.

Phytohormone integrieren und regulieren Wachstum und Entwicklung. Im Zusammenhang mit der Biotechnologie werden wir noch sehen, dass man aus Gewebestückchen wieder ganze Pflanzen regenerieren kann, wenn man die Zusätze von Phytohormonen zum Wachstumsmedium richtig manipuliert (Kap. 24). Zwei Phytohormone, die dabei interagieren, sind Kinetin und das Auxin Indolessigsäure (IES) (Abb. 16.5).

Das älteste bekannte Phytohormon ist die IES. Sie wird in der Pflanze polar transportiert. Schon Charles Darwin hat 1880 bei Versuchen mit dem Gras *Phalaris canariensis* beobachtet, dass es ein Signal geben muss, das von oben nach unten transportiert wird. Der Holländer Frits Went hat dann 1926 das Phytohormon identifiziert. Jetzt wissen wir, dass IES dafür verantwortlich ist, dass die senkrecht

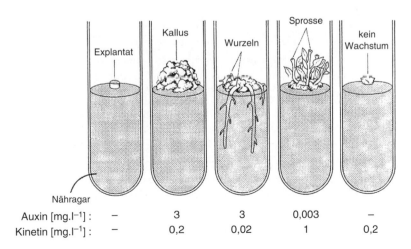

| | | | Sprosse | |
| Explantat | Kallus | Wurzeln | | kein Wachstum |

Nähragar					
Auxin [mg.l⁻¹] :	−	3	3	0,003	−
Kinetin [mg.l⁻¹] :	−	0,2	0,02	1	0,2

Abb. 16.5 Beeinflussung des Wachstums und der Differenzierung eines Kallus aus Tabaksprossmark-Explantaten durch das Mischungsverhältnis von Auxin und Kinetin. (Nach Ray, aus Schopfer und Brennicke 2010)

nach oben wachsende Hauptachse vieler Pflanzen die Gestaltbildung dominiert. Man nennt das die Apikaldominanz. IES wird in jungen Geweben gebildet, aus der Spitze nach unten transportiert und unterdrückt das Austreiben der
Seitenknospen. Wenn man den Wipfelspross kappt und mehrere Seitenknospen
austreiben, kämpfen die neuen Sprosse erst einmal darum, wer Erster wird und
erneut die Apikaldominanz übernimmt (Kapitel-Titelbild).

16.6 Signalisieren auf ökologischer Ebene

Die Pflanzen mit geteilt gezüchtetem Wurzelsystem (Abb. 16.4) hat man
auch Zaun- oder Mauerreiter genannt. Es ist, als säße jemand rittlings
auf einer solchen Barriere und ließe seine Beine auf die beiden Seiten

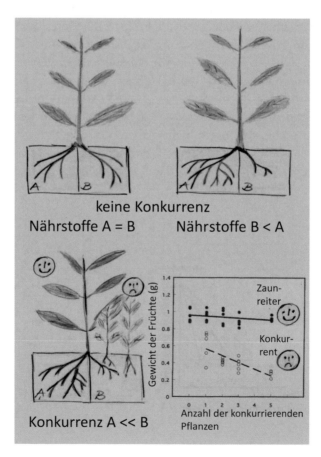

Abb. 16.6 Zaunreiter, die Signalfunktion der Mineralstoffe im Boden und das
Konkurrenzverhalten der Pflanzen. (Nach Gersani et al. 1998)

baumeln. Hier konnte man auch die Signalwirkung der Verfügbarkeit von Mineralstoffen, das Territorialverhalten der Wurzeln im Boden und Effekte auf das Konkurrenzverhalten von Pflanzen sichtbar machen (Abb. 16.6). Wenn die Nährstoffverfügbarkeit in beiden Kammern gleich ist, bildet die Pflanze ihr Wurzelsystem gleichmäßig aus. Wenn eine Kammer viel weniger Mineralstoffe enthält, bleibt das Wurzelsystem dort kümmerlich. Pflanzt man nun in dieser Kammer Konkurrenten dazu, haben sie Pech gehabt. Je mehr Konkurrenten man dazusetzt, desto mehr bleiben sie zurück, und sie können dem Zaunreiter gar nichts anhaben, der sich aus der Kammer mit der großen Nährstoffverfügbarkeit versorgt. Man sieht es auch an der Ausbildung der Früchte. Signalsysteme funktionieren auch auf der ökologischen Ebene.

16.7 Warnung auf dem Luftweg: „Bin schon da!"

Gasförmige Hormone nennt man Pheromone. Am bekanntesten ist das Äthylen. Es steuert unter anderem die Reifung von Früchten. Man sollte nicht verschiedene Apfelsorten im selben Keller lagern, wenn man erwartet, dass sie zu verschiedenen Zeiten reifen, und man gerne gestreckt über längere Zeit Äpfel zur Verfügung haben will. Das Äthylen, das die zeitiger reifenden Äpfel aussondern, beschleunigt die Reifung der anderen, die sonst später dran wären. Wenn man exotische Früchte für den Verbraucher über längere Wege transportieren muss, kann man dies im unreifen oder halb reifen Zustand tun, um Verluste einzuschränken, und die Früchte dann durch Begasung mit Äthylen gezielt für den Markt reif machen.

Es gibt mehr solche gasförmigen Signalsubstanzen. Man fasst sie allgemein unter dem Begriff „flüchtige organische Verbindungen" (FOV) zusammen. Wenn eine Giraffe im Busch herumspaziert und sich an Pflanzenblättern gütlich tut, wird sie damit konfrontiert. Die Blätter schmecken plötzlich nicht mehr so gut, weil die Pflanze Abwehrstoffe synthetisiert. Also weicht die Giraffe aus, auf andere Teile derselben Pflanze oder auf benachbarte Pflanzen. Aber o Schreck, auch da mundet es nicht mehr so gut. Da muss sich die Giraffe schon nach dem Wind orientieren und ihm entgegenwandern. Wir haben oben schon gesehen, dass Fraßfeinde eine Signaltransduktionskette auslösen, die bis zur Jasmonsäure führt, die Abwehrreaktionen auslöst. Zum Weitertransport als Signal müsste die Jasmonsäure nun erst langsam in den Leitbahnen aus einem angebissenen Bereich heraus- und dann in andere Teile der Pflanze transportiert werden und würde natürlich überhaupt nicht in andere Pflanzen gelangen. Das besorgen nun die FOV rasch und ohne Umweg. Sie warnen andere Pflanzenteile und Pflanzen, die sich rechtzeitig mit

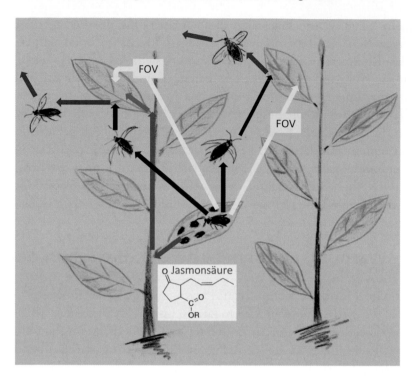

Abb. 16.7 Flüchtige organische Verbindungen (FOV) warnen auf dem Luftwege vor Fraßfeinden (gelbe Pfeile) – viel schneller als auf dem chemischen Signalweg innerhalb der Pflanze (blaue Pfeile) und rechtzeitig vor der Ankunft der Fraßfeinde (schwarze Pfeile), die schon an anderer Stelle geknabbert haben, sodass sie abgewiesen werden (rote Pfeile)

der Produktion von Abwehrstoffen wappnen können. Wenn der Fraßfeind ankommt, ist es wie bei Hase und Igel: „Bin schon da!" (Abb. 16.7).

16.8 Farbige Lichtsignale: Pflanzen machen unsere Welt bunt! Ist ihre eigene Welt auch bunt?

Blumen machen unsere Welt bunt (z. B. Kap. 21, Titelbild und Abb. 21.5). Ist die Welt der Pflanzen selber auch bunt? Einzellige Algen sehen das Licht, aber sie orientieren sich beim Herumschwimmen nur an Helligkeitsunterschieden (Kap. 3, Abb. 3.6). Wenn wir das weiße Licht mit einem Prisma zerlegen, können wir das ganze sichtbare Spektrum der Regenbogenfarben auf einen grünen Algenfaden projizieren. Wenn gleichzeitig bestimmte Bakterien mit im wässrigen Milieu der Alge vorhanden sind, sammeln sie sich an der Oberfläche des

Algenfadens vor allem im blauen und im roten Bereich an (Abb. 16.8). Das kommt aber nicht daher, dass sie die Farben wahrnehmen. Es ist vielmehr die Alge, die durch die Lichtabsorption ihres Chlorophylls gewissermaßen die Farben sieht. Chlorophyll absorbiert Licht im blauen und roten Bereich des Spektrums gut, und da ist die fotosynthetische Sauerstoffentwicklung besonders aktiv. Das ist es, was die Bakterien anlockt. Sie brauchen den Sauerstoff für ihre Atmungsprozesse. Dies ist der berühmte Versuch des Physiologen T. W. Engelmann, der 1882 den Trick mit den aerophilen Bakterien genutzt hat, um das erste Farbwirkungsspektrum der Fotosynthese zu gewinnen.

Pflanzen sind also in der Lage, verschiedene Wellenlängen des Lichtes zu unterscheiden und damit Farben wahrzunehmen. Neben dem Chlorophyll dienen dazu eine Reihe von Fotorezeptoren für bestimmte Wellenlängen oder Lichtfarben. Es sind Proteine, an die Pigmente gebunden sind, die spezifisch die betreffenden Wellenlängen absorbieren. Es gibt Rotlicht- und Blaulicht-rezeptoren. Grünes Licht wird von den orangeroten Carotinoiden absorbiert. Eine ganz große Vielfalt von physiologischen und morphologischen Prozessen

Abb. 16.8   Versuch von T. W. Engelmann zur Ermittlung des ersten Farbwirkungs-spektrums der Fotosynthese. Weißes Licht wurde durch ein Prisma in die Regenbo-genfarben zerlegt und auf Zellen in einem grünen Algenfaden projiziert. Aerophile Bakterien suchen vor allem die Bereiche im blauen und im roten Licht auf, wo die fotosynthetische Sauerstoffbildung besonders aktiv ist (Fotografie des Algenfadens B. Büdel)

wird in den Pflanzen durch Fotorezeptoren und damit besonders durch blaues und rotes Licht reguliert.

Besonders wichtig ist das Phytochromsystem. Phytochrom ist ein Fotorezeptor für rotes Licht. In einer bestimmten Konformation absorbiert sein Pigment hellrotes Licht. Wir bezeichnen diesen Zustand als P_{HR} (HR für Hellrot). Durch die Lichtabsorption macht das Protein-Pigment-System eine Konformationsänderung durch. In diesem neuen Zustand absorbiert es vornehmlich dunkelrotes Licht. Diesen Zustand bezeichnen wir deshalb als P_{DR} (DR für Dunkelrot). Das P_{DR} ist die aktive Form. Sie kann ein Regulatorprotein phosphorylieren, das in den Zellkern eindringt, als Regulator an die DNA herantritt und neue Genexpressionen steuert. Durch Absorption von DR-Licht geht die Konformation des P_{DR} wieder in die des P_{HR} über:

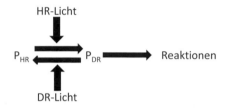

Das bedeutet, dass die Phytochromaktivierung durch HR-Bestrahlung reversibel ist, wenn DR-Bestrahlung erfolgt. Manche Pflanzensamen brauchen Licht zum Keimen. Zu diesen Lichtkeimern gehört auch Salat. Bestrahlt man die feuchten Salatsamen mit HR, liegt die Keimungsrate bei 80 %. Lässt man auf HR DR folgen, sinkt sie auf nahe 0 %.

Gehen wir zum Schluss in einen Frühlingswald. Zeitig blühen die Buschwindröschen (*Anemone nemorosa*) in unseren Buchenwäldern (Abb. 16.9). Wer einmal versucht hat, sich einen Blumenstrauß davon zu pflücken, hat bemerkt, dass er leicht ein ganzes Stück mit aus dem Boden herausreißt. Dies ist ein sogenanntes Rhizom, ein umgewandelter Spross als Erdspross und Speicherorgan. So überdauert unser Buschwindröschen die meiste Zeit des Jahres. Warum treibt es nur im Frühjahr aus und zieht dann bald wieder ein, wo doch die Wachstumsbedingungen im Sommer ideal sein könnten? Es wird aber auf dem Waldboden ziemlich dunkel, wenn die ausgetriebenen Buchenblätter das Kronendach dicht geschlossen haben. Hier greift das Phytochromsystem ein. Wenn die Buchen noch keine Blätter tragen, trifft der volle Anteil des HR-Lichtes im Sonnenspektrum auf den Waldboden auf, P_{HR} absorbiert es, wird dadurch zum P_{DR}, und P_{DR} stimuliert das Austreiben der Buschwindröschen. Später filtern die Buchenblätter das HR heraus, denn Chlorophyll absorbiert besonders im HR-Bereich (Abb. 16.8). Es verbleibt DR, und das Phytochromsystem klappt wieder in die inaktive P_{HR}-Form um.

Abb. 16.9   Teppiche blühender Buschwindröschen (*Anemone nemorosa*) in einem Buchenwald im Frühjahr vor der Ausbildung eines geschlossenen Kronendaches der Bäume

Literatur

Gersani M, Abramsky Z, Falik O (1998) Density-dependent habitat selection in plants. Evol Ecol 12:223–234

Lüttge U, Pitman MG (Hrsg) (1976) Encyclopedia of plant physiology, Bd 2, New series. Transport in plants, part A, cells. Springer, Heidelberg

Schopfer P, Brennicke A (2010) Pflanzenphysiologie, 7. Aufl. Spektrum Akademischer Verlag, Heidelberg

17

Bewegungen und die Eroberung des Raumes

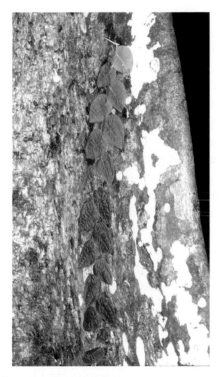

Aufwärtsklettern als freie Ortsbewegung

© Springer-Verlag GmbH Deutschland 2017
U. Lüttge, *Faszination Pflanzen*, DOI 10.1007/978-3-662-52983-6_17

17.1 Fest verwurzelt in der Erden und doch voller Dynamik: Bewegung, das ist das Leben!

Bei der Bewegungsphysiologie habe ich meinen Studenten immer gerne einen alten Lehrfilm vorgeführt, aus der Zeit, als die Zeitraffertechnik aufkam. Der Film zeigt das ganze Leben einer Tulpe als Choreografie und Tanz in weniger als einer Minute. Der Spross steigt aus dem Boden auf. Die Blätter entfalten sich. Die Knospe wird dick und die Blüte öffnet sich. Die Kronblätter welken. Die Blüte nickt zum Abschied. Das Jahr der Tulpe! Zusammengezogen in wenige Augenblicke ist es eine elegante Bewegung.

Wir kennen es selber am besten: Bewegung ist das Leben! Wir laufen, schwimmen, tanzen, klettern. Das sind sogenannte freie Ortsbewegungen, wir ändern den Standort. Aber auch, wenn wir fest stehen oder sitzen und irgendetwas tun, führen wir Bewegungen aus. Die Beispiele sind endlos. Wenn ich dieses Buch schreibe, bewege ich meine Finger auf der Tastatur des Computers. Oder denken Sie an ein Orchester. Die Musiker sitzen, der Dirigent steht an seinem Pult. Aber was für eine immense Bewegung vollzieht das Ganze! Das können auch Pflanzen, wenn auch langsamer, so wie unsere Tulpe. Wir sprechen im Gegensatz zu den freien Ortsbewegungen von den Bewegungen festgewachsener Pflanzen und Organe.

Einzellige grüne Algen und aus ihnen gebildete Zellkolonien vollführen freie Ortsbewegungen. Sie schwimmen herum und können dabei sogar sehen (Kap. 3). Von Höheren Blütenpflanzen an Land wird man es zunächst nicht glauben wollen, dass sie spazieren gehen oder sogar klettern. Kletterpflanzen sind uns wohl bekannt, doch deren Klettern ist die Bewegung festgewachsener Pflanzensysteme. Sehen wir uns aber einmal das Kapitel-Titelbild aus einem tropischen Regenwald an. Eine Pflanze, die im Boden gekeimt ist, klettert einen Baumstamm hinan, um im Wipfel als Aufsitzerpflanze (wissenschaftlich: Epiphyt) zu leben. Wie macht sie das? Während sie an der Spitze aufwärts wächst, stirbt sie am unteren Ende ab. Sie entfernt sich damit vom Ort des Festverwurzeltseins. Das ist eine freie Ortsbewegung, wenn es auch seine Zeit braucht, bis die Pflanze oben angekommen ist.

Dies ist natürlich ein Sonderfall, aber es zeigt die Möglichkeiten der Eroberung von Raum durch Bewegung. Hauptsächlich sind Bewegungen der Pflanzen zur Ausnutzung des Raumes die Bewegungen festgewachsener Individuen und ihrer Organe. Wie beim Tanz der Tulpe sind es langsame Wachstumsprozesse, die dahinterstecken. Da wir immer Sensationen lieben, wollen wir uns aber erst einmal etwas Schnelles ansehen.

17.2 Klappen und Schnappen

Sicher haben Sie schon oft versucht, eine Fliege mit der Hand zu erschlagen. In der Regel vergeblich! Eine Pflanze schafft das mühelos. Schnell ist auch die Mimose, die bei Berührung ihre Blätter wegklappt. Aber da sind wir bei exotischen Pflanzen, und das muss gar nicht sein. Unsere einheimischen Berberitzenbüsche blühen im Frühsommer. Gehen Sie dann einmal mit einem spitzen Gegenstand an die Blüten heran und tippen Sie die Staubblätter an. Sie klappen auf den mechanischen Reiz hin sofort nach innen (Abb. 17.1). Ein in die Blüte eingedrungenes Bestäuberinsekt, Biene oder Hummel, wird so mit Pollen eingedeckt.

Die Fliegen fangende fleischfressende Venusfliegenfalle (*Dionaea muscipula*) hat eine geteilte Blattspreite (Abb. 17.2). Die beiden Hälften können um die Mittelrippe wie um ein Scharnier herumklappen. Auf den Flächen liegen rot gefärbte Komplexe von Drüsenzellen. Von der Farbe und von abgegebenen

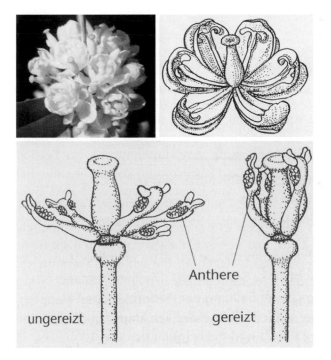

Abb. 17.1 Blüten einer Berberitze (*Berberis*). Unten Zeichnungen der Stellung der 5 Staubblätter vor und nach mechanischer Reizung. (Zeichnungen nach Baillon und Sonnewald, aus Kadereit et al. 2014)

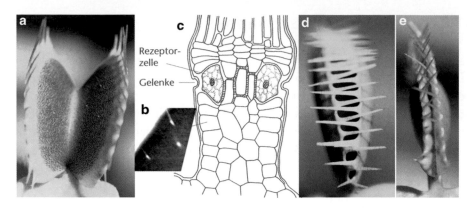

Abb. 17.2 Venusfliegenfalle (*Dionaea muscipula*). (**a**) Offene Blattklappe. Die roten Punkte sind Komplexe von Drüsenzellen. Auf der rechten Blatthälfte sind im oberen Drittel die Ansätze von drei Tastborsten zu erkennen. (**b**) Tastborsten. (**c**) Gelenk und Rezeptorzellen der Tastborsten. (Nach G. Haberlandt, aus Kadereit et al.) (**d**) Geschlossene Falle mit dem Gefängnisgitter der langen Blattzähne nach mechanischer Reizung. (**e**) Fest geschlossene Falle nach der chemischen Reizung durch das gefangene Insekt

Duftstoffen angelockte Insekten lassen sich darauf nieder und sitzen in der Falle, ohne es gleich zu merken. Jede Blatthälfte trägt drei lang gestreckte Tastborsten. Man kann sie auf dem Bild der offenen Klappe (Abb. 17.2a) gerade erkennen, die drei rechten sind auf dem Schwarz-Weiß-Bild (Abb. 17.2b) herausgehoben. Die Tastborsten wirken wie Hebel. Sie haben am unteren Ende unter einer Verdickung eine Einschnürung im Bereich dünnwandiger Rezeptorzellen, wo die Hebelwirkung die Zellmembranen mechanisch reizt (Abb. 17.2c). Wenn eine Borste zweimal oder zwei Borsten je einmal berührt werden, werden zwei Aktionspotenziale ausgelöst (Kap. 16). Daraufhin erfolgt das Zuklappen. Die langen Blattzähne am Rand schließen wie ein Gitter (Abb. 17.2d). Das Tier ist gefangen und kann nicht mehr entkommen.

Dies ist die schnellste Reaktion, die wir im Pflanzenreich kennen. Die Anstiegsdauer des Aktionspotenzials beträgt 0,1 bis 0,2 Sekunden und die Erregungsleitung ist 60–170 mm pro Sekunde. Diese Werte liegen im Bereich der Reaktionen eines Nerven einer Teichmuschel, das Aktionspotenzial ist aber 100- bis 250-mal und die Erregungsleitung ist 500- bis 1500-mal langsamer als in Nervenfasern von Säugetieren. Warum erwischt da der Mensch die Fliege nicht? Er hat einen längeren Weg mit seiner Hand, die Fliege, auch nicht langsam, sieht den Angriff rechtzeitig. Bei der Venusfliegenfalle sitzt sie ahnungslos schon in der Klappe und merkt nicht, was die Tastborsten neben und unter ihr machen, bevor die Sache zuklappt.

Damit ist die Geschichte aber noch nicht zu Ende. Die Ausscheidungen des um Freiheit kämpfenden Insekts reizen die Oberflächen der Fallenblätter chemisch. Die Drüsen fangen daraufhin an, ein Verdauungssekret abzusondern. Sie sind auch verantwortlich für die Resorption der aus der Beute gewonnenen Moleküle. Der chemische Reiz löst zusätzlich eine Wachstumsreaktion aus, die die beiden Blatthälften am Rand fest zusammendrückt, sodass der Verdauungssaft nicht herauslaufen kann (Abb. 17.2e). Das schnelle Zuklappen ist aber keine Wachstumsreaktion, sondern ein Turgormechanismus. Durch die Membranreizung bricht lokal der Turgordruck (Kap. 13) momentan zusammen, und die Blattteile klappen zu.

Das schnelle Wegklappen der Fiederblättchen 2. Ordnung, der Fiedern 1. Ordnung und der ganzen Blätter bei der Mimose erfolgt bei Berührung, Erschütterung und Verletzung (Abb. 17.3). Es ist auch eine Turgorbewegung.

Abb. 17.3 Blattbewegung bei der Mimose (*Mimosa pudica*). (Zeichnung nach W. Schumacher, aus Kadereit et al. 2014; Fotografien Manfred Kluge)

Hierzu sind besondere Gelenkgewebe an der Basis dieser Organe ausgebildet. (Ähnlich funktionieren auch die Schlafbewegungen von Blättern, die wir in Kap. 18 noch kennenlernen werden.) Die Reaktionen der Mimose (Aktionspotenzial, Erregungsleitung) sind 3- bis 5-mal langsamer als die der Venusfliegenfalle. Warum macht die Mimose das überhaupt? Die ausgebreiteten Blätter mögen für ein grasendes Tier recht attraktiv erscheinen. Es trampelt näher, und unversehens ist nichts mehr davon zu sehen, wenn die Blätter eingeklappt sind.

17.3 Bewegungen im Raum durch Wachstum

Die meisten Tiere und wohl alle Säugetiere wachsen nur während ihrer Jugendphase und stellen dann das Wachstum ein, wenn sie eine artspezifische Größe erreicht haben. Sie erobern sich ihren Raum und verteidigen ihre Reviere durch freie Ortsbewegungen. Pflanzen wachsen zeit ihres Lebens. Sie erobern den Raum und üben Konkurrenzdruck durch Wachstum aus. Die entscheidendsten richtenden Faktoren für ein ausgewogenes Besetzen und Nutzen des Raumes durch die Pflanzen sind Gradienten der Schwerkraft und des Lichtes (Abb. 17.4). Wenn sich die Richtungen der Einwirkung dieser Faktoren ändern, reagieren die Pflanzen darauf durch Wachstum. Wir erkennen, dass dies Wachstumsbewegungen der festgewachsenen Pflanzen und ihrer Organe sind. Es sind gerichtete Bewegungen. Wir nennen sie Tropismen. Die einzelnen Pflanzenorgane reagieren unterschiedlich auf die Reizrichtungen.

Beim Reiz der Schwerkraft (Gravitation) sprechen wir von Gravitropismen. Der Hauptspross wächst senkrecht von der Erdanziehung weg, er ist negativ orthotrop gravitropisch. Umgekehrt wächst die Hauptwurzel (Primärwurzel) senkrecht zur Erdanziehung hin und ist positiv orthotrop gravitropisch. Erdsprosse (Rhizome) und Ausläufer (Stolone) stellen sich quer zum Schwerereiz ein, sie sind plagiotrop. Seitensprosse, Blätter und Blüten wachsen schräg nach oben, negativ plagiotrop, Seitenwurzeln erster Ordnung (Sekundärwurzeln) schräg nach unten, positiv plagiotrop. Seitenwurzeln zweiter Ordnung (Tertiärwurzeln) reagieren nicht auf den Schwerereiz und folgen anderen Gradienten, wie der Verfügbarkeit von Wasser und Nährsalzen.

Wir sehen in Abb. 17.4, wie die Schwerkraft ein sinnvolles organisches Besetzen des Raumes durch die Pflanzengestalt bewirkt. Der berühmte Trichterversuch des österreichischen Pflanzenphysiologen Hans Molisch (1883) zeigt aber, dass das keine stur festgelegten Reaktionen sind und dass sinnvolle Variationen erfolgen können. Wir sehen wiederholt, dass Plastizität für die Pflanzen so wichtig ist, gerade weil sie festgewachsen sind. Bei dem Versuch in

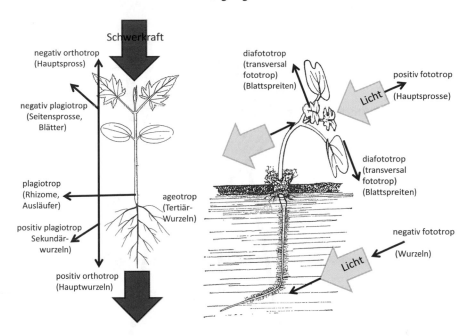

Abb. 17.4 Links Gravitropismus im Schwerkraftgradienten; rechts Fototropismus im Lichtgradienten. (Nach Rau, aus Jäger et al. 2014, und nach F. Nohl, aus Kadereit et al. 2014)

Abb. 17.5 können die Wurzeln nur durch Löcher in dem Tontrichter seitlich herauswachsen. Dann könnten sie frei positiv orthotrop gravitropisch nach unten wachsen. Da würden sie jedoch in Luft wachsen, und die Keimlinge würden rasch vertrocknen. Die Versuchsanordnung erlaubt aber ein Wachstum schräg nach unten, an der Oberfläche des Trichters entlang, die mit einer Nährlösung feucht gehalten ist, und das machen die Wurzeln auch.

Gravitropische Reaktionen werden entscheidend auch durch Licht modifiziert. Wir sprechen hier von Fototropismen (Abb. 17.4). Wurzeln sind negativ fototrop und wachsen vom Licht weg, soweit es überhaupt in den Boden eindringt. Hauptsprosse sind positiv fototrop und wachsen auf das Licht zu. Wir kennen das von unseren Zimmerpflanzen am Fenster. Blätter sind diafototrop, die Blattspreiten werden für guten fotosynthetischen Lichtgenuss quer dem einfallenden Licht präsentiert.

Bei allen diesen Reaktionen ist ein ungeheuer kompliziertes Wechselspiel molekularer und physiologischer Funktionen aktiv. Es ist atemberaubend zu sehen, wie komplex hier bei den Pflanzen integrierende Prozesse ineinandergreifen müssen, damit schließlich etwas herauskommt, was auf den ersten Blick so einfach und naheliegend ist, wie die vernünftige Erscheinung

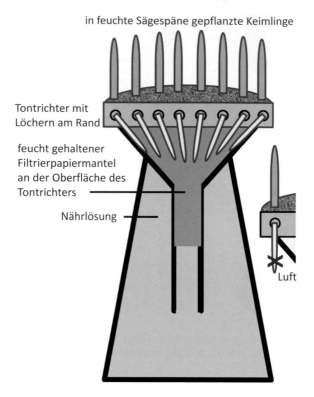

in feuchte Sägespäne gepflanzte Keimlinge

Tontrichter mit
Löchern am Rand

feucht gehaltener
Filtrierpapiermantel
an der Oberfläche des
Tontrichters

Nährlösung

Luft

Abb. 17.5   Trichterversuch von Molisch (1883): Die Wurzeln folgen lieber dem hydraulischen Signal der feuchten Oberfläche des Tontrichters, um nicht zu vertrocknen, als dem Gravitationssignal ihres positiv orthotropen Gravitropismus

der Pflanzengestalt in ihrem Lebensraum. Ich möchte das in den folgenden Abschnitten exemplarisch für den Gravitropismus und da besonders für die Wurzel darstellen, wo es besonders intensiv erforscht ist.

17.4 Gravitation als treibende Kraft

Dass die Gravitation der Erdanziehung die treibende Kraft ist, zeigt sich, wenn man eine Pflanze quer legt und sieht, dass sich der Spross wieder wachsend nach oben und die Wurzel wieder nach unten bewegen. Das ist streng genommen nur ein indirekter Hinweis auf die Gravitation. Deshalb hat man weitere Experimente ersonnen. Dreht man eine Pflanze langsam horizontal um ihre Achse, erfolgen diese Krümmungsbewegungen nicht (Abb. 17.6 oben). Natürlich wirkt hier nicht Schwerelosigkeit. Es kommt kontinuierlich eine Stelle nach der anderen in die Richtung der Erdanziehung. Dadurch wird

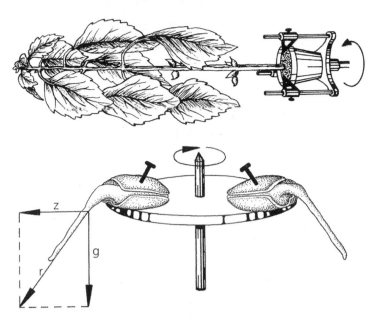

Abb. 17.6 Nachweise der Wirkung der Schwerkraft beim Gravitropismus durch langsames Drehen in horizontaler Stellung auf dem Klinostaten (oben) und durch Fixieren auf einem Zentrifugierapparat während des Wachstums (unten). (Nach H. Mohr und E. Libbert, aus Kadereit et al. 2014)

eine gerichtete Antwort der Pflanze immer gleich wieder annulliert. Überzeugend ist die Antwort auf dem Zentrifugierapparat (Abb. 17.6 unten). Die Zentrifuge erzeugt einen Kraftvektor wie die Massenanziehung (Gravitation) der Erde. Keimlinge, die wachsen, während sie einer Zentrifugalkraft ausgesetzt sind, stellen sich in der Richtung der Resultanten (r) in dem Kräfteparallelogramm von Erdanziehung (g) und der Zentrifugalkraft (z) ein. Auch Experimente in Erdsatelliten und in der Weltraumstation unter minimaler Gravitation, das heißt beinahe Schwerelosigkeit, bestätigen die Wirkung der Gravitation. Aber wie setzen die Pflanzen das um?

17.5 Gravitation: elektrische und hormonelle Effekte

Zur Wahrnehmung der Richtung der Gravitation benutzen die Pflanzen kleine schwere Partikel, die auf einer empfindlichen Unterlage liegen und Druck signalisieren. Wir nennen diese Partikel Statolithen. In den Zellen der Wurzelhaube (wissenschaftlich: Kalyptra), die auf der Spitze von Pflanzenwurzeln aufsitzt, befinden sich Stärke speichernde umgewandelte Plastiden, sogenannte Amyloplasten, die die Funktion von Statolithen ausüben. Zellen, die Statolithen enthalten, nennen wir Statocyten und das Gewebe aus solchen Zellen Statenchym. In der orthotropen Normalstellung der Wurzeln ruhen sie auf einem Polster von intrazellulären Membranen, dem sogenannten endoplasmatischen Retikulum (ER; Abb. 17.7).

Das ganze Geschehen des Gravitropismus der Wurzeln beruht zunächst auf einer spezifischen geometrischen Konstruktion der Statocyten in der

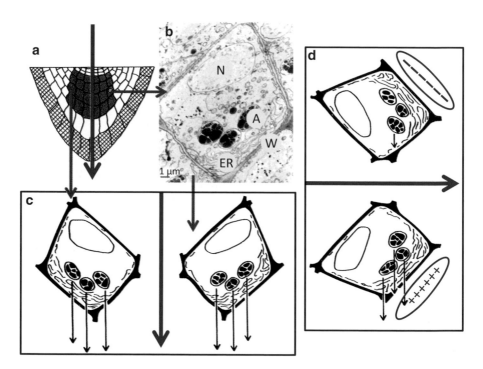

Abb. 17.7 Funktion der Statolithen für die Signalaufnahme beim Gravitropismus von Wurzeln. **(a)** Wurzelhaube mit dem Statenchym (dunkelgrau). Die braunen Pfeile deuten auf Statocyten links bzw. rechts der Wurzellängsachse (rote Pfeile). **(b)** Die elektronenmikroskopische Aufnahme einer Kressewurzel (*Lepidium*) zeigt die Statolithen (A Amyloplasten), die in der orthotropen Normallage der Wurzel auf einem Polster von Membranen des endoplasmatischen Retikulums (ER) ruhen (N Zellkern, W Zellwand). **(c)** In der orthotropen Normallage drücken die Statolithen spiegelsymmetrisch auf beiden Seiten der Wurzellängsachse auf das ER-Poster. **(d)** Nach dem Drehen der Wurzel, im Beispiel um 90° nach rechts, drücken die Statolithen nur in den Statocyten auf der neuen physikalischen Unterseite auf das ER-Polster, der Druck auf die ER-Membranen ist auf der Oberseite aufgehoben. Das elektrische Membranpotenzial wird auf der Oberseite der Statocyten relativ negativer und auf der Unterseite positiver. (Nach D. Volkmann und A. Sievers, aus Haupt und Feinleib 1979)

Kalyptra. Die Statocyten sind in bezug auf die Längsachse der Wurzel spiegelbildsymmetrisch angeordnet. Wird die Wurzel um 90 Winkelgrade aus der Senkrechten ausgelenkt, wird momentan der Druck der Statolithen auf das ER auf einer Seite aufgehoben. Bei der Drehung nach rechts in Abb. 17.7d erfolgt das in den Statocyten rechts der Wurzelachse, die auf die neue physikalische Oberseite gelangen, aber nicht in den Statocyten links der Achse auf der neuen Unterseite. Bei der Drehung nach links ist es in den Statocyten links der Achse und nicht rechts. Das bedeutet, die Lage der Statolithen auf dem ER-Polster ist in der Wurzel nicht mehr spiegelbildlich wie in der orthotropen Stellung der Wurzel.

Die Wurzel erhält daraus zwei Informationen, erstens, dass sie quer gelegt worden ist, zweitens, welches die physikalische Oberseite ist, d.h., wie sie in Bezug auf die Richtung der Erdanziehung liegt. Physiologisch sieht man als Erstes, dass die elektrische Ladung an den Membranen der Statocyten nicht mehr symmetrisch verteilt ist. Die Oberseiten sind relativ negativer, die Unterseiten weniger negativ geworden. Ein elektrischer Gradient hat sich durch die Wurzel aufgebaut.

Das Wechselspiel elektrischer und hormoneller Signale kennen wir schon (Kap. 16), und hier haben wir ein besonders eindrucksvolles Beispiel vor uns (Abb. 17.8). Für den gerichteten Transport der Indolessigsäure (IES) in der Wurzel und die gleichmäßige symmetrische Verteilung in der Wurzelspitze sind eine Reihe sogenannter *PIN*-Gene verantwortlich. Sie haben ihren Namen daher, dass eine Mutante nur nadelförmige Blütenstände ausbildet (engl.

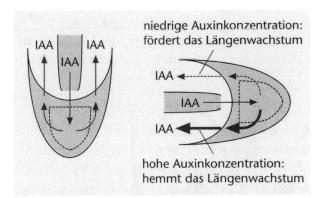

Abb. 17.8 Chemische Signalsysteme beim Gravitropismus der Wurzel. Links symmetrische Normalverteilung der Indolessigsäure (IES = IAA) durch die *PIN*-Gene in der orthotropen Stellung. Rechts Verlagerung der IES-Konzentration nach unten durch die *PIN*-Gene in der horizontalen Lage. (Nach M. L. Evans, aus Kadereit et al. 2014)

pin, „Nadel"). Nach dem Querlegen ist die Symmetrie der IES-Verteilung gebrochen. Es gelangt mehr IES auf die Unterseite, und der Rücktransport ist auf der Unterseite stärker. Neben dem elektrischen Gradienten baut sich ein dynamischer IES-Gradient quer durch die Wurzel auf.

Dies signalisiert der Wurzel, dass sie sich durch Wachstumsbewegung wieder in die orthotrope vertikale Lage krümmen muss. Das passiert durch asymmetrisches Streckungswachstum der Zellen. Es geht aber gar nicht in der unmittelbaren Spitzenzone, wo sich die bisher beschriebenen Ereignisse abspielen. Hier laufen beim Wachstum vor allem Zellvermehrungen durch die Zellteilungen ab. Die Zellen sind erst weiter hinten besonders streckungsfähig. Also müssen Signale dorthin gesendet werden. Die erhöhte IES-Konzentration auf der Unterseite ist eines dieser Signale. Zusätzlich ist das Kinetin Cytokinin als Phytohormon beteiligt. Es ist in der orthotropen Lage in der Wurzelspitze gleichmäßig verteilt, reichert sich beim Querlegen aber auf der Unterseite an. Beide Hormone hemmen beim Transport nach hinten das Streckungswachstum auf der Unterseite, sodass die Oberseite schneller wächst, was die Krümmung nach unten bedingt.

Es ist erstaunlich, welch komplexes Geschehen bewirkt, dass sich Gravitation in elektrische und hormonelle Effekte umsetzt und dabei schließlich eine Wachstumsbewegung herauskommt.

17.6 Gravitropische Sinnesänderungen während der Entwicklung

Dieses Kapitel begann mit dem entwicklungsbiologischen Wachstumstanz der Tulpe. Wir wollen es mit der gravitropischen „Sinnesänderung" der Blüten von Mohnpflanzen beenden und damit die Anregung zu weiteren Beobachtungen in der Natur verbinden. Man kann eine Fülle von Entdeckungen machen. Manche Pflanzen können die Richtung ihrer gravitropischen Reaktionen umschalten. Es ist bemerkenswert, dass derselbe gravitropische Reiz im selben Pflanzenorgan entgegengesetzt gerichtete Reaktionen auslösen kann. Bei Mohnblüten wird das entwicklungsphysiologisch gesteuert. Die geschlossenen Blütenknospen nicken positiv gravitropisch nach unten. Dann wird die Reaktion negativ gravitropisch, das Wachstum erzeugt eine Umkehr, und die geöffneten Blüten und Samenkapseln stehen orthotrop nach oben (Abb. 17.9).

Abb. 17.9   Änderung der gravitropischen Reaktion während der Wachstumsperiode der Mohnpflanze *Meconopsis*. (1) Blütenknospen positiv gravitropisch, (2) Umdrehen vor dem Aufblühen, (3) geöffnete Blüten und (4) Samenkapseln aufrecht negativ gravitropisch

Literatur

Haupt W, Feinleib ME (Hrsg) (1979) Encyclopedia of plant physiology, Bd 7, New series. Physiology of movements. Springer, Berlin

Jäger E, Neumann S, Ohmann E (2014) Botanik, 5. Aufl. Springer, Berlin

18

Pflanzen haben eine Uhr

Blüte des Kaktus *Selenicereus grandiflorus,* der „Königin der Nacht" (gradt/Fotolia)

© Springer-Verlag GmbH Deutschland 2017
U. Lüttge, *Faszination Pflanzen*, DOI 10.1007/978-3-662-52983-6_18

18.1 Uhren zeigen Rhythmik

Wir alle haben Uhren. Unsere Uhren zeigen Rhythmik ganz verschiedener Zeitlängen. Alle 60 Sekunden steht der Sekundenzeiger wieder oben und hat eine Minute vollendet. So machen es alle 60 Minuten der große Zeiger für die Stunde und alle 12 Stunden der kleine Zeiger für einen halben Tag. Wir sind auch stolz darauf, dass wir eine innere Uhr haben. Wir können Uhrzeiten oft erstaunlich genau schätzen, wenn nichts Unerwartetes dazwischenkommt oder wir lange Strecken entlang der Breitengrade reisen („Jetlag"). Auch Pflanzen haben eine innere Uhr.

18.2 Ein schwingendes Pendel lehrt uns die Begriffe der Wissenschaft von den Rhythmen

Bevor wir über die Rhythmen der verschiedenen Zeitlängen sprechen können, müssen wir uns ein kleines Instrumentarium von Begriffen aneignen. Wir können diese Begriffe von den rhythmischen Schwingungen eines ungedämpften Pendels ableiten. Ein Pendel führt eine periodische Schwingung um einen Ruhepunkt aus. Wir kennen es von alten Wanduhren, wo es unter

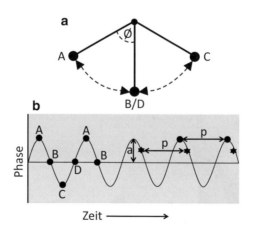

Abb. 18.1 Darstellung der Begriffe der Rhythmusforschung. **(a)** Ungedämpft schwingendes Pendel. **(b)** Sinuskurve aus der Schwingung des Pendels. Wichtige Begriffe: a **Amplitude**; Sternchen und Punkte (A, B, C, D) markieren **Phasen** der Schwingung. Phasen sind beliebige Stadien der Schwingung (Sternchen) oder auch die definierten Kardinalpunkte A, B, C und D; p **Periodenlänge** (entspricht den im Text erwähnten „Zeitlängen"). Dies ist die Zeit, die zwischen dem Erreichen zweimal der gleichen Phase verstreicht

dem Einfluss der Kraft von Gewichten hin- und herschwingt. In der Grafik von Abb. 18.1a erfolgt der Ausschlag der Schwingung zwischen den Punkten A und C. Das Pendel passiert dabei auf jedem Weg den Ruhe- oder Nullpunkt (B/D). Die Weite des Ausschlags nennen wir die Amplitude (a). Wenn wir den momentanen Ausschlag, den wir auch die Phase nennen, gegen die Zeit auftragen, erhalten wir eine regelmäßige Sinusschwingung. In Abb. 18.1b sind in eine solche Sinusschwingung die wichtigsten Begriffe eingetragen. Durch besondere äußere Einwirkungen, die wir Zeitgeber nennen (bei vielen unserer Uhren das Drehen an der Schraube für die Zeigereinstellung), kann die Phase verstellt werden (Abb. 18.2).

18.3 Viele Lebensvorgänge verlaufen rhythmisch

Es gibt eine Unzahl von Rhythmen mit allen vorstellbaren Periodenlängen. Wir Menschen kennen sie von unserem eigenen Körper mit Periodenlängen von 0,001 Sekunden der Nervenreaktionen, 1 Sekunde des Herzschlags, 1–10 Sekunden der Atmung, Minuten des Blutkreislaufes und der Muskelaktivitäten, 24 Stunden der Tag-Nacht-Aktivitäten, dem Monat des Menstruationszyklus und der Jahresrhythmik. Alles schwingt und oszilliert. Bei den Pflanzen ist es nicht anders.

Es gibt Rhythmen, deren Periodenlängen mit Umweltrhythmen zusammenfallen. Dazu gehören eine Vielfalt bekannter Tagesrhythmen, Gezeiten- und Mondphasenrhythmen und Jahresrhythmen. Rhythmen, die nicht mit Umweltrhythmen zusammenfallen, können kürzer (ultradian) oder länger (infradian) als der tägliche 24-Stunden-Rhythmus sein. Sehr viele Rhythmen sind ultradian, wie Oszillationen von Enzymaktivitäten und

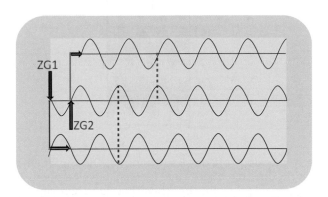

Abb. 18.2   Verstellen einer rhythmischen Schwingung durch Zeitgeber (ZG). Im Schema der Sinusschwingung hat der ZG1 die Phase um eine halbe Periodenlänge vorgestellt (rote Pfeile und Linien), und der Zeitgeber ZG2 hat sie um eine viertel Periodenlänge vorgestellt (blaue Pfeile und Linien)

Stoffwechselwegen, der Spaltöffnungsweite, Zellteilungszyklen, die kreisenden Suchbewegungen von Ranken. Das Blühen von Bambuspflanzen folgt einem infradianen Rhythmus mit einer Periodenlänge von 30–40 Jahren. Bambuspflanzen sterben nach ihrer Blüte ab. Die in Europa angepflanzten Exemplare der aus feuchten Waldformationen von China und dem NO-Himalaja stammenden Bambusart *Fargesia murielae* sind nach synchronem Blühen einmal alle zugleich gestorben.

Wahrscheinlich sind die Oszillationen von allen möglichen Vorgängen so weit verbreitet, weil Schwingungen besonders gut für Regulation zugänglich sind. Da kann sogar das meistens nur als störend empfundene Rauschen überraschenderweise Ordnung schaffen (Abb. 18.3). Unter Rauschen versteht man Störsignale in unspezifischen Frequenzbereichen. Rauschen ist ärgerlich, wenn es Signale stört und verwackelt. Nehmen wir aber einmal an, wir hätten eine Sinusschwingung, deren Signal wichtig ist, deren Gipfel aber eine Schwelle nicht erreichen und übersteigen, oberhalb derer sie erst sichtbar und effektiv werden (Abb. 18.3a). Legt sich schwaches Rauschen auf die Schwingung, wird sie verwackelt, aber es passiert weiter nichts (Abb. 18.3b). Legt sich sehr starkes Rauschen auf die Schwingung, wird sie zugedeckt und verschwindet hinter dem Rauschen (Abb. 18.3d). Legt sich aber Rauschen einer mittleren Intensität auf die Schwingung, kann es sein, dass das Rauschen die Gipfel der

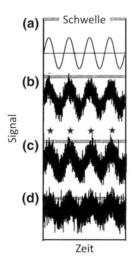

Abb. 18.3 Die ordnende Kraft des Rauschens. **(a)** Die Gipfel einer Sinusschwingung kommen nicht über die obere Linie hinweg, die eine obere Schwelle für die Ausprägung des Signals darstellt. **(b)** Schwaches Rauschen verwackelt die Sinuskurve, bringt aber sonst nichts. **(c)** Eine mittlere Intensität von Rauschen hebt die Gipfel der Schwingung gerade über die Schwelle (rote Sternchen) und sorgt so für die von der Schwingung abhängige Ordnung. **(d)** Starkes Rauschen deckt das Ganze zu. (Nach Hütt und Lüttge 2007)

Schwingung gerade über die kritische Schwelle hebt, sodass die Oszillation nun ihre rhythmischen Effekte verwirklichen kann (Abb. 18.3c). Das Rauschen ermöglicht jetzt die regelmäßige Ordnung der von der Schwingung abhängigen Prozesse. Diese Erkenntnis wird auch in der Medizin genutzt, um für unsere Gesundheit wichtige rhythmische Vorgänge zu steuern.

18.4 Morgens fit, abends müd: die innere Uhr der Tagesrhythmik

Botanische Gärten laden zu besonderem Besuch ein, wenn der Kaktus „Königin der Nacht" mitten in der Nacht blüht. Wir kennen das auch aus der uns umgebenden Flora. Verschiedene Pflanzen blühen zu verschiedenen Tageszeiten. Carl von Linné hat daraus 1745 eine Blumenuhr konstruiert, damit man anhand der Kenntnis der Pflanzen und ihres Blühens, „wenn man sich bei trübem Wetter auf freiem Feld befindet, ebenso genau wissen könne, was die Glocke sei, als wenn man eine Uhr bei sich hätte".

Viele Pflanzen legen am Abend ihre Blätter an. Oft beobachtet man das bei gefiederten Blättern, wenn die Fiederblättchen abends eng aneinandergelegt und am Morgen wieder ausgebreitet werden (Abb. 18.4). Wir nennen das Schlafbewegungen oder nyktinastische Bewegungen. Der Franzose Jean Jacques d'Ortous de Mairan hat 1729 als Erster beobachtet, dass diese Bewegungen bei konstanten Bedingungen ohne äußeren Einfluss frei weiterschwingen. Er hat eine Mimosenpflanze in einen dunklen Schrank gestellt und dann gesehen, dass die Schlafbewegungen wie im natürlichen Tag-Nacht-Rhythmus weiterlaufen. Er ist damit der Entdecker der inneren Uhr. Die von innen gesteuerten, also endogen frei schwingenden Rhythmen offenbaren das Vorhandensein einer inneren Uhr. Mit diesen Rhythmen hat sich dann später Wilhelm Pfeffer (1845–1920), einer der Begründer der experimentellen Pflanzenphysiologie, intensiv beschäftigt.

Es gibt unzählige Beispiele. Alle Lebensvorgänge unterliegen der Tagesrhythmik. Viele davon sind auch bekannte endogene Rhythmen. Ein romantisches Beispiel, was viel untersucht wurde, ist das Meeresleuchten. Es ist ein biochemischer Vorgang, nämlich die Biolumineszenz der einzelligen Alge *Gonyaulax polyedra*. Das Leuchten wird mechanisch ausgelöst. Wenn ein Schiff in einen Bereich hineinfährt, wo diese Algen massenhaft vorkommen, leuchten die Wellen im Dunkeln plötzlich auf. Neben den Bewegungen der Laubblätter zeigen auch die Kronblätter mancher Blüten nyktinastische Bewegungen. Viele Blüten schließen sich am Abend (Abb. 18.5). Die Blüten der Nachtkerze (*Oenothera*) öffnen sich dagegen, wie der Name der Pflanze sagt, zur Nacht. Ganze Stoffwechselwege haben endogene Rhythmik. Besonders intensiv erforscht ist der

Abb. 18.4   Schlafbewegungen der Blätter einer Sauerkleeart (*Oxalis* spec.). Obere Bilder Tagstellung, untere Bilder Nachtstellung. (Fotografien Manfred Kluge)

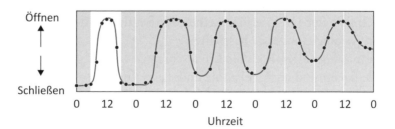

Abb. 18.5   Kronblattbewegungen der Blüten von *Kalanchoë blossfeldiana* im Dauerdunkel (violett unterlegt). Hier haben wir auch ein Beispiel einer gedämpften Schwingung vor uns, d. h., die Amplituden werden immer kleiner, bis der endogene Rhythmus schließlich ausschwingt und die Blüten im offenen Zustand verharren. (Nach R. Bünsow, aus Kadereit et al. 2014)

Crassulaceen-Säurestoffwechsel (CAM, Kap. 7). Die Mineralstoffaufnahme der Wurzeln und das Wachstum der Pflanzen oszillieren endogen. Die innere Uhr kann zur Fitness beitragen. Sie bereitet die Pflanzen auf die unterschiedlichen Anforderungen der Lichtphase (Tag) und der Dunkelphase (Nacht) vor, sodass Umstellungen rechtzeitig erfolgen.

18.5 Pflanzen messen mit ihrer Uhr die Tageslänge und bestimmen die Jahreszeit

Es gibt viele Aspekte der pflanzlichen Entwicklung und Gestaltbildung, die von der Tageslänge und damit von der Jahreszeit abhängig sind. Dazu gehören die Blühinduktion, Ruheperioden und Wachstum, Speicherprozesse in Knollen, Rüben und Zwiebeln, der herbstliche Blattfall, die Frostresistenz. Mit Tageslänge ist hier die Fotoperiode gemeint, d. h. die Dauer des Tageslichtes. Die Fotoperiode ist für die Pflanzen ein Maß für die Jahreszeit.

Für die Fitness ist es entscheidend, dass bestimmte Entwicklungen, die ihre Zeit brauchen, rechtzeitig eingeleitet werden. Sie können plausiblerweise nicht erst durch die veränderten Bedingungen der neuen Jahreszeit ausgelöst werden. Dann ist es in der Regel zu spät. Also müssen die Pflanzen frühzeitig wissen, dass Änderungen bevorstehen. Vielleicht haben Sie schon beobachtet, dass bei einem frühen ersten Frost Blätter graugrün und vertrocknet an Bäumen hängen bleiben und gar nicht abfallen. Der herbstliche Blattfall ist mit der Mobilisierung von noch brauchbarem Material aus den Blättern in Speicherorgane, der bunten Verfärbung und der Vorbereitung eines Trenngewebes für das Abstoßen der Blätter ein hoch komplizierter Prozess (Abb. 18.6). Wenn Blätter zu früh erfrieren und tot sind, geht das alles nicht mehr. Die Laub abwerfenden Bäume vermeiden durch den Blattfall den Frost. Die immergrünen Nadelblätter der Koniferen müssen dagegen frostresistent werden. Auch das ist ein komplexer biochemischer Vorgang, der lange vor dem ersten Frost einsetzt. Das Messen der Fotoperiode signalisiert, wann das losgehen muss.

Die Blühinduktion ist wichtig, damit je nach speziellen Anpassungen der Pflanzen rechtzeitig Samen und Früchte gebildet werden. Pflanzen blühen zu verschiedenen Jahreszeiten. Es gibt viele Frühjahrsblumen, Sommerblumen und im extremen Fall das späte Blühen der Herbstzeitlose. Frühjahrsblüher blühen nach den kurzen Fotoperioden, d. h. Tageslichtlängen, des Winters. Es sind die sogenannten Kurztagspflanzen, bei denen eine bestimmte maximale Tageslänge unterschritten sein muss, um das Blühen auszulösen. Bei den Langtagspflanzen muss eine kritische minimale Tageslichtlänge überschritten werden.

Abb. 18.6 Durch die innere Uhr gesteuertes rechtzeitiges Vorbereiten des Abwerfens der Blätter vor dem Winter. Die Felder zwischen den Blattrippen, den Leitbündeln, verfärben sich schon. Hier laufen die biochemischen Vorgänge zur Mobilisierung von Substanzen für die Speicherung schon auf vollen Touren. Das Gewebe entlang der Leitbündel, die für den Abtransport zu den Speicherorten gebraucht werden, bleibt länger grün

Die über das Jahr hinweg variierende Länge der Fotoperioden ist stark von der geografischen Breite abhängig, und die Jahreszeiten sind ganz verschieden ausgeprägt. Versuche mit Pflanzen in der Nähe des Äquators, wo die Unterschiede in den Fotoperioden im Verlauf des Jahres gering sind, haben gezeigt, dass Pflanzen die Tageslänge bis auf 10–15 Minuten genau erfassen können. Die Messung der Fotoperiode ist für die Pflanzen von großer ökologischer Bedeutung für die Anpassung an jahreszeitliche Risiken. Wenn Gärtner exotische Pflanzen zu ganz bestimmten Festtagszeiten blühend auf den Markt bringen wollen, müssen sie je nach der Herkunft der Pflanzen mit künstlichen Tageslichtperioden nachhelfen. Dann muss entweder verdunkelt oder auch nachts beleuchtet werden. Ein bekanntes Beispiel ist der beliebte Weihnachtsstern, *Euphorbia pulcherrima*. Hier muss ab Oktober die Anzahl der täglichen Lichtstunden künstlich verringert werden.

18.6 Die frei laufende innere Uhr ist nur beinahe genau

Misst man die Periodenlängen endogener Rhythmen, beobachtet man, dass sie nie exakt 24 Stunden betragen. Sie sind immer ein bisschen länger oder kürzer. Wir nennen die frei laufenden endogenen Tagesrhythmen daher auch circadiane Rhythmen, von lat. *circa* („ungefähr") und *dies* („Tag"). Dass alle Tagesrhythmen im natürlichen Tag-Nacht-Wechsel Periodenlängen von genau 24 Stunden haben, rührt daher, dass der natürliche äußere Rhythmus den inneren Rhythmus mit sich zieht. Wir nennen das mit einem englischen Begriff „Entrainment" (im Sinne eines Eintrainierens).

Wir können das auch im Experiment simulieren. In Versuchen mit der CAM-Pflanze *Kalanchoë daigremontiana* Hamet et Perrier konnte man das anhand der Oszillationen des Gaswechsels im Dauerlicht zeigen (Lüttge et al. 1996). Den Pflanzen wurde ein äußerer Temperaturrhythmus von 24–29 °C aufgezwungen. War die Periodenlänge des äußeren Rhythmus genau 24 Stunden, folgte der Gaswechselrhythmus exakt. War der äußere Rhythmus 8 Stunden und damit viel zu kurz, übernahm die innere Uhr das Geschehen, und ein circadianer Rhythmus kam heraus. War der äußere Rhythmus viel zu lang (56 Stunden), gab die Pflanze auf, und der Gaswechsel wurde arrhythmisch. Entrainment gelingt nur, wenn die Periodenlänge des äußeren Rhythmus nicht zu sehr von der des natürlichen Rhythmus abweicht.

Für den Experimentator bringt die circadiane Natur der endogenen Tagesrhythmik einen großen Vorteil mit sich. Es ist nämlich gar nicht so einfach, einen endogenen Rhythmus wirklich einwandfrei nachzuweisen. Man muss sehr zuverlässig jeden äußeren Einfluss ausschließen. Das ist technisch schwierig und mit hohem Aufwand verbunden. Wenn das vermutete freie Schwingen eine Periodenlänge von genau 24 Stunden hat, könnte trotzdem ein Signal eines Faktors mit im Spiel sein, der von dem natürlichen Tag-Nacht-Rhythmus herrührt und den man, ohne es zu wissen, nicht ausgeschlossen hat. Bei einer kleinen Abweichung von den exakten 24 Stunden des natürlichen äußeren Rhythmus ist das sehr unwahrscheinlich.

18.7 Das molekulare Räderwerk der biologischen Uhr der Pflanzen

Wenn Sie in das Räderwerk einer mechanischen Uhr schauen, werden Sie auch nicht weniger perplex sein, als wenn Sie Abb. 18.7 ansehen. Sie zeigt das molekulare Räderwerk der biologischen Uhr der Pflanzen. Es wird zurzeit intensiv molekularbiologisch erforscht, besonders bei der kleinen einjährigen Ruderalpflanze *Arabidopsis thaliana*, der Ackerschmalwand. Ich denke, es wird gar nicht so schwer sein, die Grundzüge des molekularen Räderwerkes zu erkennen, wenn wir es einmal anhand der Abbildung versuchen.

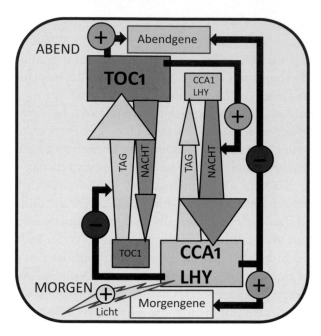

Abb. 18.7 Vereinfachtes Modell des molekularen Räderwerkes der biologischen Uhr der Pflanzen (+ Stimulierung, – Hemmung)

Die entscheidenden Gene tragen Namen aus der Fantasie der Molekular-biologen. Es kommt gar nicht darauf an, diese Namen zu behalten, wir können die Abkürzungen einfach symbolisch nehmen: TOC1 = timing of chlorophyll a/b binding; CCA1 = circadian clock associated; LHY = late elongated hypo-cotyl. TOC1 ist am Abend aktiv und nicht am Morgen. CCA1 und LHY sind umgekehrt am Morgen aktiv und nicht am Abend. So weit die wichtigs-ten molekularen Räder. Wie greifen sie ineinander, um die Uhr anzutreiben? Die Aktivität von TOC1 steigt im Laufe des Tages bis zum Abend an. Die Produkte der CCA1- und LHY-Gene, ihre Proteine, sind negative Regulato-ren dieses Prozesses, sodass die TOC1-Aktivität erst ansteigen kann, indem die Aktivität von CCA1 und LHY im Laufe des Tages bis zum Abend sinkt. TOC1 stimuliert die Aktivität von CCA1 und LHY, sodass diese während der Nacht bis zum Morgen ansteigen kann, während die TOC1-Aktivität absinkt. Licht stimuliert am Morgen die Aktivität der CCA1- und LHY-Gene. Aller-dings läuft die Uhr auch im frei schwingenden endogenen circadianen Rhyth-mus im Dauerlicht. Nachgeordnet ist eine Anzahl von Morgengenen für alles, was tagsüber gebraucht wird, und von Abendgenen für die Nacht. Man kennt unzählige von der Uhr kontrollierte Gene für alle möglichen Funktionen.

CAA1 und LHY stimulieren die nachgeordneten Morgengene und hemmen die Abendgene.

Durch die von der Uhr kontrollierten nachgeordneten Gene ist die Uhr mit Ausgangsnetzwerken zur Ausgabe des Rhythmus und mit Eingangs-netzwerken verbunden. Letztere sind unter anderem wichtig, wenn die Uhr verstellt werden soll. Darauf kommen wir gleich zu sprechen. Die Netz-werke der Uhr (Abb. 18.7) und der Eingangs- und Ausgangswege sind alle untereinander durch Rückkoppelungen (Feedback) verknüpft. So haben wir wie bei der mechanischen Uhr ein hoch komplexes Ineinandergreifen von Räderchen. Anders als bei der Bionik als Ratgeber der Technik (Kap. 23) waren aber hier die Techniker bei der Konstruktion von Uhren die Ersten, die Uhrwerke entwickelten, ehe die Biologen die Uhren der Lebewesen zu verstehen begannen.

18.8 Verstellen der Uhr

Die Möglichkeit, Uhren verstellen zu können, ist sehr wichtig. Bei unserer eigenen inneren Uhr kennen wir das gut, wenn wir in kurzer Zeit größere Strecken entlang der Breitengrade zurücklegen. Wenn uns unsere innere Uhr dann auch ein par Tage lang ärgert, weil sie zur falschen Zeit Aktivitä-ten auslöst oder einstellt (Jetlag), stellt sie sich doch um. Die Uhr reagiert auf die Eingabe äußerer Signale oder Zeitgeber (Abb. 18.2). Es gibt beson-dere Eingabewege. Die Wirkung eines Zeitgebers zum Verstellen der Uhr, d. h. zum Verschieben der Phase, ist während des Rhythmus nicht immer die Gleiche. Die Antwort auf Zeitgeber hängt von der Phase ab, in der sich der Rhythmus gerade befindet. Das Tor zum Eingangsnetz ist nicht immer offen bzw. gleich weit geöffnet (*Gating*, *gate* = Tor). Es ist wichtig, wie lang eine Zeitverschiebung ist und wann sie erfolgt. Vielleicht haben manche auch schon bemerkt, dass man sich schneller umstellen kann, wenn man von Osten nach Westen, von Europa nach Amerika, fliegt als in der umge-kehrten Richtung.

Auch die innere Uhr der Pflanzen kann verstellt werden. Abb. 18.8 zeigt die Reaktion der circadianen nyktinastischen Bewegung von Bohnenblättern auf einen Zeitgeber. Je nach dem Zeitpunkt ergab sich eine ganz verschiedene Reaktion, ein Verstellen der Phase zwischen einem Vorstellen um 6 Stunden und einem Rückstellen um 3 Stunden.

Die pflanzliche Uhr ist ein perfektes Instrument.

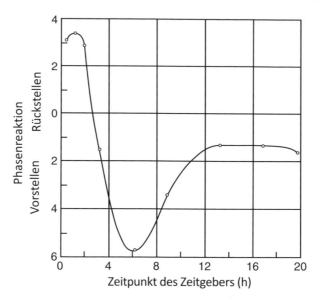

Abb. 18.8 Phasenverschiebung der circadianen Bewegungsrhythmik von Bohnenblättern als Reaktion auf einen Zeitgeber. Als Zeitgeber wurde die Temperatur jeweils von 20 °C auf 28 °C erhöht. Die Zeit 0 entspricht der maximalen Rückstellung. Der Effekt war von der zu jedem Zeitpunkt gegebenen Phase abhängig. (Nach Moser, aus Bünning 1973)

Literatur

Bünning E (1973) The physiological clock: circadian rhythms and biological chronometry, 3., überarb. Aufl. English Universities Press, London

Hütt MT, Lüttge U (2007) Noise induced phenomena and complex rhythms: theoretical considerations, modeling and experimental evidence. In: Mancuso S, Shabala S (Hrsg) Rhythms in plants. Springer, Berlin

Lüttge U, Grams TEE, Hechler B, Blasius B, Beck F (1996) Frequency resonances of the circadian rhythm of CAM under external temperature rhythms of varied period lengths in continuous light. Bot Acta 109:422–426

Winfree AT (1988) Biologische Uhren. Zeitstrukturen des Lebendigen. Spektrum der Wissenschaft Verlagsgesellschaft, Heidelberg

19

Pflanzen haben ein Gedächtnis

Kulturvarietät des Zweizahns *Bidens*. Mit Millionen von Keimlingen der Art *Bidens pilosa* L. hat Marie-Odile Desbiez grundlegende Experimente zum Gedächtnis der Pflanzen gemacht (Fotografie M. Kluge)

© Springer-Verlag GmbH Deutschland 2017
U. Lüttge, *Faszination Pflanzen*, DOI 10.1007/978-3-662-52983-6_19

19.1 Gedächtnis: eine universelle Eigenschaft des Lebens

Wie oft klagen wir über unser Gedächtnis? Unser Kurzzeitgedächtnis! Unser Langzeitgedächtnis! Es erscheint uns als eine ganz typische Eigenschaft von uns Menschen und von höheren Tieren. Zu Anfang von Kap. 11 habe ich einige Eigenschaften von Pflanzen aufgeführt, die bei einem Grenzübertritt zu einer von mir nicht gut geheißenen neurobiologischen Betrachtung der Pflanzen eine Rolle spielen. Dazu gehört auch das Gedächtnis. Was aber nun überraschen mag, ist, dass wir ohne jegliche neurobiologische Klimmzüge allen Lebewesen die Fähigkeit zum Gedächtnis zugestehen dürfen. Gedächtnis hat eine molekulare Basis. Alle lebenden Systeme, die die in Kap. 1 besprochene Grundausstattung Biomembranen, Polynukleinsäuren und Proteine besitzen, können Gedächtnis entwickeln.

19.2 Hysteresis: Ein Zurückbleiben heißt Erinnern

Hysteresis (griech. „das Zurückbleiben") kennen wir aus der Technik bei der Anspannung und Relaxation von Materialien und Konstruktionen. Jede Hystereseschleife, bei der der Rückweg anders verläuft als der Hinweg, offenbart Gedächtnis. Auf dem Hinweg werden Bedingungen durchschritten, an die sich das System dann auf dem Rückweg erinnert. So zeigen auch lebende Systeme

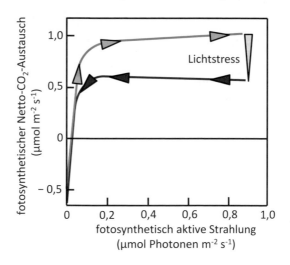

Abb. 19.1 Hysterese des Netto-CO_2-Austausches einer grünen Kruste auf den Felsen eines tropischen Inselberges bei Erhöhung (grüne Kurve) und anschließender Erniedrigung (rote Kurve) der fotosynthetisch aktiven Strahlungsintensität. (Nach Messdaten von Lüttge et al. 1995)

Gedächtnis. Eine Lichtsättigungskurve der Fotosynthese kann das illustrieren. Wenn man die Intensität der fotosynthetisch aktiven Strahlung schrittweise erhöht, strebt das betrachtete System allmählich einer Sättigung der Fotosynthese zu. In Abb. 19.1 ist es ein grüner Biofilm von den Felsen eines tropischen Inselberges. Die höheren Strahlungsintensitäten können dann während des Experiments zu einem Lichtstress führen und zu einer Hemmung der Fotosynthese („Fotoinhibition"). Wenn man nun auf dem Rückweg die Strahlungsintensität wieder erniedrigt, erinnert sich das System daran, dass es schon einmal bei einer solchen Strahlung war, antwortet aber mit einer niedrigeren Fotosyntheserate. Wir beobachten also Hysterese. Das heißt eigentlich, dass das vorherige Strahlungssignal die Antwort auf das folgende Strahlungssignal modifiziert hat.

19.3 Lernen und wieder vergessen durch Anschalten und Abschalten von Genen

Einen ähnlichen Fall von Lernen erkennen wir bei der Induktion von Verhalten (Abb. 19.2). Die einzelligen Algen von *Chlorella* können normalerweise keine Glucose aufnehmen. Wenn man ihnen Glucose anbietet, kann aber die Glucoseaufnahme induziert werden, die Zellen lernen Glucose aufzunehmen. Wenn man ihnen dann die Glucose wieder wegnimmt, bleibt die Fähigkeit zur Glucoseaufnahme eine Weile im Gedächtnis erhalten. Wenn man bis zu über 10 Stunden lang danach wieder Glucose zusetzt, können die Zellen sie immer noch aufnehmen. Erst nach noch längerer Zeit (hier 13 Stunden) haben sie das wieder vergessen.

Die französischen Nobelpreisträger François Jacob und Jacques Monod haben das für die Aufnahme des β-Galactosids Laktose durch die prokaryotischen Zellen des Bakteriums *Escherichia coli* untersucht und damit die Regulator-Operator-Theorie der Genregulation (Nobelpreis 1965) entwickelt. Ein Regulatorgen zusammen mit den Promotor-, Operator- und Strukturgenen nennen wir ein Operon (Abb. 19.3). Das Regulatorgen kann einen Repressor erzeugen. Wenn ein aktiver Repressor an den Operator gebunden hat, können die Strukturgene für die Laktoseaufnahme und -verwertung nicht abgelesen und exprimiert werden. Sie sind abgeschaltet oder reprimiert. Wenn ein dereprimierender Effektor, hier das Substrat Laktose, den Repressor inaktiviert, kann er nicht mehr an den Operator binden, die Gene werden angeschaltet und exprimiert. Die Laktose kann jetzt der Ernährung der Bakterien dienen. Auch bei Wegnahme der Laktose bleibt dies den Bakterienzellen eine Weile im Gedächtnis, bis der Turnover der beteiligten Moleküle es sie wieder vergessen lässt. Die Regulator-Operator-Theorie hat breite Gültigkeit für die Genregulation der Organismen, sodass wir hier ein grundlegendes Prinzip auch von Gedächtnis vor uns sehen.

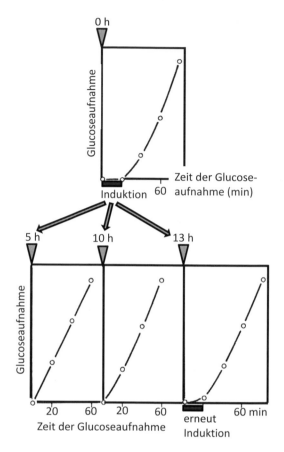

Abb. 19.2 Induktion und Gedächtnis der Glucoseaufnahme durch *Chlorella vulgaris*. Zur Zeit 0 (oberes Diagramm, violette Pfeilspitze) wurde Glucose zugegeben. Nach 40 Minuten war die Glucoseaufnahme induziert. Die Glucose wurde anschließend wieder weggenommen. Dann wurde 5, 10 und 13 Stunden nach der Induktion wieder Glucose zugesetzt (untere Diagramme, violette Pfeile und Pfeilspitzen). Die Induktion war nach 5 und 10 Stunden erhalten geblieben, aber nicht nach 13 Stunden, dann war erneut Induktion erforderlich. (Experiment und Messdaten von Tanner et al. 1970)

Man kann ein derartiges Verhalten Habituation oder Lernen nennen oder, wie wir mit englischem wissenschaftlichen Sprachgebrauch auch sagen, „Priming". Ganz allgemein verstehen wir darunter Formen des Gedächtnisses, bei denen die Aufnahme eines Signals die Art und Weise der Verarbeitung eines folgenden Signals modifiziert. Dabei unterscheiden wir zwei grundlegend verschiedene Möglichkeiten, die für das Verhalten in der natürlichen Umgebung von großem Vorteil sind. Einerseits verschafft die Signalaufnahme Vertrautheit mit harmlosen Stimuli, auf die nicht mehr reagiert zu werden braucht. Andererseits erzeugt sie Sensibilisierung gegenüber Signalen, die Schaden verheißen, und auf die dann mit zunehmend stärkeren Reaktionen geantwortet wird.

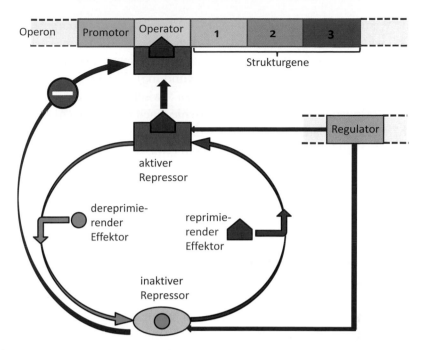

Abb. 19.3 Regulator-Operator-Theorie nach Jacob und Monod. Das oben gezeigte Operon besteht aus den Promotor-, Operator- und Strukturgenen. Das Regulatorgen, das auf dem Genom an anderer Stelle liegen kann, erzeugt einen aktiven oder inaktiven Repressor. Wenn ein aktiver Repressor an den Operator gebunden ist, können die Strukturgene nicht abgelesen werden, sie sind reprimiert. Niedermolekulare Effektoren können an den Repressor binden und einen aktiven Repressor inaktivieren oder einen inaktiven Repressor aktivieren. Der inaktive Repressor kann nicht an den Operator binden, die Strukturgene bleiben ablesbar

19.4 Speicher- und Abruffunktionen des Gedächtnisses der höheren Pflanzen: Experimente mit dem Zweizahn, *Bidens*

Wir haben also eben gesehen, dass schon Prokaryonten Gedächtnis haben, wenigstens in der einfacheren Form der Habituation oder des Priming. Sehr viel raffinierter ist das Gedächtnis Höherer Pflanzen. Es verfügt über getrennte Funktionen des Speicherns von in Signalen enthaltenen Informationen und des Abrufens dieser Speicher. Ich möchte sie im Folgenden der Einfachheit halber SP (SPeicherfunktion) und ABR (ABRuffunktion) nennen. Der Nachweis beruht auf dem Lebenswerk meines Freundes Michel Thellier (Universität Rouen, Frankreich) und seiner Kollegin Marie-Odile Desbiez (Universität Clermont-Ferrand, Frankreich).

Viele Versuche wurden mit Keimlingen des Zweizahns, der Komposite *Bidens pilosa* L., gemacht. Die in den verschiedenen Experimenten von Thellier und Desbiez eingesetzten Stimuli waren ganz verschiedener Natur, mechanisch (z. B. Berührung, kleine Nadelstiche, Verwundung), Trockenheit, Abkühlung oder Kälteschock, Handhabung (Umsetzen zwischen Kulturgefäßen), chemisch (Aufbringen von Tröpfchen mit verschiedenen Chemikalien). Wegen der einfach reproduzierbaren Applikation wurden oft die Nadelstiche eingesetzt. Marie-Odile Desbiez hat mit enormem Fleiß etwa 1,5 Millionen von Pflanzenkeimlingen gehandhabt. Das Werk von Desbiez und Thellier umfasst eine große Zahl genial ausgetüftelter Experimente. Daraus sollen im Folgenden ein paar markante Beispiele für das SP/ABR-Gedächtnis geschildert werden.

19.5 Erinnerung an Nadelstiche hemmt das Wachstum

Wenn die Pflanzen mit ihren Wurzeln in mineralischer Nährlösung sind, hat der Reiz (Stimulus) durch Nadelstiche keine Wirkung (1. Kontrolle in Abb. 19.4). Umsetzen in reines Wasser hat für sich auch erst einmal keinen Effekt. Wenn die Pflanzen dann in reinem Wasser sind, löst aber der Reiz

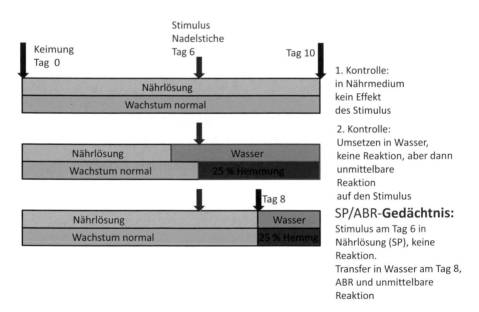

Abb. 19.4 Hemmung des Hypokotyl-Längenwachstums von *Bidens pilosa* L. (Nach Thellier et al. 2013 und Thellier und Lüttge 2013)

unmittelbar eine Hemmung des Längenwachstums um 25 % aus (2. Kontrolle in Abb. 19.4). Wenn der Reiz mit den Pflanzen im Nährmedium erfolgt, wird SP aktiviert, aber es erfolgt zunächst keine Reaktion. Wenn die Pflanzen dann in Wasser übertragen werden, wird ABR aktiviert, die Pflanzen erinnern sich an SP, und es tritt sofort eine Wachstumsreduktion ein (Nachweis des SPR/ABR-Gedächtnisses in Abb. 19.4).

19.6 Enthauptung führt zu Asymmetrie

Wenn Marie-Odile Desbiez den Keimlingen die Spitzenknospe abgeschnitten hatte, war das gewissermaßen eine Enthauptung. Sie hebt die durch den Transport des Phytohormons IES aus der Spitzenknospe nach unten bedingte Apikaldominanz auf (Kap. 16). Die Keimlinge können das aber durch Austreiben der Seitenknospen reparieren. Es treiben entweder beide Achselknospen der Keimblätter aus oder nur eine der beiden. Wenn es nur eine ist, können wir nicht vorhersagen, welche. Es herrscht gewissermaßen „Gleichberechtigung" oder Symmetrie für das Austreiben beider Achselknospen.

Durch die mechanische Reizung eines der Keimblätter durch Nadelstiche wird diese Symmetrie gebrochen (Abb. 19.5). Es treibt ganz bevorzugt die Achselknospe des gegenüberliegenden, nicht gereizten Keimblattes aus. Kurze Zeit nach dem Stimulus (2 Tage) erfolgt die Symmetriebrechung nur dann,

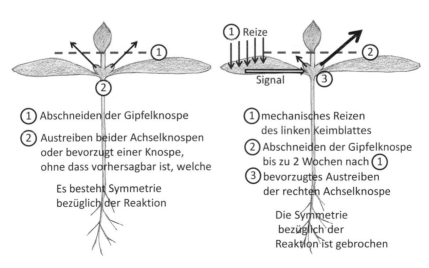

Abb. 19.5 Brechung der Symmetrie des Austriebs der Achselknospen von Keimlingen von *Bidens pilosa* L. (Nach Thellier 2015)

wenn die Enthauptung am Morgen gemacht wird, nicht am Mittag. Das deutet darauf hin, dass der Tag-Nacht-Rhythmus der biologischen Uhr (Kap. 18) eine Rolle spielt, womit wir uns unten noch beschäftigen wollen. Die Speicherung der Symmetriebrechungsinformation bleibt aber viel länger erhalten. SP bleibt mindestens 2 Wochen lang aktiv. Wenn nach so langer Zeit die Gipfelknospe entfernt wird, treibt immer noch die Achselknospe gegenüber dem gereizten Keimblatt bevorzugt aus. Das Signal der Nadelstiche blieb so lange in der Erinnerung. Die Speicherung ist auch irreversibel und wird durch die Reizung des anderen Keimblattes nicht aufgehoben. Es macht auch keinen Unterschied, ob in diesen Experimenten zuerst gereizt und dann enthauptet wird oder umgekehrt. Das bedeutet, dass das Speichern im Gedächtnis und das Abrufen der Information aus der Erinnerung voneinander unabhängige Funktionen sind.

19.7 Erinnerungen an Stress werden an die Nachkommenschaft weitergegeben

Mithilfe eines epigenetischen Stressgedächtnisses werden Erfahrungen an die Nachkommenschaft weitergegeben (Abb. 19.6). Von der epigenetischen Genregulation war schon in Kap. 13 die Rede (Abb. 13.4 und 13.5). Durch Stimuli und Umweltfaktoren entstehen über die verschiedenen Signale Modifikationen der Histone und der Chromosomensubstanz, des Chromatins, ohne dass die DNA selbst verändert wird. Dadurch bilden sich durch Stress bedingte Veränderungen aus, die durch Methylierungs-/Acetylierungs-Gleichgewichte oder Methylierungs-/Demethylisierungs-Gleichgewichte fixiert werden. In Zellteilungen bleibt dies erhalten. Bei den Zellteilungen wird entweder die modifizierte genetische Markierung auf den Genen für die Methylierungsreaktionen weitergegeben und dann durch die Methylierungs-Demethylierungs-Reaktionen festgehalten, oder der Methylierungsstatus nach erfolgter Methylierung wird direkt in den Zellteilungen auf die Tochterzellen übertragen. Dadurch verfügen die Pflanzen über ein epigenetisches Gedächtnis. Auch kleine (s für *small*) Ribonukleinsäure-(RNA)-Moleküle spielen bei der Regulation in diesem Netzwerk eine Rolle. Die epigenetische Markierung kann auch bei der Bildung der Gameten zur geschlechtlichen Fortpflanzung erhalten bleiben. Das ist ganz aufregend, denn dadurch wird die Erinnerung an stressbedingte Veränderungen auch an die Nachkommenschaft weitergegeben und kann über mehrere Generationen hinweg erhalten bleiben.

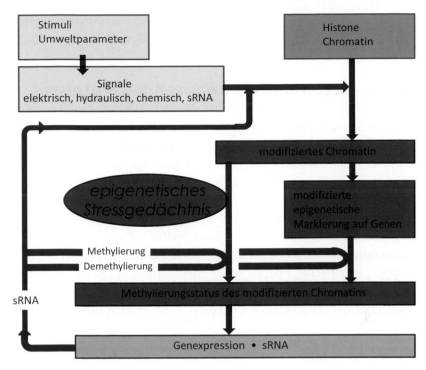

Abb. 19.6   Das epigenetische Stressgedächtnis. (Nach Thellier et al. 2013 und Thellier und Lüttge 2013)

19.8   Die biologische Uhr und das Gedächtnis: Hat die biologische Uhr Gedächtnisfunktionen?

Wir haben oben gesehen, dass beim Gedächtnis der Brechung der Symmetrie des Auskeimens von Achselknospen bei Keimlingen von *Bidens pilosa* die Tagesrhythmik im Spiel sein muss. Eine Uhr allein ist jedoch kein Gedächtnis. Aber sobald bestimmte wiederkehrende Zeitpunkte in der Uhr festgelegt sind, gespeichert und immer wieder abgerufen werden (ABR!), sind es Termine, an die uns unsere Uhren erinnern. Das ist bei jedem Wecker so. Die Übergänge zwischen den Abend- und Morgengenen der Uhr, die wir in Kap. 18 kennengelernt haben, sind solche fixierten Zeitpunkte. Wenn diese Fixpunkte verstellt werden können, wie das bei der Phasenverschiebung der Fall ist, entspricht das einer SP-Funktion des Gedächtnisses. Besonders interessant ist in diesem Zusammenhang, dass man schon Gene gefunden hat, die an der Phasenverschiebung, also am Verstellen der Uhr, beteiligt sind.

19.9 Das Netzwerk des Pflanzengedächtnisses

Nun können wir schauen, was wir gelernt haben, und versuchen, es zu einem Netzwerkmodell des pflanzlichen Gedächtnisses zusammenzubauen (Abb. 19.7). Die Elemente Habituation und SP/ABR des Pflanzengedächtnisses sind Bestandteile eines Funktionsnetzwerkes. Dazu gehören auch das epigenetische Gedächtnis und die biologische Uhr.

Als Ausgangspunkt nehmen wir an, dass die Gedächtnisgene blockiert sind. Für die Gedächtnisfunktionen wird diese Sperre aufgehoben. Das bewirken die Stimulatoren und Umweltparameter, deren Auftreten erinnert werden soll. Sie erzeugen elektrische, hydraulische, chemische und sRNA-Signale. Diese Signale lösen verschiedene Effektoren aus, oder sie wirken über die biologische Uhr oder über das epigenetische Gedächtnis. So werden die Gedächtnisgene

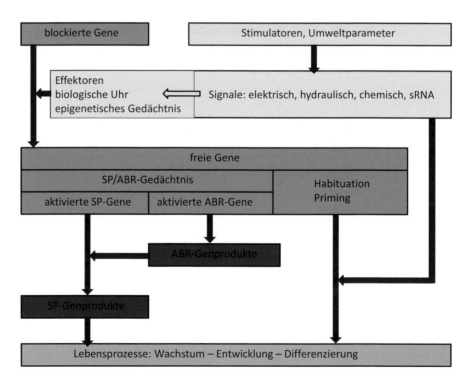

Abb. 19.7 Modell des Gedächtnisses der Pflanzen. (Nach Thellier et al. 2013 und Thellier und Lüttge 2013)

frei für die Ablesung. Jetzt können diese Gene das SP/ABR- oder das Habitu-
ation/Priming- Gedächtnis bedienen. Die verschiedenen Genprodukte lösen
dann die im Gedächtnis gespeicherten Lebensprozesse, Wachstum, Entwicklung und Differenzierung aus und steuern sie.

Literatur

Lüttge U, Büdel B, Ball E, Strube F, Weber P (1995) Photosynthesis of terrestrial
cyanobacteria under light and desiccation stress as expressed by chlorophyll fluore-
scence and gas exchange. J Exp Bot 46:309–319
Tanner W, Grünes R, Kandler O (1970) Spezifität und Turnover der induzierten
Hexoseaufnahme von *Chlorella*. Z Pflanzenphysiol 62:376–386
Thellier M (2015) Les plantes ont-elles une mémoire? Editions Quae, Versailles
Thellier M, Lüttge U (2013) Plant memory: a tentative model. Plant Biol 15:1–12
Thellier M, Ripoll C, Norris V (2013) Memory processes in the control of plant
growth and metabolism. In: Matyssek R, Lüttge U, Rennenberg H (Hrsg) The
alternatives growth and defense: resource allocation at multiple scales in plants.
Nova Acta Leopoldina NF 114(391):21–42

Teil V

Pflanzen gestalten unsere Umwelt auf der Erdoberfläche

20

Auf- und Absteigen auf der Stufenleiter der Betrachtungsebenen

Steinwüste (Kalifornien)

20.1 Das Pflanzenkleid der Erde ist kein homogenes grünes Gewand

Auf Bildern aus dem Weltraum sehen wir die Erde, unseren blauen Planeten, mit seinen Ozeanen und Wolken und mit seinen grünen Kontinenten, die aber auch große bräunliche Flächen zeigen. In Kap. 14 sind wir die Stufenleiter

© Springer-Verlag GmbH Deutschland 2017
U. Lüttge, *Faszination Pflanzen*, DOI 10.1007/978-3-662-52983-6_20

der Betrachtungsebenen hinaufgestiegen. Wir sind am Ende des Kapitels bei der Betrachtung der Emergenz von immer höher integrierten Holobionten bis zur Gaia vorgedrungen, der gesamten Biosphäre der Erde als einem Supra-Organismus nach der Vorstellung von James Lovelock. In Kap. 3 haben wir gesehen, wie die Pflanzen das feste Land erobert und begonnen haben, die Erde in Grün zu kleiden. Das ist aber kein homogenes grünes Gewand geworden. Unsere tägliche Erfahrung lehrt uns, dass das Pflanzenkleid der Erde eine hoch differenzierte räumliche Strukturierung aufweist mit einem Landschaftsmosaik von Ökosystemen, wie Wäldern und Wiesen, Feucht- und Felsbiotopen, tro- ckenen Sand- und Dünengebieten und feuchten Mooren. So müssen wir die Stufenleiter von Gaia ausgehend wieder hinuntersteigen, um das zu erfassen.

20.2 Klima- und Vegetationszonen

Der Ausdruck Klima bezeichnet in seinem allgemeinsten Sinne alle Veränderungen in der Atmosphäre, die unsre Organe merklich afficiren: die Temperatur, die Feuch- tigkeit, die Verändrungen des barometrischen Druckes, den ruhigen Luftzustand oder die Wirkungen ungleichnamiger Winde, die Größe der electrischen Spannung, die Reinheit der Atmosphäre oder die Vermengung mit mehr oder minder schädli- chen gasförmigen Exhalationen, endlich den Grad habitueller Durchsichtigkeit und Heiterkeit des Himmels; welcher nicht bloß wichtig ist für die vermehrte Wärme- strahlung des Bodens, die organische Entwicklung der Gewächse und die Reifung der Früchte, sondern auch für die Gefühle und ganze Seelenstimmung des Menschen. (S. 340)

So umfassend hat der große Naturforscher Alexander von Humboldt im ersten Band seines umfangreichen Werkes *Kosmos* (erschienen 1845) das Klima defi- niert. Er weiß auch schon im 19. Jahrhundert von Umweltverschmutzung zu reden. Das Klima ist für die organische Entwicklung der Gewächse wichtig. Das Klima ist der alles bestimmende primäre Faktor für die Ausprägung der Pflanzendecke der Erde. Das Klima auf der Erde hängt von der mittleren Neigung der Erde zur Sonneneinstrahlung ab. Das Klima unterscheidet sich deshalb in einzelnen Zonen ganz wesentlich je nach der geografischen Breite. In den ver- schiedenen Klimazonen entstehen spezifische Vegetationszonen. Hier entwickeln die Pflanzen in Anpassung an die klimatischen Umweltbedingungen gestaltende Kraft. Sie beeinflussen das Mikroklima.

Das Pflanzenkleid ändert sich, wenn man sich von den Polen zum Äquator bewegt. Bei einer groben Übersicht vom Nordpol zum Äquator finden wir zuerst die polare Eiswüste, dann die baumlose arktische Tundra, dann den großen borealen Nadelwaldgürtel (von lat. *borealis*, „nordisch"), dann die sommergrünen Laubwälder, wie bei uns in Mitteleuropa, dann die mediterrane Hartlaubvegetation, dann Trocken- und Halbwüsten und schließlich die Tropen mit Savannen und tropischen Wäldern.

Wir werden die Vegetationszonen uns gleich noch etwas näher ansehen. Zuerst wollen wir noch einen Gedanken des bedeutenden Ökologen Heinrich Walter (1898–1989) nachvollziehen. Pflanzen geben den aus den geografischen Klimazonen hervorgegangenen Vegetationszonen das Gesicht, und sie können das Mikroklima stark beeinflussen. Tiere müssen sich darin einrichten. Dennoch gehören die Tiere unweigerlich mit dazu. So kommt Heinrich Walter zum Begriff des Zonobioms: Das Biom ist die geografische Grundeinheit, die das gesamte Leben, Pflanzen und Tiere, einer Region umfasst. Biome sind großräumige Lebensgemeinschaften unter dem Einfluss des Makroklimas der geografischen Zonen. So ist der Begriff Zonobiom, Zone des Lebens, umfassender gegenüber dem Begriff Vegetationszone, bei dem man nur an die Pflanzen denkt. Zonobiome mit allen ihren Organismen sind Großlebensräume, die jeweils einer Klimazone entsprechen.

20.3 Große Räume des Lebens auf der Erde: Zonobiome

Wenn man einen Weltatlas oder einen Globus zur Hand nimmt, kann man in etwa nachvollziehen, dass die Grenzen der Zonobiome annähernd parallel zu den Breitengraden verlaufen. Das ist ganz gut in Eurasien und Südamerika ausgeprägt und besonders deutlich auf dem afrikanischen Kontinent. In Nordamerika wird der unterschiedliche Einfluss des atlantischen und des pazifischen Ozeans deutlich. Auf dem australischen Kontinent hebt sich das extrem trockene Innere gegenüber den maritim beeinflussten küstennäheren Bereichen ab. Die Zonobiome grenzen nicht abrupt aneinander. Es gibt immer graduelle Übergänge. Wir nennen solche ökologischen Übergänge Ökotone, hier also Zonoökotone.

Gehen wir nun einmal in Gedanken in umgekehrter Richtung wie vorher bei den Vegetationszonen vom Äquator zum Nordpol und sehen uns die Zonobiome, die wir durchschreiten, ein bisschen an.

Das **äquatoriale** Zonobiom in unmittelbarer Nähe des Äquators ist immer feucht. Hier gibt es keine Saisonalität der jahreszeitlichen Schwankung der Niederschläge. Das ist die Heimat der tropischen immergrünen Regenwälder (Titelbild Kap. 3, Abb. 5.2).

Das **tropische** Zonobiom beherbergt verschiedene Typen tropischer Wälder und Savannen. Wenn wir uns vom Äquator wegbewegen, finden wir schon wenige Breitengrade nördlich oder südlich eine Saisonalität der Niederschläge mit anfangs weniger und später stärker ausgeprägten Trocken- und Regenzeiten. Die Ausprägung dieser verschiedenen Vegetationstypen hängt vornehmlich von der Menge und der jährlichen Verteilung des Niederschlags ab (Abb. 20.1). Neben den immergrünen Feuchtwäldern finden sich halbimmergrüne Wälder und Trockenwälder (Abb. 20.2). Von den Savannen gibt es viele Typen. Man kennzeichnet sie nach der Dichte des Baumbestandes und der Höhe der Bäume (Abb. 20.3 und 6.3).

Das **subtropisch-aride** Zonobiom ist trocken und trägt Wüstenvegetation. Arid bedeutet, dass die Verdunstungsrate von einer Fläche größer ist als der auftreffende Niederschlag. Die Vegetation kann dünn und spärlich sein, aber kaum je fehlen Pflanzen ganz und gar. Die Vielfalt ist wiederum groß. Wir unterscheiden Sandwüsten, Kies- und Geröllwüsten, Steinwüsten und Salzwüsten (Kapitel-Titelbild, Abb. 20.4, Titelbild Kap. 7, Abb. 7.4 und 9.6). Nach einem Regen kann die Wüste für kurze Zeit ein Blütenmeer bilden, wenn im Sand ruhende Samen annueller Pflanzen und anderer Dauerstadien austreiben (Abb. 6.1).

Das **mediterrane** Zonobiom ist von einer strauchartigen Hartlaubvegetation gekennzeichnet. Die Blätter der Holzpflanzen sind meist kleinflächig oder nadelförmig und fühlen sich wegen der verdickten Epidermen und Wachsüberzüge ledrig und wegen innerer Festigungsgewebe hart an.

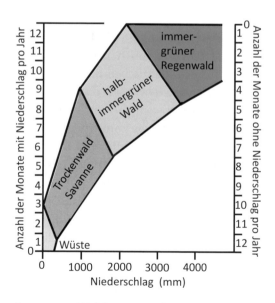

Abb. 20.1 Verbreitung von Waldtypen und Savannen in den Tropen und von Wüsten bedingt durch den jährlichen Niederschlag (Abszisse) und die Dauer von Trockenperioden angegeben durch die Zahl der Monate mit bzw. ohne Niederschlag im Jahr (Ordinate). (Nach Walter und Breckle 1999)

Abb. 20.2 Verschiedene Typen tropischer Wälder. **(a)** Regengrüner Monsunwald (Malaysia). **(b)** Laubabwerfender Trockenwald (Falcon, Venezuela). **(c)** Kaktuswald (Carora, Venezuela)

Warm und kalt temperate Zonobiome tragen temperate Regenwälder. Das Klima ist dauernd feucht und reicht von feucht und kühl (boreal) bis subtropisch (Abb. 20.5).

Das **typisch temperierte nemorale** Zonobiom ist die heimische Region unserer Laub abwerfenden sommergrünen Laubwälder. Diese Wälder haben dem Zonobiom den Beinamen „nemoral" gegeben (von lat. *nemus*, „Hain") (Abb. 20.6, Titelbild Kap. 14).

Das **arid temperierte kontinentale** Zonobiom ist wieder durch Steppen und Wüsten charakterisiert (Abb. 20.7). Es ist zur Terminologie zu sagen, dass wir zwischen Savannen und Steppen unterscheiden müssen. In den Tropen sprechen wir von Savannen. Bei den oft extremen saisonalen Temperaturunterschieden mit heißen Sommern und starker winterlicher Frosteinwirkung ausgesetzten Graslandschaften im Inneren der Kontinente außerhalb der Tropen reden wir von Steppen. In Nordamerika spricht man von Prärien.

Das **kalt temperierte boreale** Zonobiom bildet den gewaltigen von 50° bis über 60° N unseren ganzen Globus umrundenden nördlichen Nadelwaldgürtel, der in Sibirien auch als Taiga bezeichnet wird (Abb. 20.8).

Das **arktische** Zonobiom ist die baumfreie Tundra. Die Kälte ist extrem und die Sommer sind sehr kurz. Die typische Vegetation bilden Flechten, Moose, Gräser

Abb. 20.3   Savannentypen. (a) Grassavanne (Etosha-Park, Namibia). (b) Krautsa-
vanne in 1250 m Höhe (Serranía Parú, SO-Venezuela). (c) Buschsavanne, Mopa-
ne-Savanne (*Colophospermum mopane*, Namibia). (d) Baumsavanne (*Acacia
tortilis*, Äthiopien). (e) Waldlandsavanne – im Gegensatz zur offenen Baumsavanne berühren sich die Schirmkronen der Akazien gegenseitig (Äthiopien).
(f) Cerrado (Zentralbrasilien). (g) Dornbuschsavanne (Reservat Samburu, Kenia).
(h) Feuchtsavanne am Nakurusee (Kenia)

Abb. 20.4 Wüsten. **(a)** Sandwüste (Sossusvlei, Namibia). **(b, c)** Kies- und Geröllwüsten (Kalifornien), **(d)** Steinwüste (am Swakop-Fluss, Namibia)

Abb. 20.5 Temperater Regenwald (New South Wales, Australien)

Abb. 20.6   Europäischer Laubmischwald (Białowieża, Polen). Der letzte Urwald in Europa, hunderte von Jahren unberührt. (Siehe auch Titelbild Kap. 14)

und Seggen und einige flach am Boden anliegende Zwerggehölze. Vernässung und Moorbildung sind kennzeichnend, weil bei geringer Sonneneinstrahlung die Verdunstung gering bleibt.

20.4 Eingefügt in die Zonobiome: Vielfalt charakteristischer, azonaler Biome auf besonderem Untergrund und in den Gebirgen

Die Zonobiome stellen die Skala direkt unter der Biosphäre dar. Wir sehen an der Auswahl der Bilder, dass wir schon auf dieser hohen Stufe ganz oben auf unserer Treppe eine wundervolle Vielfalt vorfinden. Die Mannigfaltigkeit wird noch größer, wenn wir weitere abwärts gelegene Stufen einbeziehen.

Abb. 20.7 Eurasische Wüste (Tengger-Wüste bei Wuwei, China), unten mit *Artemisia sphaerocephala*

Abb. 20.8 Nadelwald (Idaho, Norden der USA)

Es gibt innerhalb der Zonobiome Biome, die eher von den Eigenschaften des Untergrunds und des Bodens abhängig sind als von den übrigen, klimatischen Bedingungen der jeweiligen Zone selbst. Dies sind sogenannte azonale Biome. Wir nennen sie Pedobiome (von grch. *pedon*, „Erdboden"). In den Tropen gehören dazu vor allem die gezeitengeprägten Mangrovensümpfe entlang der Küsten und an den Mündungen der Flüsse (Abb. 20.9). Pedobiome der gemäßigten Zone sind heimatliche Ökosysteme, wie z. B. Dünen an den Küsten und im Inland, andere küstennahe Vegetation und das Wattenmeer, Moore, Auwälder entlang der Flüsse (Abb. 20.10).

Andere azonale Vegetation treffen wir in den Gebirgen an. Hier sprechen wir von Orobiomen (von grch. *oros*, „Berg, Gebirge"). Der Bergwanderer kennt sie gut. Wenn wir aus der Hügelstufe durch die submontane und montane Stufe mit verschiedenen Typen üppiger Wälder aufsteigen, kommen wir in die subalpine Stufe mit der Kampf- oder Krummholzzone, wo die Holzpflanzen bei Krüppelwuchs um das Überleben kämpfen. Weiter oben treten wir in die alpine Stufe ein, mit alpinen Rasen, Zwergstrauch- und Grasheidegesellschaften, und gelangen schließlich über die subnivale Stufe mit sich auflösenden alpinen Rasen und Polsterpflanzen in die Kältewüste der Schnee- und Gletscherregion der nivalen Höhenstufe. Wir erleben auf engerem Raum einen ähnlichen graduellen Wandel der Vegetation wie bei der langen Reise vom Äquator zum Pol.

Abb. 20.9   Ausgedehnte Mangrovensümpfe einer Meeresbucht (Morrocoy-Nationalpark an der karibischen Küste von Venezuela)

Abb. 20.10 Pedobiome der temperierten Zonen. **(a)** Dünen an der Meeresküste am Mittelmeer in Südfrankreich. **(b)** Küstennahe Vegetation auf der Hallig Nordstrand. **(c)** Hochmoor im Chiemgau in Bayern. **(d)** Auenwald am Rhein bei Gernsheim

20.5 Bedrohtes Erbe der Natur

Die Mannigfaltigkeit der großen Zonobiome macht uns staunen. Bereichert kehren wir zurück, wenn wir Reisen zu noch scheinbar unberührten Lebensgemeinschaften von Pflanzen und Tieren unternommen haben. Es ist ein besorgniserregendes und düsteres Kapitel, dass der Mensch dieses Erbe der Natur systematisch zerstört. Es sind lange nicht mehr nur begrenzte Bereiche, die betroffen sind. Ganze Zonobiome können in den kommenden Jahrzehnten verschwunden sein. Dazu gehören die tropischen Regenwälder in Indonesien, im Amazonasgebiet und in Afrika. Dazu gehören auch Savannen und vor allem die Cerrados in Brasilien, wie die Savannen dort genannt werden. Wir verlieren nicht nur die atemberaubend wertvolle und schöne Vielfalt der Natur. Wir drehen an der Schraube des Verhängnisses, wenn wir zunehmend die klimastabilisierende Kraft der Vegetation durch eigene Schuld verlieren. Sind es Korruption und kurzsichtiger Gewinntrieb, die die Zerstörung antreiben, oder ist es schon die Ausgeburt der Verzweiflung darüber, wie eine wachsende Weltbevölkerung überhaupt noch versorgt werden kann? Wir werden in Kap. 25 auf diese alarmierenden Perspektiven zurückkommen müssen, wenn wir uns fragen, ob die Erde Gaia so viele Menschen noch beherbergen und ernähren kann.

Literatur

Walter H, Breckle S-W (1990) Ökologie der Erde, Bd 1, 2. Aufl., Ökologische Grundlagen in globaler Sicht. UTB, Fischer, Stuttgart

Walter H, Breckle S-W (1991a) Ökologie der Erde, Bd 2, 2. Aufl., Spezielle Ökologie der tropischen und subtropischen Zonen. UTB, Fischer, Stuttgart

Walter H, Breckle S-W (1991b) Ökologie der Erde, Bd 4, Spezielle Ökologie der gemäßigten und arktischen Zonen außerhalb Euro-Nordasiens. UTB, Fischer, Stuttgart

Walter H, Breckle S-W (1994) Ökologie der Erde, Bd 3, 2. Aufl., Spezielle Ökologie der gemäßigten und arktischen Zonen Euro-Nordasiens. UTB, Fischer, Stuttgart

Walter H, Breckle S-W (1999) Vegetation und Klimazonen. Grundriss der globalen Ökologie. 7., überarb. Aufl. Ulmer, Stuttgart

21

Bunte Vielfalt des von den Pflanzen lebendig gestalteten Raumes

Bunt blühende Wiese auf der Insel Kythera im Mittelmeer (Griechenland). (Fotografie Manfred Kluge)

© Springer-Verlag GmbH Deutschland 2017
U. Lüttge, *Faszination Pflanzen*, DOI 10.1007/978-3-662-52983-6_21

21.1 Vier Eigenschaften einzelner Pflanzen und ihrer Lebensgemeinschaften vernetzen sich

Unter den drei Begriffen Plastizität, Diversität und Komplexität kann sich sicher jeder etwas vorstellen. Alle drei tragen zur Stabilität der Lebensgemeinschaften der Pflanzen bei. Mit der Betrachtung von Stabilität kommen wir in diesem Kapitel noch zu einem weiteren Begriff, der gegenwärtig in aller Munde liegt, nämlich dem der Nachhaltigkeit. Plastizität ist Flexibilität in den Reaktionen auf äußere Einflüsse. Diversität ist biologische Vielfalt. Beide beinhalten auf verschiedene Weise Komplexität. Stabilität ist die Sicherung der dynamischen Gleichgewichte des Lebens, wie sie in Kap. 1 vorgestellt wurden. Alle vier vereinen sich bei der dynamischen Gestaltung unseres Raumes auf der Erdoberfläche in einem tragenden Netzwerk, wie ein Vierfuß (Abb. 21.1). Wir wollen sie einzeln besehen und dann ihr Zusammenwirken betrachten.

21.2 Plastizität ist Flexibilität: Pflanzen brauchen sie besonders, weil sie nicht wegrennen können

Man sagt, das flexibelste aller Lebewesen ist der Mensch mit riesiger Plastizität. Sie ermöglicht es ihm, alle Bereiche des Erdballs zu besiedeln und mit ungeheuer dichten Populationen zu überziehen. Das liegt aber besonders an

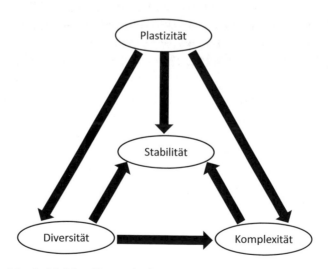

Abb. 21.1 „Vierfuß": Vier Eigenschaften von Pflanzen und ihren Lebensgemeinschaften vernetzen sich (Nach Souza und Lüttge 2014)

der Kultur und Technik, die wir entwickelt haben. Gegenüber den Tieren sind Pflanzen besonders mit natürlicher Plastizität ausgestattet. Sie brauchen sie, weil sie nicht wegrennen können und auf alles flexibel reagieren müssen, was da kommt, wo sie verwurzelt sind.

Es gibt viele Beispiele für die Plastizität der Pflanzen. Die große Flexibilität der Fotosynthese bei Reaktionen auf den Faktor Wasserverfügbarkeit haben wir in Kap. 7 im Zusammenhang mit dem Dilemma Verhungern oder Verdursten kennengelernt. Die C_3-CAM-intermediären Formen, die zwischen den beiden Fotosynthesemodi hin- und herschalten können, ragen dabei heraus.

Ein ganz entscheidender Faktor ist das Licht im Lebensraum der Pflanzen (Kap. 8). Ausreichender Lichtgenuss ist die Voraussetzung für die Fotosynthese als Grundlage für das pflanzliche Wachstum und alles Leben auf der Erde. Es gibt Licht- und Schattenstandorte. Die Strahlungsintensität des Lichtes kann sehr stark variieren. Auch für einzelne Pflanzen ist sie bei Weitem nicht homogen. Im äußeren Bereich von Baumkronen kann sie sehr hoch sein. Im Inneren der Kronen ist sie immer viel niedriger. Daran müssen sich die Pflanzen anpassen. Plastizität äußert sich bei bestimmten Pflanzen durch die Ausbildung von Sonnen- und Schattenformen und auch einzelner Sonnen- und Schattenblätter (Kap. 8, Abb. 8.3 und 8.4).

Ein spannendes Thema pflanzlicher Flexibilität ist die Verteidigung gegen Feinde, besonders gegen Krankheitserreger (Pathogene) und Fraßfeinde. Die Verteidigung erfolgt bei Pflanzen besonders auf chemischem Wege, das heißt durch die Biosynthese abstoßender oder giftiger Verbindungen. Dies kostet Energie und stoffliche Ressourcen. Diese gehen dann nicht nur beim Einsatz, sondern schon beim Aufbau der Verteidigung dem Wachstum verloren. Es ist ein echtes Dilemma. Die Pflanzen scheinen die Wahl zwischen zwei Alternativen zu haben: Wachstum oder Verteidigung. Wachstum ist bei Pflanzen auch ein Maß für die Behauptung in der Konkurrenz mit anderen Pflanzen. Verteidigung kann in der Balance der Ressourcennutzung Wachstum und Konkurrenzfähigkeit hemmen.

Eine Hypothese zu dieser Balance sagt, wenn Ressourcen üppig vorhanden sind, erfolgt die Entscheidung zugunsten des Wachstums. Das ist die Strategie, um beim Requirieren der Ressourcen erfolgreich und damit konkurrenzfähig zu bleiben. Der Gewinn von Ressourcen wie Kohlenstoff, Wasser, Mineralstoffen, Licht und auch einfach von Raum (Kap. 10) fördert das Wachstum, und umgekehrt verleiht Wachstum Konkurrenzfähigkeit. Wenn Ressourcen knapp sind, soll dagegen die Verteidigung im Vordergrund stehen, um den Besitz der schon erworbenen Ressourcen zu sichern.

Nun bietet aber die hohe Plastizität der Pflanzen Auswege aus dem Dilemma. Anders als in der beschriebenen Hypothese stehen die Pflanzen doch nicht vor einer zwingenden Wahl an der Gabelung zwischen zwei alternativen Wegen. Sie können flexibel reagieren. Pflanzen können zum Beispiel beim Angriff von

Fraßfeinden oder Pathogenen Gewebe oder ganze Organe einfach opfern, wenn sie bei starkem Wachstum leicht wieder ersetzt werden können. Wachstum kann auch der Verteidigung dienen. Bestimmte Stoffklassen sind sowohl für das Wachstum als auch für die chemische Verteidigung wichtig, und die entscheidenden Biosynthesewege können beidem dienen. Plastizität moduliert Wachstums-Verteidigungs-Relationen auf komplexe Weise.

Ein anderes Beispiel der Dynamik der Gestaltung des Raumes durch die Pflanzen ist das Kraftfeld von Konkurrenz und gegenseitiger Unterstützung, im englischen wissenschaftlichen Sprachgebrauch *competition – facilitation*. Für *facilitation* ist es schwer im Deutschen eine Entsprechung zu finden. Fazilität ist im Bankengewerbe gebräuchlich für die Kreditlinie, d. h., wie groß der Kreditrahmen ist, den eine Bank dem Kunden einräumt. In unserem Zusammenhang bedeutet *facilitation* aber im Sinne des englischen *to facilitate*, es leichter oder weniger schwierig zu machen, also die Ermöglichung von Wachstumsoptionen, die ohne Nachbarpflanze nicht möglich wären. Damit wird *facilitation* zu einer Begünstigung oder Unterstützung, also zum Gegenteil von Konkurrenz, die Pflanzen limitiert.

Und da gibt es gleich noch ein Begriffsproblem. Manche Pflanzen helfen anderen Pflanzen dabei, Fuß zu fassen und heranzuwachsen. Das englische wissenschaftliche Wort für sie ist *nurse plants* und sogar *nurse trees*. Nun hat *nurse* eine sehr breite Bedeutung. Das Wort umfasst Hebamme, Kindermädchen, Krankenschwester, Pflegerin etc. Ich erlaube mir salopp zu sein und wähle „Kindermädchen". Wir werden sehen, dass auch hier wieder kein einfacher Gegensatz besteht, sondern dass mit Plastizität beide, Konkurrenz und Unterstützung, ineinander übergehen können.

Bromelien können Kindermädchen für andere Pflanzen, sogar für die Sträucher und Bäume der Gattung *Clusia* sein. Die Bromelien haben Blattrosetten, bei denen die Blätter am Grund so eng aneinanderliegen, dass sie regelrechte Zisternen bilden (Kap. 6, Abb. 6.6). Darin sammelt sich Regenwasser und allerlei Abfall und Streu, die verrotten und mineralisieren. Hier keimen nun die Samen von *Clusia* zu Sämlingen aus, die sich aus dem Detritus gut ernähren und beschützt in der Zisterne heranwachsen können. Es ist ein schönes Beispiel für Unterstützung, die aber dann in böser Konkurrenz und schließlich im Tod der Kindermädchen-Bromelie und dem Verdrängen der Bromelien vom Standort endet. Die *Clusia* wächst zum Strauch und Baum heran, bildet eigene Vegetationssysteme und drängt die Bromelien an den Rand (Abb. 21.2).

Ein Beispiel aus der Forstwirtschaft sind Bäume als *nurse trees*. Eukalyptusbäume werden für raschen Holzgewinn sehr viel angepflanzt. Sie sind aber bei Ökologen gefürchtet, da sie sehr viel Wasser verbrauchen und kaum Unterwuchs zulassen. Bei geeignetem forstlichem Management können sie aber

Abb. 21.2 Die Geschichte der Kindermädchenfunktion der Blattzisternen von Bromelien für die Aufzucht und der Undank von *Clusia*. (a) bis (c) *Clusia* keimt in den Zisternen und wächst heran (gelbe Pfeile). (d) Öffnet man eine Zisterne, sieht man das verrottende und mineralisierende Streumaterial und darin das Wurzelwerk der jungen *Clusia* (gelber Pfeil). (e, f) Dann wächst die *Clusia* zum Strauch oder Baum heran, überwuchert die Kindermädchen-Bromelie und bringt sie zum Absterben; andere Bromelien sind an den Rand gedrängt (schwarzer Pfeil)

zu Kindermädchen für viele andere Pflanzen werden. Bei dem in Abb. 21.3 dargestellten Versuch wurde der Eukalyptus angepflanzt, um eine erschöpfte und ökologisch heruntergekommene Fläche zu revitalisieren, auf der sich sonst keine Bäume mehr ansiedeln konnten. Nun wurde der Eukalyptus etwa alle sieben Jahre zurückgestutzt. Dadurch konnte er den Waldboden nicht so stark beschatten, aber im Schutz der Eukalypten konnte eine Fülle anderer Pflanzen hochkommen, sodass schließlich ein artenreicher Wald entstand. Man wendet das Prinzip viel in der restaurativen Ökologie an (Kap. 22).

Abb. 21.3   Hilfestellung durch Kindermädchen-Bäume (Bilder aus Äthiopien). **(a)** Trister Eukalyptuswald ohne Licht und Unterwuchs. **(b)** Reicher Unterwuchs, wo der Eukalyptus alle sieben Jahre zurückgesetzt wird. **(c)** Sogar der wertvolle einheimische Baum der Gymnosperme *Podocarpus falcatus* kommt wieder hoch (Mitte). **(d)** Zehn Jahre nach **(b)** aufgenommen: Ein artenreicher Mischwald hat sich gebildet

21.3   Diversität ist Vielfalt

Biodiversität ist heute ein Begriff, dem wir viel in Diskussionen über die Umwelt und in den Medien begegnen. Wir sind darauf aufmerksam geworden, weil die Biodiversität durch die Veränderung und Zerstörung von Lebensräumen durch den Menschen stark bedroht ist. Immer mehr Pflanzen- und Tierarten gehen verloren und werden ausgerottet.

Meist denkt man bei der Biodiversität, bei Pflanzen auch „Phytodiversität", an die Vielfalt der Arten. Unsere einheimischen Wälder sind meist monoton von einzelnen Arten geprägt. Deshalb benennen wir die Wälder auch nach Baumarten, wie Buchenwald, Fichtenwald, Tannenwald, Birkenwald, Eichenwald etc. Aber auch ein geschützter naturnaher europäischer Laubmischwald, wie er im Titelbild von Kap. 14 und in Abb. 20.6 gezeigt ist, kann schon über 20 verschiedene Baumarten enthalten. Besonders artenreich sind die tropischen Regenwälder (Abb. 21.4). Da kann man auf einem Hektar 300 Baumarten begegnen. Auch Wiesen, wo sie noch erhalten und nicht überdüngt sind, können sehr artenreich sein (Kapitel-Titelbild, Abb. 21.5).

Auf der Ebene einzelner Pflanzengesellschaften wie solcher Wälder und Wiesen sprechen wir von Alpha-Diversität. Kommen wir zur Ebene von Ökosystemen, etwa wenn ein Fluss den Wald durchzieht oder wenn Lichtungen

Abb. 21.4   Artenreicher atlantischer Regenwald in Brasilien

Abb. 21.5 (a) Orchideen in einer artenreichen Wiese. (b) *Orchis quadripunctata* und (c) *Ophris* spec

Abb. 21.6 Strukturierte Landschaft bei Białowieża, Polen

eingestreut sind, können zusätzliche Arten entlang des Wasserlaufes oder auf den Lichtungen vorkommen. Wir reden dann bei dem ganzen Ökosystem von Beta-Diversität. Noch größer kann die Diversität werden, wenn wir ganze vielfältig gegliederte Landschaften mit Wäldern, Wiesen und Äckern betrachten. Das ist dann die Gamma-Diversität (Abb. 21.6).

Damit sehen wir auch schon, dass die Biodiversität sich nicht auf den Arten-reichtum beschränkt. Auf den Ebenen der Ökosysteme und der Landschaften bedeutet vielfältige Strukturierung auch hohe Biodiversität. Wir denken dabei nicht nur an das Inventar an Arten, sondern auch an deren funktionelle räum-lich-zeitliche Interaktionen. Es handelt sich um funktionelle Diversität. Ver-schiedene Grasarten in einer Wiese mögen gleiche oder ähnliche Funktionen haben. Klee hat aber zum Beispiel eine ganz andere Funktion. Er gehört zu den Leguminosen, die mit ihren Wurzelknöllchen Luftstickstoff fixieren können (Kap. 14) und trägt damit zum Stickstoffeintrag in das Ökosystem bei.

Je größer die Artenvielfalt ist, desto größer ist potenziell die funktionelle Bio-diversität. Man beobachtet dies auch bei der Betrachtung unterschiedlicher Sze-narien von Stress. Versuche haben gezeigt, dass die Artenvielfalt niedrig ist, wenn der Stress durch Umweltfaktoren besonders intensiv oder besonders gering ist. Bei extremem Stress schaffen es nur ganz wenige besonders angepasste Arten. So ist die Artenvielfalt in den trockenen Wüsten und in den Kältewüsten gering, wo entweder der Wasser- oder der Temperaturfaktor einen von einem einzigen Faktor hervorgerufenen starken Stress bedingen. Im Überfluss der Ressourcen sind es wenige robuste Arten, die alles an sich reißen und dominieren. Man sieht es gelegentlich an Autobahnparkplätzen ohne WC. Im Überangebot von Stickstoff werden dort die Brennnesseln dominant. Auch die Balance zwischen Konkurrenz und Unterstützung ist davon betroffen. Die sogenannte Stressgra-dientenhypothese besagt, dass bei hohem Stress die gegenseitige Begünstigung und bei niedrigem Stress die Konkurrenz überwiegt. Der Ausschlag zwischen Konkurrenz und Unterstützung kann sich zwischen mehrjährigen Pflanzen, z. B. den Bäumen in einem Wald, auch von Jahr zu Jahr verschieben. In guten Jahren überwiegt Konkurrenz, in schlechten Jahren Begünstigung.

Dazwischen, d. h. bei mittlerem Stress, herrscht hohe Artendiversität und damit auch funktionelle Diversität. Vielleicht ist dies auch der Grund dafür, dass die Diversität im tropischen Regenwald so groß ist. Dort ist es nicht ein einzelner Faktor, der den Stress bedingt. Es ist eine ganze Anzahl von Fakto-ren, wie das Licht, die Temperatur, die Wasserversorgung, das Kohlendioxid, die Mineralstoffernährung und die Verfügbarkeit von Raum, deren Wirkun-gen untereinander vernetzt sind. Bei solchem multifaktoriellen Stress ist Plas-tizität wichtig. Eine Vielfalt von verschiedenen funktionellen Lösungen kann für das Leben erfolgreich sein. Es ist dem menschlichen Wirtschaften gar nicht so unähnlich. Bei mittlerem Stress entscheidet vielfältige Fantasie, weil die unterschiedlichsten Wege auf mannigfaltige Weise zum Erfolg führen. Bei hohem Überfluss wachsen einige wenige Profiteure wie die „Brennnesseln" mit ihrer Befähigung zur Gewinnmaximierung ins Unermessliche.

21.4 Komplexität ist vernetzte Vielfalt

Unter den vier Begriffen der Abb. 21.1 haben wir es mit der Komplexität wohl am leichtesten. Es ist offensichtlich, dass Diversität Komplexität beinhaltet. Dass Plastizität auch unmittelbar Komplexität mit sich bringen kann, zeigt uns, wenn wir uns an die Flexibilität der Fotosynthese von *Clusia minor* erinnern, mit dem reversiblen Umschalten zwischen C_3-Fotosynthese und CAM und der variablen Ausprägung der CAM-Phasen (Kap. 7). Komplexität entsteht vor allem auch durch die Vernetzung und Interaktion einzelner Module, wo die einzelnen Netzwerkknoten immer mehrere Verbindungen zu anderen Knoten haben (Abb. 12.5).

21.5 Wie sichern Plastizität, Diversität und Komplexität Stabilität? Robustheit dynamischer Gleichgewichte

Wenn wir im Bereich des Lebens von Stabilität sprechen, meinen wir nicht etwas Starres und gänzlich Unveränderliches. Wir haben ja gleich zu Beginn in Kap. 1 gesehen, dass alle lebenden Systeme immer offene Systeme sind. Es geht hier bei Stabilität um die Robustheit und den Erhalt der dynamischen Gleichgewichte.

Plastizität ist eine Eigenschaft von Netzwerken, wie wir ihnen schon immer wieder begegnet sind, weil immer viele Verknüpfungen gegeben sind, die verschiedene Ausweichmöglichkeiten bieten, wenn bestimmte Wege aus irgendeinem Grund ausfallen. Wir kennen das auch von Verkehrssystemen, z. B. dem U- und S-Bahn-System großer Städte oder von der Stromversorgung ganzer Kontinente wie in Europa und Nordamerika. Bei den großen Stoffwechselwegen der Pflanzen ist es ähnlich.

Plastizität kann die Entstehung neuer Arten hemmen oder stimulieren. Dadurch fördert sie auf zwei verschiedenen Wegen im Netzwerk unseres Vierfußes (Abb. 21.1) Stabilität. Plastizität unterstützt das Ausdauern einzelner Pflanzen bei variablen Umweltbedingungen an ihrem Standort. Sie stabilisiert dadurch die Existenz der Pflanzen, die durch ihr Genom gegeben ist. Es ist das Genom, aus dem die flexiblen Reaktionen abgerufen werden, indem verschiedene Gene exprimiert werden. Auf diese Weise ist Stabilität direkt mit Plastizität verbunden. Plastizität schützt vorhandenes Genom und verhindert so die Bildung neuer Arten.

Plastizität kann aber auch die Artbildung stimulieren. Pflanzen mit hoher Flexibilität haben die Möglichkeit, sich an unterschiedlichen Standorten anzusiedeln. Die Pflanzen einer Art können dann an den verschiedenen

Standorten durch Barrieren getrennt sein. Dies sind oft geografische Barrieren, wie z. B. Gebirgszüge und Wasserläufe. Es können aber auch Standortunterschiede sein, wie das Mikroklima und die Nachbarschaft anderer Organismen, d. h. die Feinheiten der ökologischen Habitate. Dann versiegt der Genaustausch durch sexuelle Fortpflanzung zwischen den Pflanzen, die einmal zur selben Art gehört haben. Mutationen sammeln sich an und im Laufe der Zeit entstehen an den getrennten Standorten verschiedene Arten. So erhöht Plastizität Diversität und fördert über Diversität und Komplexität die Stabilität (Abb. 21.1), wie wir gleich noch näher sehen werden.

Diversität der Arten bringt die Diversität funktioneller Artengruppen mit sich und macht Pflanzengemeinschaften und Ökosysteme robust gegenüber Fluktuationen der äußeren Einflüsse. Potenzielle Kindermädchen sind manchmal in der Vielfalt der Arten verborgen, und wenn sie bei Verlust von Diversität verloren gehen, merkt man das zunächst vielleicht gar nicht. Daher kommt es auch, dass manche Wissenschaftler es immer noch für umstritten halten, dass Diversität wirklich Stabilität sichert.

Ein schönes Beispiel für das Gegenteil wird von dem an der Universität Basel arbeitenden Ökophysiologen Christian Körner berichtet. Kleine Wassergräben können besonders in Gebirgsgegenden zu starker Erosion von Wiesen führen, weil die Graslandgesellschaft am Rande wegbricht und weggeschwemmt wird. Es stellte sich nun heraus, dass ein Gras von artenreichen Bergwiesen in den Alpen und im Kaukasus, nämlich der Walliser Schafschwingel *Festuca valesiaca* (Schleich. ex Gaudin), an diesen Rändern gut wachsen kann. Es hat ein starkes und festes Wurzelsystem und trotzt Wind und Trockenheit am Rande der Wassergräben. Dadurch verfestigt es die Ränder und verlangsamt die Erosion bedeutend. Es ist auf der nicht gestörten Wiese unter den anderen Arten versteckt und trat erst prominent als Helfer und Kindermädchen in Erscheinung, als sich am Rande der Wassergräben das Problem ergab. Wäre es bei niedriger Diversität nicht da gewesen, wäre das ganze Habitat auch für alle anderen Arten verloren gegangen. So erlangen funktionelle Arten und Gruppen beim Auftreten von Stress Bedeutung und stabilisieren Biotope und Ökosysteme.

Komplexität sichert Stabilität durch ihre viele Funktionen umfassende Kapazität zur Regulation. Das sehen wir immer wieder in den Netzwerkstrukturen, denen wir wie einem roten Faden bei dieser ganzen Diskussion folgen konnten.

21.6 Nachhaltigkeit beruht auf Stabilität

Der Begriff Nachhaltigkeit ist heute in aller Munde, in der Gesellschaft, in den Medien und bei den Politikern. Mit dem Begriff Nachhaltigkeit verknüpfen sich Ängste und Hoffnungen. Es betrifft viele Bereiche menschlichen

Wirtschaftens. Allmählich wachsen die Bedenken, dass wir unsere Lebens-grundlagen vernichten, wenn wir diese nicht nachhaltig bewahren.

Im Bereich der lebenden Systeme und des Lebens der Pflanzen bedeutet dies nichts anderes als die Sorge um die Stabilität, wie sie in diesem Kapitel aufgefasst ist. Das betrifft auch die künstlichen Ökosysteme der Landwirtschaft (Agroökosysteme) und der Forstwirtschaft, die uns ernähren und versorgen. Dabei werden manche Leser vielleicht staunen, wenn sie erfahren, dass der Begriff Nachhaltigkeit in diesem Zusammenhang gar nicht neu ist, und mehr noch, dass er gerade aus der Waldwirtschaft kommt. Er ist eben 300 Jahre alt geworden. In einer Energie- und Materialkrise, in der die europäischen Wälder rücksichtslos ausgebeutet wurden und Deutschland viel weniger Wald trug als heute, hat der sächsische Oberberghauptmann Hans Carl von Carlowitz 1713 als Erster eine „nachhaltende Nutzung" gefordert, ohne die das Land nicht in seinem Wesen bestehen bleiben könne:

Wird derhalben die gröste Kunst, Wissenschafft, Fleiß, und Einrichtung hiesiger Lande darinnen beruhen, wie eine sothane Conservation und Anbau des Holtzes anzustellen, daß es eine continuirliche beständige und nachhaltende Nutzung gebe, weiln es eine unentberliche Sache ist, ohne welche das Land in seinem Esse nicht bleiben mag. (S. 105–106)

Es dürfen aus Ökosystemen in der Zeiteinheit immer nur so viele Ressourcen entnommen werden, wie sich wieder regenerieren können. Die Bilanz muss geschlossen sein und bleiben. Insofern gewährleistet Nachhaltigkeit Stabilität.

In Kap. 25 zu den Problemen der Welternährung stellt sich die Frage nach einer „ökologischen Landwirtschaft". Können wir dafür aus dem Vierfuß des vorliegenden Kapitels lernen? Sollte in Anbaupraktiken in der Landwirtschaft und in einer Agroforstwirtschaft vor allem für Diversität der Kulturarten und für Komplexität gesorgt werden? Kurzfristig mag das zu gewissen Ertragseinbußen führen, die aber langfristig durch den Erhalt der Anbausysteme mehr als ausgeglichen werden.

Literatur

von Carlowitz HC (1713) Sylvicultura Oeconomica oder Haußwirthliche Nachricht und Naturmäßige Anweisung zur Wilden Baum-Zucht. J. F. Braun, Leipzig
Körner C (2012) Biological diversity – the essence of life and ecosystem functioning. In: Hacker J, Hecker M (Hrsg) Was ist Leben? Vorträge anlässlich der Jahresversammlung vom 23. bis 25. September 2011 zu Halle (Saale). Nova Acta Leopoldina NF 116(394):147–159

del Río M, Schütze G, Pretzsch H (2013) Temporal variation of competition and facilitation in mixed species forests in Central Europe. Plant Biol. 16:166–176

Souza GM, Lüttge U (2014) Stability as a phenomenon emergent from plasticity – complexity – diversity in eco-physiology. Prog Bot 76: S 211–239

Watts DJ (1999) Small worlds: the dynamics of networks between order and randomness. Princeton University Press, Princeton

Teil VI

Probleme der Gaia und der Menschheit

22

Reparatur zerstörter Landschaft

Tribulus zeyheri, Sossusvlei, Namibia

22.1 Pflanzen verwandeln Industrielandschaften

Wir Menschen verbrauchen Landschaft. Die Verluste von Landschaft durch Urbanisierung werden uns noch beim Problem der Welternährung beschäftigen (Kap. 25). Wenn wir Landschaft heruntergewirtschaftet haben, kann es

© Springer-Verlag GmbH Deutschland 2017
U. Lüttge, *Faszination Pflanzen*, DOI 10.1007/978-3-662-52983-6_22

passieren, dass wir sie einfach „liegen lassen". Mit ihrem Trieb, alle möglichen Flächen zu besiedeln (Kap. 3), kommen dann die Wildpflanzen wieder zurück, sie wandern wieder ein. Mit Geschick können wir die Pflanzen nutzen, um solche Landschaften wieder für uns zu gewinnen und nutzbar zu machen.

Das Beispiel einer Aufforstung mit der Nutzung von Kindermädchenfunktionen von gepflanzten Bäumen zur Regeneration von naturnahen Wäldern wurde schon in Kap. 21 beschrieben. Dies ist ganz allgemein das Anliegen des renaturierenden Naturschutzes. Die Renaturierungsökologie ist eine junge Disziplin der Ökologie. Viele natürliche Habitate und Lebensräume sind nach der Zerstörung nicht renaturierbar. Wo ein tropischer Regenwald zerstört wurde, wird sich höchstens ein sogenannter Sekundärwald, aber nie wieder ein originaler Regenwald ansiedeln.

Andere Versuche haben aber Erfolge. Ein Beispiel aus der nördlichen Oberrheinebene ist die Renaturierung einer gefährdeten Binnendünenvegetation. Nach dem Aufhören der Störungen wurde der Rückkehr wünschenswerter Vegetation nachgeholfen, indem Verbreitungseinheiten von Pflanzen mit einem Mähgut aus guten etablierten Flächen eingebracht wurden (Diasporen, Kap. 10). Auch die kontrollierte Beweidung hat sich bewährt: Ziehende Schafherden können Samen und Früchte ausbreiten und einen Beitrag zum Austausch von Diasporen zwischen gut entwickelten Flächen und Renaturierungsflächen leisten. Beweidung hilft auch, wenn die erwünschten Pflanzen den Tieren einfach nicht schmecken. Auf den Inlanddünen eingesetzte Esel helfen die für Schuttplätze, Höfe und Wegränder typischen wuchskräftigen Ruderalpflanzen (lat. *rudus*, „Schutt") zurückzudrängen und die sandspezifischen Pflanzen, die offenbar weniger schmackhaft sind, zu erhalten.

Ein besonders gelungenes Beispiel ist es, wie im Ruhrgebiet eine riesige, in unserer postindustriellen Zeit aufgelassene Industrielandschaft unter Mitwirkung der Pflanzen als vielgliedriger wertvoller Raum mit Erholungsflächen für die Menschen zurückgewonnen werden konnte. Landschaftsplaner, mit ihnen der heute an der Technischen Universität Darmstadt arbeitende Freiraumplaner Jörg Dettmar, haben das attraktive Areal des Emscher Landschaftsparks geschaffen[1] (Abb. 22.1). Der Landschaftspark bildet mit einer Gesamtfläche von 450 km^2 ein System von Grünzügen mit unterschiedlichen Typen von Flächen in der Landschaft. Dazu gehören landwirtschaftlich genutzte Flächen (40 %), Wald (20 %), Siedlungen und öffentliche Grünflächen. Industriearchitekturen, die für einen Schutz als Baudenkmal würdig waren, wurden einbezogen. Spontane Vegetation hat sich in die Gestaltung integriert und sie mitbestimmt.

---

[1] Siehe www.emscherlandschaftspark.de.

Abb. 22.1   Emscher Landschaftspark, Ruhrgebiet. Oben (2012) und Mitte (1989) Landschaftspark Duisburg-Nord, unten Zeche Zollverein Essen (1988). (Originalaufnahmen von Jörg Dettmar)

Die Ansprüche an die das Gelände neu besiedelnden Pflanzen waren dabei immens, denn solche Industriebrachen umfassen extreme Standortbedingungen wie Trockenheit, Nährstoffmangel, toxische Metalle (Kap. 9) und andere Substanzen sowie Bodenarmut auf stark verdichtetem Untergrund. Die bekanntesten Beispiele der als Erholungsgebiete gewonnenen Grünflächen, die wir mit Jörg Dettmar als „Industrienatur" bezeichnen können, sind der Landschaftspark Duisburg-Nord und die Zeche Zollverein in Essen, sowie die „Route der Industrienatur".[2]

22.2 Belebung der Landschaft in geologischer Zeit

Wie die Pflanzen in langer erdgeschichtlicher Zeit Landschaft belebt haben, ist uns schon ganz am Anfang im Zusammenhang mit der Landnahme durch die Pflanzen im Unterdevon vor 400 Millionen Jahren (Abb. 3.11) und dann bei den verschiedenen Vegetationszeitaltern begegnet. Beispiele aus jüngerer geologischer Zeit lassen immer wieder beobachten, wie Pflanzen unbesiedeltes Land erobert haben. Dazu gehören vulkanische Inseln, die aus dem Meer aufgestiegen sind, wie etwa die 70 Millionen Jahre alten Hawaii- und die 5 Millionen Jahre alten Galapagosinseln. Alfred Russel Wallace (1823–1913), der gleichzeitig mit Charles Darwin die Evolution durch natürliche Selektion entdeckt und viele Jahre die Inseln des malaysischen Archipels erforscht hat, hat als Erster erkannt, dass die Naturgeschichte der Besiedelung solcher Inseln wunderbar klar Ereignisse von Evolution nachvollziehen lässt.

Oft sind es Diasporen von Kompositen (Asteraceen), die mit ihren Flugorganen aus Pappushaaren weite Strecken zurücklegen können und mit als Erste auf den Inseln ankommen (Abb. 10.1 und 22.2). Nach der Trennung von der Mutterpopulation ihrer Herkunft auf dem Festland und sich anpassender Ausbreitung („adaptive Radiation") auf einzelnen Inseln können sich daraus neue Arten bilden. Man kennt das von den bekannt gewordenen Galapagosfinken. Unter den Pflanzen der Galapagosinseln lässt es sich besonders schön für Arten der Kakteengattung *Opuntia* zeigen (Abb. 22.3). An der Atlantikküste von Brasilien sind im Erdgeschichtszeitalter des Holozäns vor 5000 bis 3000 Jahren und teilweise auch schon im Pleistozän vor 120.000 Jahren große Sandflächen- und Dünenareale entstanden, die sogenannten Restingas. Dorthin sind Pflanzen vom nahe gelegenen atlantischen Regenwald eingewandert, unter anderen die *Clusia hilariana*, die auch heute noch als

---

[2] http://www.metropoleruhr.de/tr/freizeit-sport/natur-erleben/route-industrie; ich danke Prof. Dr. Jörg Dettmar, TU Darmstadt, für Hinweise zu diesem Absatz und die Bilder von Abb. 22.1.

Abb. 22.2 Hawaii: Kompositen (Asteraceen). (**a**) *Dubautia menziesii*. (**b, c**) *Argyroxiphium sandwicense*

Kindermädchenpflanze die Entwicklung der Vegetation bestimmt. In unserer mitteleuropäischen Heimat kennen wir unmittelbar vor der geologischen Gegenwart die Wellen der einzelnen Eiszeiten im Wechsel mit Warmzeiten und immer wieder neuer Besiedelung des Landes durch die Pflanzen seit dem Pleistozän bis 2,4 Millionen Jahre zurück.

22.3 Belebung der Landschaft in ökologischer Zeit

Besonders bekannt sind jüngere Vulkaninseln und ihre Besiedelung durch das Leben. Dazu gehört die 1883 aus dem Meer gestiegene indonesische Insel des Vulkans Krakatau. Als der erste Botaniker drei Jahre später dort ankam, gab es schon 30 Pflanzenarten der tropischen Vegetation. Nach der

ADAPTIVE AUSBREITUNG
(a) *Opuntia echios* var. *gigantea* (Santa Cruz)
(b) *Opuntia echios* var. *zacana* (Seymour)
(c) *Opuntia galapageia* var. *galapageia* (Santiago)
(d) *Opuntia galapageia* var. *profusa* (Rábida)
(e) *Opuntia megasperma* var. *orientalis* (San Cristobal)

Abb. 22.3 Arten der Kaktusgattung *Opuntia* auf verschiedenen Inseln des Galapagosarchipels

nordischen Mythologie steigt der Feuerriese Surtr das Feuerschwert schwingend aus dem Meer, wenn die Götterdämmerung beginnt. In der Tat begann am 14. November 1963 ein untermeerischer feuerspeiender Vulkanausbruch vor der Südküste Islands. Es entstand die nach dem Riesen benannte, heute 1,4 km² große Insel Surtsey. Es gab aber keine Götterdämmerung, und die im kalten Norden viel langsamere Besiedelung als im tropischen Indonesien wurde von Anfang an von Wissenschaftlern beobachtet. Schon 1965 wuchsen dort Moose und Flechten, und in den ersten 20 Jahren siedelten sich 20 Arten Höherer Pflanzen an, deren Samen über 20 km weit auf dem Meer angetrieben oder von Vögeln eingebracht wurden. Die ersten Samen waren vom Meersenf (*Cakile maritima*). Mit von der Partie waren weitere Arten der

Abb. 22.4   Lavafeld, Großer Graben, Äthiopien

Strandvegetation, wie der Strandhafer (*Ammophila arenaria*), die Salzmiere (*Honckenya peploides*) und die Austernpflanze (*Mertensia maritima*).

Für kürzere, vom Menschen überschaubare ökologische Zeiträume kann sich jeder leicht beliebig viele Beispiele zusammensuchen. Wiederbesiedelung durch Pflanzen aus der Nachbarschaft erfolgt nach natürlicher Verödung und nach vom Menschen gemachten Verwüstungen. Dazu gehören Dürre und Überschwemmungen, Sandstürme und Wirbelstürme, Waldbrände, Wüsten, Lavafelder und Schutthalden (Titelbild Kap. 7, Abb. 9.6, 9.7, 20.4, 20.7, 22.4), natürliche und durch Landmissbrauch des Menschen verursachte Erosionen u. v. a. m. Ein paar Beispiele werden wir weiter unten kennenlernen, wenn wir uns mit Pionierpflanzen und den von ihnen ausgelösten Vegetationsabfolgen (Sukzessionen) beschäftigen.

22.4 Unerwartete Potenzen von Pionieren: Pflanzen und die Kraft zur Regeneration

Pflanzen haben eine große Befähigung zur Regeneration. Wir werden noch sehen, dass sich Pflanzen aus einzelnen Körperzellen (somatischen Zellen) vollständig regenerieren können (Abb. 24.3 und 24.4), denn das ist auch eine wichtige Grundlage für die Biotechnologie (Kap. 24). So wie auf der zellulären Skala Regeneration die Emergenz (Kap. 13) ganzer Pflanzen erzeugt, können entsprechend Pflanzen auf der höheren Skala vollständige Ökosysteme regenerieren.

Einzelne Pflanzen können als Pioniere einsam und alleine abweisende Standorte einnehmen (Kapitel-Titelbild, Abb. 22.4). Sie kommen aus der Nachbarschaft oder – wie bei den Vulkaninseln – mit ihren Diasporen über weitere Entfernungen. Sie bringen Eigenschaften mit, die ihnen das Fußfassen und Überleben erlauben. Manchmal bringen sie Eigenschaften mit, die sie vorher noch gar nicht ausprobieren konnten und die sich plötzlich als überaus nützlich erweisen.

Der Evolutionsbiologe Stephen Jay Gould erklärt das mit einer Metapher. In der Architektur treten zwischen Bögen und deren rechtwinkeliger Einfassung und zwischen den Rippen von Gewölben immer Zwickel, die sogenannten Spandrillen, auf (Abb. 22.5). Das ist ein ganz unvermeidlicher Nebeneffekt der Architektur und Statik und dient nicht unmittelbar irgendwelchen Zwecken und Funktionen. Dann haben diese Flächen aber Künstler zu den großartigsten Schöpfungen von Mosaiken und Fresken angeregt. Goulds beliebtestes Beispiel ist der Markusdom in Venedig. Wenn Organismen so

Abb. 22.5 Spandrillen: Markusdom, Venedig (depositphotos/emicristea)

etwas mitbringen, nennt Gould das Exaptation. Anders als Adaptationen sind Exaptationen nicht das Ergebnis der evolutionären Selektion für eine besondere Funktion hier und jetzt. Sie können später aber eine Voraussetzung für Erfolg werden. Unerwartete Potenzen setzen sich frei, und dadurch schaffen die Pionierarten Bedingungen für die Ansiedelung anderer Lebewesen, Pflanzen und Tiere. Sie sind der Ausgangspunkt für weitere fortschreitende Entwicklungen des Habitats, nicht zuletzt über die Einleitung der Bodenbildung und Etablierung eines Mikroklimas zwischen den Pflanzen.

22.5 Gerichtete Veränderung von Standorten durch die Vegetation: Sukzessionen

Der aufmerksame Wanderer erkennt immer wieder gerichtete Veränderungen der Vegetation. Der Alpenwanderer geht oft auf schmalen Pfaden über steile Schutthalden. Er kommt dabei an vereinzelten Pionierpflanzen vorbei und sieht, wie sich von ihnen ausgehend nach oben und unten Vegetationsstreifen entwickeln, die sich verbreitern und schließlich mehr oder weniger geschlossene alpine Rasen aus Gräsern und Horstseggen bilden. Der Strandwanderer findet vor Land Salzwiesen, die von einzelnen Quellerpflanzen (*Salicornia*) besiedelt sind, welche sich landeinwärts immer mehr verdichten, was schließlich zu einer artenreichen geschlossenen Pflanzendecke führt.

Wir nennen solche in vom Menschen überschaubaren Zeiträumen ablaufende, gerichtete Entwicklungen der Vegetation am selben Standort Sukzessionen. Wenn am Beginn ein völlig unbesiedelter Untergrund steht, sprechen wir von primären Sukzessionen. Veränderungen vorhandener Pflanzenbestände sind sekundäre Sukzessionen. Auch die Entwicklung auf den Gleisen des Emscher Landschaftsparks ist eine Sukzession (Abb. 22.1 unten).

Ein besonders klares Beispiel für eine primäre Sukzession, das immer wieder gerne zur Erklärung von Sukzessionen herangezogen wird, ist die Verlandung eines Sees. Zunächst hat der See kaum Sedimente abgelagert. Im noch steilen Uferbereich ist die Vegetation spärlich. Dann bildet sich allmählich eine zunehmend mächtiger werdende Sedimentschicht aus. Darauf können sich Wasserpflanzen ansiedeln. Der See verflacht, und die Fläche des freien Wassers nimmt ab. Die Fläche des Uferbereichs wächst und bietet Lebensraum für Feuchtigkeit liebende Pflanzen. Der See verflacht weiter. Das freie Wasser verschwindet allmählich bis auf kleine Areale. An den Ufern bildet sich ein Flachmoor. Erste Bäume fassen Fuß. Dann trocknet das Flachmoor aus. An seiner Stelle etabliert sich ein geschlossener Wald. Dies ist die Schlussgesellschaft der Sukzession. Sie bleibt stabil, solange sich die äußeren Bedingungen nicht ändern. Bei uns wäre die Schlussgesellschaft, die sich ohne Einfluss des Menschen überall bilden würde, ein europäischer sommergrüner Laubmischwald, das nemorale Zonobiom.

Eindrucksvolle Sukzessionen haben wir auf einer alluvialen Sandfläche an der karibischen Küste von Venezuela beobachtet. Um einzelne Pionierpflanzen auf der freien Sandfläche sammelt sich etwas Sand und Substrat an. Dann kommen weitere Pflanzen dazu, und es bilden sich kleine Vegetationsinseln, die dann weiter wachsen. Dabei sind auch Kindermädchenfunktionen im Spiel (Kap. 21). Schließlich entsteht eine geschlossene Vegetationsdecke mit Savanne und Buschwald (Abb. 22.6).

Die Verlandung des Sees oder die Entwicklung geschlossener Vegetation aus Vegetationsinseln nennen wir progressive Sukzession. Regressive Sukzessionen

Abb. 22.6 Entstehung von Vegetationsinseln und ihre Entwicklung zu geschlossener Vegetation auf einer alluvialen Sandfläche an der karibischen Küste von Venezuela

führen von der Schlussgesellschaft weg. Klimaveränderungen und Eingriffe durch den Menschen können dazu führen. Vom Menschen beeinflusste Gesellschaften sind anthropogene Ersatzgesellschaften. Dazu gehören zum Beispiel Wiesen, Weiden und Wälder, die bei ständiger Nutzung auch als Dauergesellschaften etabliert sind. Sie können attraktive und artenreiche Landschaftselemente bilden.

22.6 Können wir aus der Leistung der Pflanzen für uns Optimismus schöpfen?

Wir sehen, dass Pflanzen gewaltige Leistungen für die Reparatur gestörter Landschaft erbringen können. Davon zehrt die optimistische Erwartung einer selbstregulierenden Kraft der Gaia (Teil V des Buches) und damit die Hoffnung, dass die Biosphäre das dramatische Eingreifen der Menschen verkraften wird. Es liefert aber keine Entschuldigung. Es gibt Grenzen der Belastbarkeit und damit der Dienste der Ökosysteme für unser Wirtschaften.

Literatur

Glaubrecht M (2013) Am Ende des Archipels. Alfred Russel Wallace. Galiani, Berlin
Gould SJ (2002) The structure of evolutionary theory. Harvard University Press, Cambridge, MA
Lüttge U, Garbin ML, Scarano FR (2013) Evo-devo-eco and ecological stem species: potential repair systems in the planetary biosphere crisis. Prog Bot 74:191–212
Zerbe S, Wiegleb G (Hrsg) (2009) Renaturierung von Ökosystemen in Mitteleuropa. Springer Spektrum, Heidelberg

23

Impulse von Pflanzen zum Schaffen der Ingenieure: Bionik

Tropischer Baum mit Brettwurzeln

© Springer-Verlag GmbH Deutschland 2017
U. Lüttge, *Faszination Pflanzen*, DOI 10.1007/978-3-662-52983-6_23

23.1 Von Pflanzen das Rollen und Fliegen lernen

Wir Menschen wollen immer schneller werden. Dazu hilft uns die Technik mit Rädern und Flügeln. Die Idee für die ersten Räder kam von der Baumscheibe. Da ist es beinahe erstaunlich, dass die Menschen das Rad erst relativ spät in ihrer Kulturgeschichte entdeckt haben und dass manche Ethnien sehr lange ganz ohne Räder blieben. Was ist doch schon ein Schubkarren für ein Wunderding! Erst spät gingen von Baumscheiben Impulse zur Entwicklung des Rades aus. Das Rad ist ein anschauliches Beispiel dafür, dass nicht nur bei Lebewesen Selektionsdruck zur Evolution führt, sondern dass unter dem Selektionsdruck der Nutzung auch technische Produkte immer wieder einer Evolution unterliegen.

Die ersten Baumscheibenräder zeigten beim Rollen nicht genug Druckfestigkeit, sodass ein aus verfugten Brettern bestehendes Rad folgte. Die ältesten Darstellungen solcher Räder finden sich im 3. Jahrtausend v. Chr. auf einem Relief aus dem sumerischen Ur und als Tonmodell eines Büffelkarrens aus der Induskultur. Die weitere Entwicklung führte dann zu den Speichenrädern. Es sind Ringe von Radnaben unter Einsparung von Material und Gewicht, bei denen der Laufkreis durch Querstreben auf der Radnabe abgestützt wird.

Der Impuls für die Entwicklung eines Hightechautorades kam schließlich aus der Rasterelektronenmikroskopie einzelliger Kieselalgen. Diese Algen haben einen Panzer aus Kieselsäure, der wie eine Camembertschachtel aus ineinandergreifenden Schalen mit einer oberen und einer unteren Hälfte besteht. Viele von ihnen sind kreisrund. Das Gerüst der Kieselsäurepanzer ist eine filigrane Struktur. Diese Panzer halten damit große Flächendrücke aus und sind markante Beispiele für eine Leichtbauweise in der Natur. Das inspirierte Ingenieure. Wissenschaftler des Alfred-Wegener-Institutes für Polar- und Meeresforschung in Bremerhaven haben nach dem Vorbild der Kieselalge *Arachnoidiscus* mit ihrer verzweigten Skelettgeometrie und den konzentrischen Querstegen ein ultraleichtes und höchst belastbares Autorad entwickelt. Damit sind wir mitten in der Bionik angelangt: Verwertung von Impulsen aus der Beobachtung von Pflanzen und auch Tieren zum schöpferischen Wirken der Ingenieure.

Ein uralter Traum der Menschen ist das Fliegen, spätestens seit der griechischen Mythologie mit Dädalos und Ikarus. Diese beiden, Vater und Sohn, haben sich aus Wachs und Vogelfedern Flügel gebaut, um König Minos auf Kreta zu entfliehen. Leonardo da Vinci (1452–1519), das Universalgenie der Renaissance, studierte die Mechanik des Vogelflugs und konstruierte auf dieser Grundlage Flugmaschinen. Wir können ihn als Vater der Bionik ansehen.

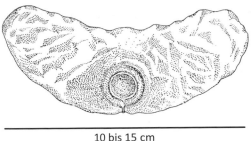

10 bis 15 cm

Abb. 23.1   Flugsame von *Zanonia javanica*. (Nach K. von Goebel, aus Kadereit et al. 2014)

Aber nicht nur Vögel dienten dem Menschen als Vorbilder für Flugapparate. Das Pflanzenreich ist dafür eine Fundgrube, wie wir es schon bei den verschiedenen Diasporen für die Verbreitung durch den Wind gesehen haben (Kap. 10). Den leistungsfähigsten Gleitflieger hat die Zanonie der südostasiatischen Regenwälder entwickelt. Die Samen der fußballgroßen Früchte des Kürbisgewächses besitzen große häutige Flügel mit einer gesamten Spannweite von 10 bis 15 cm (Abb. 23.1) und wiegen nur 0,2 g. Bei Windstille fliegen sie von einem 30 m hohen Baum 250 m weit, und im Wind kommen sie 8 bis 10 km voran. Die Tragflächen der Flügel sind sowohl in der Längs- als auch in der Querachse nach oben gebogen, und der Schwerpunkt des Systems liegt exzentrisch zwischen dem ersten und dem zweiten Drittel der Längsachse. Dadurch entsteht ein sich selbst stabilisierendes Flugsystem.

Die Flugzeugkonstrukteure Igo Etrich und Franz Wels haben erkannt, dass die hervorragenden Flugeigenschaften der Zanoniensamen dem besonderen Profil der Tragflächen zuzuschreiben sind. Sie haben sich als Bioniker betätigt und nach diesem Vorbild einen „Nurflügel"-Gleitapparat entwickelt, der wie die Samen in jeder Lage ohne Eingriff von außen, d. h. ohne Piloten, einen stabilen Flugzustand gewährleistet. Ein Patent darauf wurde 1905 erteilt. Heute findet das Prinzip zur Verringerung des Treibstoffverbrauches und im militärischen Bereich bei Entwicklungen für Einflügelflugzeuge Anwendung.

23.2 Ideen aus der Beobachtung der Natur: Meilensteine der Bionik

Die Evolution des Rades und die Leistungen des Ingenieurs Dädalos zeigen, dass Bionik uralt ist. Wahrscheinlich hat der Mensch schon immer aus der Beobachtung der Natur Ideen gewonnen und wurde unbewusst zum Bioniker, seitdem er Werkzeuge intensiver zu nutzen begann und damit brauchbare Gegenstände für verschiedene Zwecke hergestellt hat.

Die jüngere Geschichte einer eher kleinen Beobachtung mit den größten Folgen ist die Entwicklung des Stacheldrahtes. Pflanzen bewehren sich mit Dornen und Stacheln, um Fraßfeinde abzuwehren. Man hat sie viel als lebende Zäune für Tierweiden eingesetzt, aber auch um Sklaven und Gefangene an der Flucht zu hindern. Ein solcher dorniger Baum wächst auf dem früheren Siedlungsgebiet des Indianerstammes der Osage im Süden der USA. Es ist der Osagedorn (*Maclura pomifera*), den die Indianer als Zaun für Rinderweiden genutzt haben (Abb. 23.2). Nach dem Vorbild des Osagedorns patentierte Lucien B. Smith 1867 in Amerika den ersten Stacheldraht aus Draht und daran befestigten angespitzten Holzstückchen. Die nächste erfolgreichere Variante von Joseph F. Glidden bestand nur aus Metalldrähten und erhielt das Patent 1873. Eine große Diversität von Stacheldrähten entwickelte sich daraus. Die ökonomischen und sozialen Auswirkungen der Kultur und Unkultur des Stacheldrahtes für hilfreiche und für menschenverachtende Anwendungen sind unübersehbar.

Ein gesellschaftspolitisch und wirtschaftlich weniger aufregendes Beispiel aus jüngerer Zeit ist der Salzstreuer von Raoul Heinrich Francé. Er ist aber insofern bemerkenswert, als der Biologe und Naturphilosoph Francé für einen „Neuen Streuer" 1920 das erste deutsche Patent (Nr. 723730) für eine bionische Erfindung auf dem Gebiet „Biotechnik" erhalten hat. Francé hat seinen Streuer der Fruchtkapsel des Mohns (*Papaver*) abgeguckt. Beim Mohn werden die Samen durch Löcher am oberen Rand der Kapsel gleichmäßig in

Abb. 23.2 Zweig von *Maclura pomifera*. (Aus Speck et al. 2011)

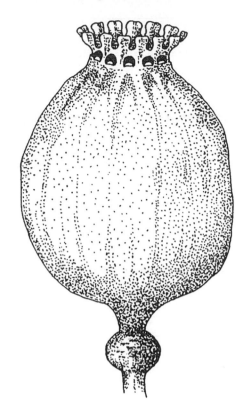

Abb. 23.3 Kapsel des Schlafmohns, *Papaver somnifera*. (Nach F. Firbas, aus Kadereit et al. 2014)

der Umgebung der Pflanze ausgestreut, wenn die Kapsel durch Wind oder durch Tiere aus der vertikalen Stellung ausgelenkt wird und wieder in die Ausgangslage zurückschnellt (Abb. 23.3). Das kam Francé zupass, denn was er eigentlich gesucht hatte, war nicht ein Salzstreuer, sondern eine einfache Möglichkeit, Bodenproben sehr homogen mit Mikroorganismen zu beimpfen. Seine Erfindung war denn auch als Salzstreuer nicht erfolgreich, weil sie für Kochsalz mit seinen ganz anderen Eigenschaften als die der Bakterien enthaltenden Granulate nicht so besonders geeignet war, und wahrscheinlich auch, weil Francé das botanische Vorbild viel zu direkt umgesetzt hatte. Diesen Fehler vermeidet die moderne leistungsfähige Bionik strikt.

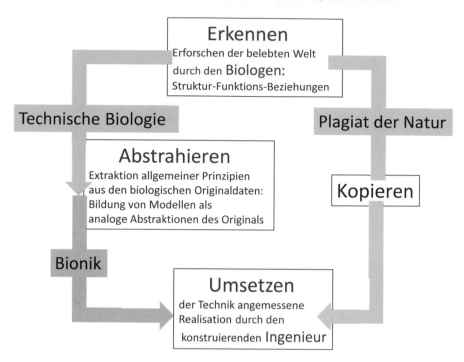

Abb. 23.4 Die drei Prozesse der Bionik: Erkennen → Abstrahieren → Umsetzen gegenüber dem reinen Kopieren des Plagiats der Natur

23.3 Plagiat oder Inspiration? Interdisziplinäre Kreationen von Biologen und Ingenieuren

Bei den Beispielen aus der Geschichte der Bionik haben wir vom „Neuen Streuer" also gelernt, dass erfolgreiche bionische Konstruktionen nicht bloße Kopien der natürlichen Vorbilder sein können. Das Rad, die Flügel und der Stacheldraht haben uns vielmehr gezeigt, dass Beobachtungen der Natur vornehmlich eine Rolle von Ideengebern für technische Problemlösungen ausfüllen.

Herausragender Protagonist der Bionik ist der Biologe Werner Nachtigall, und ich folge seinem Werk, um die Begrifflichkeit der Bionik etwas herauszuarbeiten. Das Wesentliche bei der Bionik sind drei abgestufte Prozesse (Abb. 23.4).

- **Erkennen:** Das ist die Aufgabe der Biologen, die Struktur und Funktionsbeziehungen der Organismen herausarbeiten.
- **Abstrahieren:** Das ist das entscheidende Bindeglied zwischen der Arbeit der Biologen und der Ingenieure. Aus den biologischen Originaldaten werden allgemeine Prinzipien abgeleitet. Dies führt zur Bildung von Modellen, die analoge Abstraktionen des biologischen Originals darstellen.

- **Umsetzen:** Das ist die Aufgabe der Ingenieure. Auf der Grundlage der abstrakten Modelle erarbeitet der konstruierende Ingenieur technisch realisierbare Anwendungen für die Lösung gestellter Aufgaben.

Den ersten Schritt nennt Werner Nachtigall „**Technische Biologie**": „Diese untersucht Tiere und Pflanzen aus dem Blickwinkel der Ingenieurwissenschaften und der Technischen Physik. Sie versucht, ihre Objekte mit den Analysemethoden dieser Disziplinen zu … beschreiben."[1] Das ist eine Disziplin aus eigenem Recht, aber noch nicht Bionik. Diese ist dann das technische Realisieren. **Bionik** verknüpft über das Abstrahieren das Erkennen und das Umsetzen. Werner Nachtigall sieht **Technische Biologie** und **Bionik** als verschiedene Schritte. Wir dürfen beide nicht vermengen. (Noch etwas anderes ist dann die **Biotechnologie**, mit der wir uns in Kap. 24 beschäftigen werden. Sie will neue **biologische Systeme** und Funktionen schaffen. Bionik schafft **technische Systeme**.)

Wir erkennen also in der Bionik einen großen kreativen Akt der interdisziplinären Zusammenarbeit von Biologen und Ingenieuren ganz im Gegensatz zum reinen Kopieren (Abb. 23.4), das wir als Plagiat der Natur ansehen müssen. Da fehlt für Werner Nachtigall das ganz entscheidende Bindeglied des Abstrahierens: „Technische Biologie und Bionik schließen Technik und Natur zu einem Kreislaufsystem zusammen."[2] Technisches Wissen schärft den Blick der Biologen für das Verständnis der Naturphänomene. Die erarbeiteten

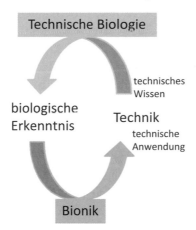

Abb. 23.5 Sich selbst verstärkender Kreisprozess Technische Biologie – Bionik

---

[1] Aus Nachtigall 2010, S viii.
[2] Aus Nachtigall 2010, S 140.

generellen Prinzipien der biologischen Erkenntnis bereichern die Technik über die Erprobung der Anwendungen, was das technische Wissen vermehrt, und so weiter. So kann sich der Kreislauf durch fortlaufende Anhäufung biologischer Erkenntnis und technischen Wissens aufschaukeln (Abb. 23.5). Zu diesem Dialog zwischen Biologie und Technik wollen wir uns noch ein paar illustrative Beispiele aus dem Pflanzenreich ansehen.

23.4 Spricht die Biologie zur Technik: Ich hab was, wär das nicht was?

So kann man sich das gut bei den Beispielen des Rades oder des Stacheldrahtes vorstellen. Dazu gehört auch der 1951 patentierte Klettverschluss (Abb. 23.6). Die Fruchtstände der großen Klette, die zu den Kompositen (Asteraceae) gehört, werden durch Tiere verbreitet. Sie blieben bei Spaziergängen des Ingenieurs Georges de Mestral auch immer im Fell seines Hundes hängen. Er griff zum Mikroskop, um der Sache auf den Grund zu gehen. Da entdeckte er, dass die Hüllblätter der Fruchtstände in gebogene elastische Häkchen auslaufen, die sich im Fell der Hunde festhaken, was auch wiederholt funktioniert, da die Häkchen auch gewaltsames Entfernen aus dem Fell überstehen. Auch wir finden diese Fruchtstände bei Wanderungen manchmal in unseren Kleidungsstücken wieder. So kam Georges de Mestral zur Idee des Klettverschlusses, um verschiedene Oberflächen reversibel fest miteinander zu verbinden. Die eine Seite musste wie die Fruchtstände entsprechende Häkchen tragen, die andere Seite wie das Tierfell eine geeignete flauschartige Rauigkeit aufweisen. Die verschiedensten Materialien lassen sich so für eine Menge von Anwendungen leicht handhabbar aneinanderheften.

In asiatischer Mythologie ist die Lotosblume (*Nelumbo nucifera*) ein Symbol der Reinheit. Bei uns hat sie deswegen in den letzten Jahren eine gewisse Berühmtheit erlangt. Aber das hat mit Mythologie gar nichts mehr zu tun, sondern ist technisch kühle Bionik. Bei den Blättern vieler Pflanzen perlt Regen oder Gießwasser in Form kugelrunder Wassertopfen ab und lässt die Blattoberflächen völlig trocken zurück. Wir kennen das von Kohlblättern, von der Kapuzinerkresse, von Teichrosen und eben von dem prominentesten Beispiel der Lotosblume. Überall, wo dieser Effekt auftritt erscheinen die Blattflächen bei oberflächlichem Betrachten etwas samtartig.

Dem jungen Doktoranden Wilhelm Barthlott kam am Institut für systematische Botanik der Universität Heidelberg im Jahre 1971 bald nach der

Abb. 23.6 Kletten und Klettverschlüsse. Oben Blüten und Fruchtstände der großen Klette (*Arctium lappa*) mit den gebogenen elastischen Häkchen am Ende der Hüllblätter der Fruchtstände (Körbchen) der Komposite. Darunter elastische Nylonhäkchen auf der einen Oberfläche eines textilen Klettverschlusses, abgebildet über der Gegenseite des gleichen Klettverschlusses mit einer rauen Härchenstruktur. (Fotografien Manfred Kluge)

Einführung des Rasterelektronenmikroskops, mit dem man Oberflächen mit hoher Auflösung dreidimensional abbilden kann, ein solches Gerät in die Hand. Er hat sich damit die Oberflächen einer großen Zahl von Blättern angesehen, was ihn vor allem im Zusammenhang mit der Suche nach Merkmalen für die systematische Botanik interessierte. Er fand überall da, wo Wasser abperlte, auf der Epidermis Papillen, d. h. Epidermiszellen mit höckerartig nach außen ausgebeulten Zellwänden, die mit einem dichten pelzartigen Belag von Wachspartikelchen oder -röhrchen überzogen waren. Die Papillen erzeugen den samtartigen Eindruck. Das abperlende Wasser nimmt sogar alle Staub- und Schmutzteilchen von den Blattoberflächen mit, da die Schmutzpartikel aufgrund der hohen Oberflächenspannung der Wassertropfen in diese aufgenommen werden. Die Blätter sind daher selbstreinigend, ein Symbol für die Reinheit.

Fünfzehn Jahre später griff Wilhelm Barthlott das dann als Professor in Bonn wieder auf. Wassertropfen, die auf Oberflächen liegen bleiben oder auch aus einem nicht ganz dichten Wasserhahn herunterfallen, erhalten sich ihre Form dadurch, dass ihre Oberflächenspannung die Wassermoleküle zusammenhält. Diese Spannung beruht auf einer Oberflächenenergie. Wenn die Oberflächenenergie einer Fläche, auf der Flüssigkeitstropfen liegen, kleiner ist als die der Tropfen selbst, kann keine Energieaufnahme der Tropfen aus der Oberfläche erfolgen. Die Tropfen können die Oberfläche dann nicht benetzen. Hier sehen wir eine Meisterleistung von Erkennen und Abstrahieren (Abb. 23.7). Aber dann betrieb Wilhelm Barthlott auch das Umsetzen der analogen Modellabstraktion. Analoge technische Oberflächen wurden geschaffen, für Autos, für Fassaden von Gebäuden u. v. a. m. Diese Produkte mit Selbstreinigungseffekt werden unter dem Markennamen Lotus-Effekt® vertrieben. Der patentierte Begriff charakterisiert inzwischen alle möglichen wasserabweisenden Oberflächen mit der beschriebenen Oberflächenfeinstruktur, obwohl er nicht vom Hornklee *Lotus*, sondern von der *Nelumbo-Pflanze* Lotos herrührt.

Die langen schlanken Halme oft meterlanger verholzter Süßgräser wiegen sich im Wind. Stürme fahren in Schilfrasen oder Bambusdickichte hinein, ohne dass die Halme brechen. Hier hat die Evolution eine raffinierte Leichtbauweise ausgelesen. Die Stängel sind hohl und sparen dadurch Material. Die Außenwand wird durch das Rindengewebe mit den am Rande durch Faserzellen verholzten Leitbündelsträngen gebildet (Abb. 4.6, wenn man sich das Mark durch einen Hohlraum ersetzt denkt). Aus der technischen Sicht der Materialforschung ist das ein besonders festes Verbundmaterial. Die Struktur der hohlen Sprosse mit fester Außenwand erlaubt ein Biegen unter seitlicher Belastung und das Ausdämpfen von Schwingungen.

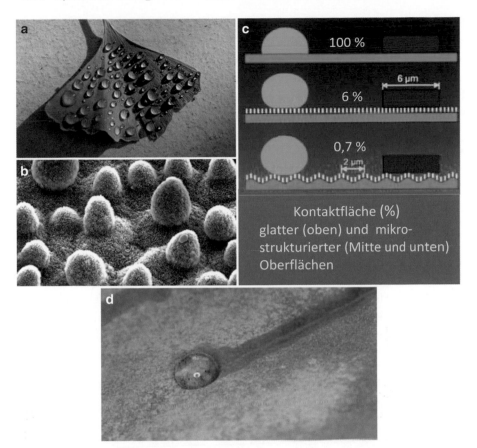

Abb. 23.7 Lotus-Effekt®. **(a)** Abperlende Wassertropfen auf einem Gingkoblatt. **(b)** Noppenstruktur auf der Blattoberfläche der Lotospflanze (*Nelumbo nucifera*) mit pelzartigem Überzug von Wachskristallen (rasterelektronenmikroskopische Aufnahme). **(c)** Effektive Kontaktfläche (%) glatter (oben) und mikrostrukturierter Oberflächen (Mitte und unten). Unten Wachsstrukturen von einem Durchmesser von 0,15 µm mit einem Abstand von 0,45 µm. **(d)** Abflussspur eines Wassertropfens auf einer verschmutzten Blattoberfläche. (Aufnahmen Wilhelm Barthlott)

Zum besonderen Vorbild für die Bionik wurde das Pfahlrohr (*Arundo donax*), das 6 m hoch werden kann. Aus Forschungen zum Erkennen der Struktur-Funktions-Beziehungen des botanischen Faserverbundmaterials am Pfahlrohr und am ebenfalls mit einem hohlen Spross ausgestatteten Winterschachtelhalm hat die Biomechanik-Arbeitsgruppe von Thomas Speck an der Universität Freiburg in Zusammenarbeit mit Ingenieuren des Instituts für Textil- und Verfahrenstechnik in Denkendorf einen „technischen Pflanzenhalm" entwickelt. Die Wand besteht aus einem dreidimensionalen

Fasergeflecht und weist Funktionskanäle auf, in die man verschiedene Leitungen für elektrischen Strom oder den Fluss von Lösungen führen kann. Trotz extremer Leichtbauweise ist der technische Pflanzenhalm sehr hoch belastbar für die verschiedensten Anwendungen im Fahrzeugbau, in der Luft- und Raumfahrttechnik, in der Medizintechnik usw.

23.5 Spricht die Technik zur Biologie: Ich brauch was, hast du nicht was?

So ist das wohl bei den Beispielen des Flügels und des Neuen Streuers gewesen. Ähnlich war es bei Luftkissenkonstruktionen. Das sind beliebte Bauelemente. Luftkissenarchitekturen, z. B. Notzelte, lassen sich schnell und flexibel errichten. Wie macht man das? Pflanzenzellen und -gewebe zeigen den Weg! In Abb. 13.2 haben wir gesehen, dass Pflanzenzellen auf dem Weg der Osmose (Abb. 13.1) einen hydrostatischen Binnendruck, den Turgordruck, entwickeln. Das ist das Prinzip des **Pneus**. Alle Pflanzenzellen mit großen Zellvakuolen sind solche Pneus, und sie können ganz schön prall werden (Abb. 23.8).

Abb. 23.8 Durch den Turgor prall „aufgeblasene" epidermale Blasenzellen der Salzpflanze *Mesembryanthemum crystallinum*

Wir kennen das auch von technischen Produkten, wie aufgepumpten Fahrrad-
oder Autoreifen oder Fußbällen. In diesen Fällen ist der Binnendruck nicht durch
eine osmotisch drückende Flüssigkeit gegeben, sondern durch einen Gasdruck,
was aber für das Prinzip des Pneus das Gleiche bedeutet (Kap. 13). In einem
Pflanzengewebe pressen sich die einzelnen Zellen durch ihren Turgordruck
fest aneinander. Dadurch baut sich ein Gewebedruck auf, und dieser trägt
dazu bei, die Gestalt der Pflanzenorgane zu festigen. Man erkennt das immer
dann, wenn beim Welken die Gestalt kollabiert, weil der Turgordruck durch
Wasserverlust zusammenbricht. Bei erneuter Wasseraufnahme ist das reversibel,
wenn vorher der Wasserverlust nicht zu dramatischen Strukturschäden geführt
hat. Pflanzenzellen können ihren Turgordruck auch kontrolliert erhöhen oder
erniedrigen, wie etwa beim Öffnen und Schließen der Spaltöffnungen (siehe
Kap. 5) und bei anderen Bewegungen.

Dementsprechende bewegliche und mit manipulierbarem Binnendruck
reversibel aufblasbare Bauelemente sind nun ideal geeignet, um mit kurzen Bauzeiten nicht nur bei plötzlichem Bedarf Notzelte aufzustellen. Auch
große Mehrzweckhallen und Sportarenen hat man so gebaut. So besteht
die Fassade des Fußballstadions Allianz Arena in München aus 2760 Pneus
in Form von Folienkissen, die eine 0,2 mm dicke Kunststoffhülle aus

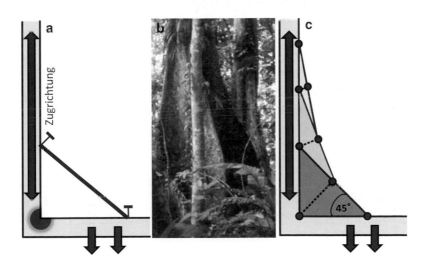

Abb. 23.9 Bionik zur Beseitigung der Kerbspannung in Bauteilen. Rote Pfeile:
Zugbelastung. **(a)** Überbrückung durch ein Zugseil in der Technik, eine gewisse
Kerbspannung bleibt erhalten (Farbmarkierung in der Kerbe im Winkel zwischen
den Bauteilen). **(b)** Vorbild des Baumes mit Brettwurzeln. **(c)** Zerlegung der Brettwurzel bzw. der Kerbe in mehrere Zugdreiecke: Das obere Zugdreieck startet
immer in der Mitte des jeweils unteren, und die Winkel am Ansatz werden kleiner.
(Nach Mattheck 2006)

Ethylen-Tetrafluorethylen besitzen und ständig mit Luft aufgeblasen werden, um einen Binnendruck von 3,5 hPa aufrechtzuerhalten.

Baumriesen in tropischen Wäldern erhöhen ihre Standfestigkeit durch Brettwurzeln, die am unteren Ende ihrer Stämme auf dem Boden aufsitzen (Kapitel-Titelbild, Abb. 23.9b). Genauso stützen Schwibbögen an gotischen Sakralbauten die sonst auseinanderstrebenden Mauern der Kirchenschiffe. Das hat aber nichts mit Bionik zu tun. Die gotischen Baumeister kannten die Regenwaldbäume nicht. Hier liegen rein konvergente Entwicklungen vor. Unter dem Selektionsdruck der Wuchsbedingungen im tropischen Regenwald und der statischen Anforderungen großer Kirchengebäude hat sich in biologischer bzw. technischer Evolution unabhängig voneinander die gleiche Problemlösung herausgebildet. Man muss also vorsichtig damit sein, beim bloßen Augenschein schon auf Bionik zu schließen.

Dennoch haben gerade die Brettwurzeln für die Technik bei der Suche, wie es die Natur macht, eine große bionische Bedeutung erlangt. Wenn Bauteile wie Baumstämme auf dem Waldboden senkrecht aufeinanderstehen, bilden sich in den Ecken die sogenannten Kerben. Bei Zugbelastung entsteht eine Kerbspannung, wodurch das Werkstück bruchgefährdet ist. Diese Spannung baut man technisch üblicherweise durch ein Zugseil ab (Abb. 23.9a). Nun hat man erkannt, dass sich die Brettwurzeln der Bäume grafisch in mehrere Zugdreiecke zerlegen lassen (Abb. 23.9c). Mit jedem neuen Zugdreieck entsteht eine neue, höher gelegene Kerbe, die durch ein weiteres Zugdreieck überbrückt wird, und so fort. Die Kerbspannung wird dabei immer schwächer. Rechnergestützte Simulationen der Spannungsverteilung zeigen, dass damit bei einer bionisch nach dem Vorbild der Brettwurzel mit mehreren Zugdreiecken optimierten Kerbe – manchmal genügen schon drei Zugdreiecke – die Kerbspannung in einem technischen Werkstück verschwunden ist.

23.6 Bionik molekular

Molekulare Techniken werden uns vor allem im folgenden Kap. 24 bei der Biotechnologie begegnen. Sie ziehen aber auch bereits in die Bionik ein. Es gibt schon eine große Vielfalt von Ansätzen. Besonders interessiert man sich in der Verfahrenstechnik für die Möglichkeiten von Katalysatoren, Biosensoren und biologischen Schaltern in Anlehnung an die Funktion von Enzymen, Pigmenten und molekularen Signalrezeptoren. In den allermeisten Fällen muss man noch abwarten, was sich dann wirklich anwendungsreif auf den Markt bringen lässt und sich in der Anwendung bewährt. Häufig verwischen sich die Grenzen zwischen Biotechnologie und Bionik, zwischen Versuchen, neue biologische Systeme bzw. neue technische Konstruktionen zu entwickeln.

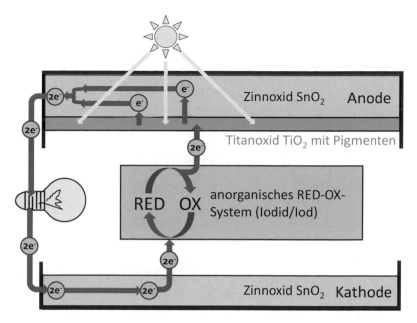

Abb. 23.10 Schema der Grätzel-Zelle zur Stromerzeugung aus dem Sonnenlicht nach der Idee der Thylakoidmembranen in Chloroplasten grüner Zellen

Eine rein technische, typisch bionische Erfindung ist aus dem Traum geboren, die Sonnenenergie so wirkungsvoll nutzen zu können, wie das bei der Fotosynthese der Pflanzen geschieht (Abb. 23.10). Um die Idee der Thylakoidmembranen der Chloroplasten (Kap. 2) bionisch umzusetzen, hat der Schweizer Chemiker Michael Grätzel 1991 zwei Glaselektroden genommen. Beide wurden mit einem elektrischen Halbleiter (Zinnoxid, SnO_2) beschichtet. Auf der Anode wurde zudem eine Schicht Titanoxid (TiO_2) mit an der Oberfläche eingebetteten Pigmentmolekülen aufgetragen. Am Anfang waren das wie in den Thylakoidmembranen tatsächlich Chlorophyllmoleküle. Später wurden synthetische Farbstoffe benutzt, die eine höhere Langzeitstabilität und bessere Strahlungsausbeute besitzen. Zwischen beide Platten wurde in wässriger Lösung ein anorganisch chemisches Redoxsystem eingebracht (mit Iodid-Ionen, I^-, als reduziertem und molekularem Iod, I_2, als oxidiertem Zustand). Beide Platten wurden mit einem elektrischen Leiter verbunden, sodass ein elektrischer Strom fließen konnte.

Bei Belichtung werden die Pigmentmoleküle auf der Anode angeregt und geben Elektronen ab, die über den Leiter zur Gegenelektrode, der Kathode, fließen können. Die Pigmentmoleküle holen sich die Elektronen aus dem reduzierten anorganischen System zurück, das sie seinerseits über die Kathode zurückerhält. Diese Grätzel-Zelle ist eine interessante bionische Entwicklung mit gegenüber den herkömmlichen Solarzellen der Fotovoltaik niedrigen Herstellungskosten und niedriger Umweltbelastung bei der Herstellung. Im Gegensatz zu den Solarzellen kann die Grätzel-Zelle auch diffuses Licht verwerten. Der Wirkungsgrad liegt gegenwärtig bei 11 % gegenüber bis zu 20 % bei der Fotovoltaik. Vor der industriellen Anwendung müssen also noch beträchtliche Hürden der technischen Entwicklung genommen werden.

23.7 Geistige Nutzung der Natur bleibt immer nachhaltig

Der Mensch nutzt die Natur in vielfältiger Weise für seine Zwecke. Wir sehen in diesem Teil VI des Buches, dass das auch zunehmend stark zu beängstigenden Konflikten mit der Natur führt. Das vorliegende Kapitel hebt sich da heraus. Bionik ist geistige Nutzung der Natur. Die Natur wird dadurch nicht beschädigt. Sie gibt Ideen. Ihre nachhaltige Bewahrung steht dabei nicht in Frage. So sehr das Ganze von praktischen Anwendungen geprägt ist, ist es doch im hohen Sinne intellektuell stimulierend.

Literatur

Blüchel KG, Malik F (Hrsg) (2006) Faszination Bionik. Die Intelligenz der Schöpfung. Mcb, St. Gallen

Brickwedde F, Erb R, Lefèvre J, Schwake M (Hrsg) (2007) Bionik und Nachhaltigkeit – Lernen von der Natur. Erich Schmidt Verlag, Berlin

Mattheck C (2006) Verborgene Gestaltgesetze der Natur. Forschungszentrum Karlsruhe, Karlsruhe

Nachtigall W (2010) Bionik als Wissenschaft: Erkennen → Abstrahieren → Umsetzen. Springer, Berlin

Nachtigall W, Blüchel KG (2000) Das große Buch der Bionik. Neue Technologien nach dem Vorbild der Natur. Deutsche Verlags-Anstalt, Stuttgart

Speck T, Speck O, Neinhuis C, Bargel H (Hrsg) (2011) Was die Technik von Pflanzen lernen kann – Bionik in botanischen Gärten. Verband Botanischer Gärten, Freiburg/Dresden/Bayreuth

Vogel S (2000) Von Grashalmen und Hochhäusern. Mechanische Schöpfungen in Natur und Technik (Übers: Filk T). Wiley-VCH, Weinheim

24

Biotechnologie und synthetische Biologie

Tumoren auf einem Blatt von *Kalanchoë daigremontiana* nach Infektion mit *Agrobacterium tumefaciens*. (Aufnahme C. I. Ullrich-Eberius)

© Springer-Verlag GmbH Deutschland 2017
U. Lüttge, *Faszination Pflanzen*, DOI 10.1007/978-3-662-52983-6_24

24.1 Was ist das: Biotechnologie und synthetische Biologie? „Verlutieren und gehörig kohobieren!"

Biotechnologie und neuerdings synthetische Biologie wollen neue biologische Systeme und Funktionen schaffen. Sie wollen etwas Lebendes konstruieren, vielleicht sogar einen ganzen Menschen. In Goethes Faust macht das Wagner in der Tat. Er synthetisiert in einer Phiole ein kleines Menschlein, den Homunculus. Folgen wir Wagner in sein Laboratorium und hören uns an, wie er uns erklärt und vorführt, wie er das macht[1]:

Es leuchtet! Seht! – Nun lässt sich wirklich hoffen,
Dass, wenn wir aus viel hundert Stoffen
Durch Mischung – denn auf Mischung kommt es an –
Den Menschenstoff gemächlich komponieren,
In einen Kolben verlutieren
Und ihn gehörig kohobieren,[2]
So ist das Werk im Stillen abgetan. ...
Es wird! Die Masse regt sich klarer!
Die Überzeugung wahrer, wahrer!
Was man an der Natur Geheimnisvolles pries,
Das wagen wir verständig zu probieren,
Und was sie sonst organisieren ließ,
Das lassen wir kristallisieren. ...
Es steigt, es blitzt, es häuft sich an,
Im Augenblick ist es getan!
Ein großer Vorsatz scheint im Anfang toll;
Doch wollen wir des Zufalls künftig lachen,
Und so ein Hirn, das trefflich denken soll,
Wird künftig auch ein Denker machen. ...
Das Glas erklingt von lieblicher Gewalt,
Es trübt, es klärt sich; also muss es werden!
Ich seh in zierlicher Gestalt
Ein artig Männlein sich gebärden.
Was wollen wir, was will die Welt nun mehr?

---

[1] Johann Wolfgang von Goethe, Faust II, 2. Akt: Laboratorium.
[2] „Verlutieren" von lat. *lutum*, „Lehm"; bei alchemistischen Arbeiten war es üblich, mit Lehm oder einer Mischung aus Lehm und anderen Zutaten zu verschmieren und zu verschließen. „Kohobieren": Kohabitation, Zeugung.

Die Idee des Homunculus, des alchemistisch künstlich geschaffenen Menschleins, hat sich im Spätmittelalter herausgebildet. Eine genauere Beschreibung geht auf den Arzt, Alchemisten und Mystiker Paracelsus mit seiner Schrift *De natura rerum* (1538) zurück. Die heutige Biotechnologie und synthetische Biologie oder Biologie der Synthese kombinieren Biologie und Prinzipien der Ingenieurwissenschaft mit dem Ziel, neue biologische Systeme und Funktionen zu konstruieren. Die Vorstellung, ganze lebende Zellen neu zu synthetisieren, bleibt noch Fiktion und Traum. Aber einzelne Module lebender Systeme können schon gebaut werden. Ist man sogar vom Realisieren der Fantasie, ganze Menschen zu schaffen, wirklich noch so weit entfernt, angesichts der Technik des Klonierens mit allen immensen ethischen Problemen, die uns so ungeheuer sind?

24.2 Inhaltsstoffe von Pflanzen: Sammeln – Analysieren – Isolieren – Strukturaufklärung – Synthetisieren

Die frühen Menschen haben sich als Sammler und Jäger ernährt. Sie sind dann sesshaft geworden und haben die Biotechnologie des Pflanzenzüchtens entwickelt, auf die wir weiter unten noch zurückkommen werden. Das Sammeln, um aus Pflanzen Nutzen zu ziehen, setzt sich aber bis heute fort und gewinnt sogar in der Pharmakologie und Medizin neue Aktualität.

Die Heilmittelkunde blieb gut anderthalb Jahrtausende die wichtigste Triebfeder für die Entwicklung der Botanik. Der Aristotelesschüler Theophrastos Eresios (371–287 v. Chr.) hatte mit der Suche nach den Grundlagen des Pflanzenlebens und klaren Begriffsbildungen zwar schon versucht, eine wissenschaftliche Botanik zu entwickeln. Dann blieb aber der Antrieb für die Pflanzenkunde in der Antike bis ins Mittelalter mit den Werken von Dioskurides (1. Jhd. n. Chr.) und Gaius Plinius Secundus (23–79 n. Chr.) bis hin zur berühmten Benediktinernonne Hildegard von Bingen (1098–1179) die Suche nach Nutz- und Heilpflanzen. Dank der Bewahrung des antiken Wissens in der arabischen Welt während des Mittelalters wurde sogar ein Totalverlust verhindert. Der Durchbruch zu einem wissenschaftlichen Interesse an den Pflanzen selbst kam im 16. Jhd. mit der Renaissance.

Die Liste pflanzlicher Inhaltsstoffe, die als Genuss- und Heilmittel eine Rolle spielen, ist lang. Man denke an Alkaloide aus Genussmittelpflanzen, wie Koffein (Kaffee, *Coffea arabica*), Tee (Theophyllin, *Camellia sinensis*), Kakao (Theobromin, *Theobroma cacao*) und Nikotin (Tabakalkaloide, *Nicotiana tabacum*). Mit dem Tabak kommen wir auch schon zu Alkaloiden, die Sucht auslösen. Ein paar Beispiele für bekannte Gifte, die aber auch in der Medizin eingesetzt wurden und auch noch werden, sind das Atropin in der Augenheilkunde aus der Tollkirsche (*Atropa belladonna*), das Chinin als Malariamittel aus der Brechnuss (*Cinchona succirubra*) und Opiumalkaloide aus dem Schlafmohn (*Papaver somniferum*), die nicht nur als Rauschgifte gefährlich, sondern auch in medizinischer Schmerztherapie unerlässlich sind. Zu den Rauschgiften kommen noch das Mescalin aus einer mexikanischen Kakteenart (*Lophophora williamsii*) und das Cocain aus der Kokapflanze (*Erythroxylum coca*). Man könnte die Aufzählung fortsetzen, aber sie soll hier genügen, um einfach einmal mit allgemein bekannten Beispielen Assoziationen zu wecken. Es ist nämlich so, dass viel weniger bekannte Pflanzeninhaltsstoffe noch nicht genügend erforscht und viele mit großer Wahrscheinlichkeit überhaupt noch nicht entdeckt sind.

In vielen Ländern der Welt ist das ärztliche Versorgungsnetz moderner Medizin so dünn, dass immer noch auf traditionelle Heilkunde zurückgegriffen wird. Dabei spielen Pflanzen eine große Rolle. Die Pharmaindustrie interessiert sich zunehmend dafür. Nach dem Aufsammeln ist dabei die Biotechnologie moderner chemischer Methoden gefragt: Analysieren – Isolieren – Aufklärung chemischer Strukturen – Synthetisieren. Wenn Analysen schließlich zum Isolieren und zur chemischen Strukturaufklärung interessanter Substanzen geführt haben, erweist sich ihre chemische Synthese oft als so aufwendig, dass es günstiger ist, sie weiterhin aus Pflanzen zu gewinnen.

Ein aktuelles Beispiel ist das Taxol® aus Eiben (*Taxus*), das zur Behandlung verschiedener Krebserkrankungen (Ovarial-, Mamma-, Prostatacarcinome) eingesetzt wird. 10 kg der Rinde einer pazifischen Eibe (*Taxus brevifolia*) enthalten 1 g Taxol. Ein 12 m hoher 100 Jahre alter Baum liefert 300 mg. Sechs solche Bäume müssten gefällt werden, um einen einzigen Patienten zu behandeln. Die chemische Synthese von Taxol ist aufwendig und teuer. Ein neues biotechnologisches Verfahren zieht *Taxus*-Bäumchen in Hydrokultur (Hydroponik) an. Durch verschiedene Zugaben zur Wurzellösung erhöht man die Taxolproduktion der Pflanzen und bringt sie dazu, das Taxol in das flüssige Wurzelmedium auszuscheiden, aus dem man es anreichern und reinigen kann. Man rechnet damit, dass einige hundert Gewächshäuser mit solchen Hydrokulturen den Weltjahresbedarf decken könnten.

Die Sache ist nicht immer konfliktfrei. Ursprungsländer der ethnobotanischen Applikationen sehen sich beraubt. Bei Patentstreitigkeiten wurden schon alte historische Schriften herangezogen, in denen die fraglichen Anwendungen längst veröffentlicht waren, sodass eine Patentierung rechtlich nicht mehr möglich war. Dem großen Reichtum der Kenntnisse ethnischer Heiler über wirksame Pflanzen entspricht die Vielfalt der Pflanzen. Regionen hoher Artendiversität, besonders tropische Regenwälder, bergen noch viele unbekannte Pflanzen. So sind noch viele Entdeckungen auch von neuen

Inhaltsstoffen mit ungeahnten Anwendungsmöglichkeiten denkbar. Dies ist ein weiteres Argument dafür, dass der Mensch aus ureigenstem Interesse Biodiversität erhalten muss und nicht immer weiter zerstören darf (siehe Kap. 21).

24.3 Am Lebenden konstruieren: Pflanzenzüchtung

Das technische Nutzen von Lebensprozessen durch den Menschen ist uralt. Die Gärung durch Hefen haben schon die alten Ägypter zum Brotbacken genutzt und um sich zum Weizenbrot aus angebautem Einkorn (*Triticum monococcum*) oder Emmer (*Triticum dicoccon*) einen guten Schluck Bier zu bereiten. Auch die Pflanzenzüchtung gehört zur ganz frühen Biotechnologie. Biotechnologie will Lebendes konstruieren. Nichts anderes ist die Züchtung, die an lebenden Pflanzen herumbastelt, um ihren Nutzen für den Menschen zu verbessern. Die Züchter haben hierbei durch ihren Ansatz der Selektion vorteilhafter Eigenschaften intuitiv die Prinzipien der natürlichen Evolution angewendet, ohne das Phänomen zu kennen, geschweige denn zu verstehen. Letztlich wurde auch Charles Darwin durch die züchterische Perspektive bei der Entwicklung der Evolutionstheorie inspiriert.

Früher züchterischer Erfolg lässt sich für den Nahen Osten und Europa besonders gut anhand des Weizens dokumentieren. Die Wildsippen des Weizens hatten brüchige Ährenspindeln. Das diente der Samenverbreitung, erschwerte aber den Menschen das Aufsammeln der Körner. Als sie sesshaft geworden waren und begannen, den Weizen anzupflanzen, haben sie besonders darunter gelitten, wie mühsam und unergiebig das war. So sind sie zu den ersten Pflanzenzüchtern geworden und haben für den Anbau Pflanzen mit relativ festeren Ähren ausgelesen. Archäologische Funde weisen das schon für das 10. Jahrtausend v. Chr. nach.

Die Pflanzenzüchtung und Kreuzung erfolgte bis weit in das 19. Jahrhundert hinein allein aufgrund von Beobachtungen und Erfahrungen. Die Regeln der Vererbung wurden erst von Gregor Mendel gefunden, der die Ergebnisse von Kreuzungen bei Erbsen und bei der japanischen Wunderblume (*Mirabilis jalapa*), die er im Klostergarten der Augustinermönche in Brünn durchgeführt hatte, quantitativ ausgewertet hat. Er hat seine Ergebnisse erstmals im Februar und März 1865 in den Sitzungen der naturhistorischen Gesellschaft in Brünn vorgestellt und dann 1866 in den Abhandlungen der Gesellschaft veröffentlicht. Die Vererbungsregeln fanden sogar erst einmal wenig Beachtung und wurden dann im Jahre 1900 von dem Botaniker und Vererbungsforscher Carl Correns, dem Pflanzenphysiologen und Evolutionsbiologen Hugo de Vries und dem Erforscher der Kulturpflanzenzüchtung Erich Tschermak von Seysenegg wiederentdeckt.

Heute können wir auf der Grundlage der Mendel'schen Regeln die Züchtungsgeschichte des Weizens zurückverfolgen (Abb. 24.1). Dabei ist zu wissen, dass die Chromosomensätze mit Buchstaben bezeichnet werden. In der Regel haben Pflanzen einen doppelten oder „diploiden" Chromosomensatz, d. h., von jedem Chromosom sind zwei Exemplare vorhanden. Wir sprechen von homologen Chromosomen. Wir schreiben dafür z. B. AA wie in Abb. 24.1 für die Urform des Weizens, *Triticum boeoticum* (oder auch *Triticum urartu*). Daraus wurde durch Auslese die kultivierte Form *Triticum monococcum* gewonnen. Die Wildart *Triticum boeoticum* hat sich mit einem anderen Wildgras, *Aegilops speltoides* (oder auch *Aegilops searsii*) mit dem Chromosomensatz BB, gekreuzt. Dabei blieben beide diploiden Chromosomensätze erhalten, es entstand der tetraploide Weizen, die Wildform des Emmer, *Triticum dicoccoides* (AABB). Durch Auslese zur Erzeugung bruchfesterer Ähren für den Anbau entwickelte man aus ihr den domestizierten Emmer (*Triticum dicoccon*). Aus erneuter Kreuzung mit dem Gras *Aegilops squarrosa* (DD) ergaben sich dann die heutigen hexaploiden Weizensorten *Triticum spelta* (Dinkel) und *Triticum aestivum* (AABBDD).

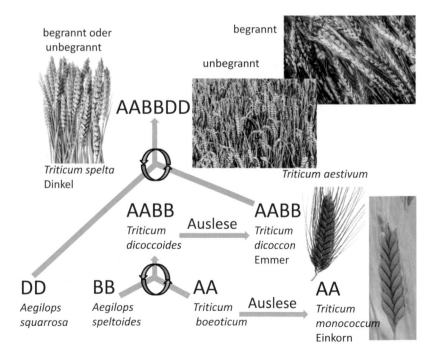

Abb. 24.1 Die Züchtung des Weizens (*Triticum aestivum* begrannt): UMB-O/Fotolia, unbegrannt: Konrad Weiss/Fotolia, *Triticum spelta*: Unclesam/Fotolia, *Triticum dicoccon*: Janine Fretz Weber/Fotolia, *Triticum monococcum*: alessandrozocc/Fotolia

Solche Züchtung durch Kreuzung und Auswahl für die Kultivierung ist bis heute von größter Bedeutung für die Weiterentwicklung unserer Kulturpflanzen. Mexiko hatte z. B. bis zur Mitte des 20. Jahrhunderts durch Pilzbefallepidemien mit dem Schwarzrost katastrophale Einbrüche bei den Weizenernten und musste die Hälfte seines Bedarfes einführen. Durch konsequentes Züchten hat der amerikanische Agrarwissenschaftler Norman Ernest Borlaug resistente Sorten eines kurz- und steifhalmigen Weizens entwickelt, der gut auf zusätzliche Düngung und Bewässerung anspricht und an eine Vielfalt verschiedener Bedingungen angepasst ist. Mexiko wurde Selbstversorger. Norman Borlaug wurde zum Vater der sogenannten grünen Revolution. Man hat gesagt, er habe in seinem Leben mehr Menschen gerettet als jeder andere Mensch: gerettet vor dem Verhungern. Er erhielt 1970 den Friedensnobelpreis.

Anhand der Abb. 24.1 wird klar, dass auch durch Züchtung mit herkömmlichen Methoden, bis zum Beginn des 20. Jahrhunderts sogar ohne Kenntnis der Vererbungsregeln, Genome modifiziert werden. In der Debatte über die heute durch moderne Gentechnik erzeugten, sogenannten genetisch modifizierten oder manipulierten Organismen (GMOs), denen wir uns in diesem und im folgenden Kapitel noch zuwenden müssen, sollte man daran denken.

24.4 Kultur in der Phiole

Wagners Phiole, sein Glasgefäß mit langem Hals, wird heute von der Bezeichnung Reagenzglas abgelöst, nun eigentlich eine lang gestreckte schlanke Glasröhre, aber längst auch schon ein allgemeiner Begriff für allerlei Gefäße, mit denen auch moderne Biotechnologen hantieren.

Auch die Hydrokultur oder Hydroponik ist Biotechnologie. Bis in die Mitte des 19. Jahrhunderts gab es die Auffassung, dass Pflanzen zu ihrer Ernährung auch geheimnisvolle organische Kräfte bräuchten, wie sie in ihrem Wurzelmilieu, im Humus, enthalten seien. Justus von Liebig (1803–1873) hat 1840 die Humustheorie widerlegt und gezeigt, dass den Pflanzen einfache anorganische Salze genügen (Kap. 9). Damit war eigentlich erst bewiesen, dass die grünen Pflanzen vollkommen autotroph sind (Kap. 1). Dies schuf auch die Grundlage für die Erfindung der Wasserkultur (Hydrokultur oder Hydroponik) auf flüssigen Medien mit einem ausgewogenen Gehalt aller notwendigen Mineralstoffe durch Julius von Sachs (1832–1897), der als Botanikprofessor in Würzburg zum Begründer der experimentellen Pflanzenphysiologie geworden war. Die Hydroponik erleichtert die Vermehrung von Pflanzen durch Stecklinge sehr. Bei dieser vegetativen Vermehrung wird das Genom nicht verändert, und es können beliebig viele genetisch identische Kopien von Pflanzen (Klone) zum Kultivieren erzeugt werden.

Auch einzelne Zellen können vegetativ ganze Pflanzen regenerieren. Man kann das bei durchgesägten Buchenstämmen beobachten (Abb. 24.2). Die Zellen des Bildungsgewebes (Kambium, siehe Kap. 4) zwischen der Rinde und dem Holzzylinder bilden zunächst einen Zellhaufen (Kallus), aus dem dann vollständige neue Buchen auswachsen. Dies nutzt man bei der Zell- und Gewebekultur (Abb. 24.3). Man transferiert kleine Gewebestückchen auf eine Unterlage von Alginat (Agar). Aus dem sich bildenden Kallus entnimmt man Zellen, die in einem Nährmedium suspendiert und vermehrt und dann auf Agarplatten ausgebracht werden. Dort wachsen sie wieder zu Kallus aus, aus dem sich neue Pflanzen regenerieren. Dabei muss man Phytohormone einsetzen, die Wachstum, Differenzierung, Integration und die Emergenz neuer Pflanzen aus den Zellhaufen steuern (Kap. 13 und 16). So wurde die Zell- und Gewebekultur erst nach der Entdeckung der Phytohormone beginnend mit den Auxinen (1926) möglich.

Die Zell- und Gewebekultur ist im Grunde herkömmliche Biotechnologie. Man kann sie auch für herkömmliche Züchtung einsetzen. Wenn man durch chemische Mutagene oder Bestrahlung Mutanten auslöst, kann man durch geeignete Zusätze zum Nährmedium in der Lösung und im Agar Zellen mit gesuchten neuen Eigenschaften auslesen (Abb. 24.3). Damit ist die Technik aber nach der molekularbiologischen Revolution auch mit zu einem wichtigen Werkzeug der auf moderner Gentechnik fußenden Biotechnologie geworden.

Abb. 24.2 Aus dem Bildungsgewebe (Kambium) zersägter Buchenstämme entsteht Kallus (gelbe Pfeile links und Mitte), und daraus regenerieren sich neue Buchen, die wie ein junger Wald auf dem Stamm sitzen (rechts)

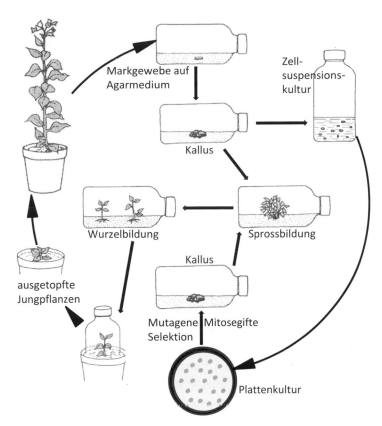

Markgewebe auf
Agarmedium

Zell-
suspensions-
kultur

Kallus

Kallus

Wurzelbildung

Sprossbildung

ausgetopfte
Jungpflanzen

Mutagene Mitosegifte
Selektion

Plattenkultur

Abb. 24.3 Möglichkeiten der Zell- und Kalluskultur (Bilder z. T. nach Schopfer
und Brennicke 2010)

24.5 Genetische Sklaverei: Genmanipulation durch Bakterien und ganz ohne den Menschen

Die Evolution zeitigt manchmal ganz erstaunliche Ergebnisse. Ein pro-
karyotisches Bakterium, *Agrobacterium tumefaciens*, hat gelernt, wie es sich
eukaryotische Höhere Pflanzen versklaven kann. Es bringt die Pflanzen dazu,
Stoffwechselprodukte zu erzeugen, die sie sonst nicht bilden würden, und an
seine eigenen Zellen abzuliefern, die allein fähig sind, sich davon zu ernähren.
Das Bakterium macht das durch Genmanipulation der eukaryotischen Zellen, und man hat es genetische Sklaverei genannt.

Bakterien tragen ihr Genom auf größeren ringförmig in sich geschlossenen Doppelsträngen der Makromoleküle von Desoxyribonukleinsäure (DNA). Viele Bakterien haben daneben aber auch noch kleinere DNA-Ringe, die sogenannten Plasmide. Diese sind nun oft leicht übertragbar. Zellen des *Agrobacterium tumefaciens* dringen durch kleine Wunden in Gewebe Höherer Pflanzen ein und docken an die Pflanzenzellen an. Ihr Plasmid trägt eine Genregion, die in die Eukaryontenzellen eingeschleust und in ihr Genom eingebaut wird, die sogenannte Transferregion (*T*-Gene). Außerhalb der T-Region befindet sich eine Region mit Genen für den Vorgang der Einschleusung, d. h. mit Genen, die die Angriffslustigkeit oder Virulenz bedingen (*VIR*-Gene). Die *T*-Gene bringen die Information für die Bildung von Phytohormonen mit sich, die onkogene Wirkung haben und in den befallenen Zellen der Wirtsgewebe Tumoren auslösen (Kapitel-Titelbild). Man nennt das ganze Plasmid deshalb auch tumorinduzierendes Plasmid (Ti-Plasmid). Die Tumoren enthalten nur die T-Region und gar keine *A.-tumefaciens*-Zellen. Die Bakterien bleiben draußen. Das Raffinierte dabei ist, dass auf der übertragenen *T*-DNA Gene für die Biosynthese ganz bestimmter Verbindungen aus Carbonsäuren und Aminosäuren, der sogenannten Opine, sitzen. Die Krebszellen der Pflanzen exprimieren diese Gene und stellen die Genprodukte her, obwohl sie die Opine selber gar nicht gebrauchen können. Sie scheiden sie nach außen ab, wo die *A.-tumefaciens*-Bakterien alleine in der Lage sind, sie für ihren Stoffwechsel und ihr Wachstum zu verwerten.

Die *A.-tumefaciens*-Tumoren führen in der Landwirtschaft und auch im Weinbau zu Schäden und Ertragseinbußen. Die Gentechnologie der Bakterien mit ihrem Ti-Plasmid und den *T*-Genen ist in der freien Natur entstanden, lange bevor der Mensch sich ihrer habhaft gemacht hat. Jetzt wird das aber – wir in diesem Kapitel noch näher sehen werden – in der modernen molekularen Biotechnologie intensiv genutzt. Ti-Plasmide können isoliert und umkonstruiert werden, indem die schädlichen Gene für die Krebserzeugung und für die Produktion der Opine herausgeschnitten und andere interessante Gene eingebaut werden. Die neuen Konstrukte werden dann in die Bakterien zurückgeführt. Nun kann der Biotechnologe seinerseits die Bakterien versklaven und ihre Dienste nutzen, um neue Gene in Pflanzengenome einzubauen.

24.6 Suchen, Isolieren und Vermehren von Genen

Zum Auffinden und Isolieren von Genen mit interessanten Eigenschaften für die molekulare Biotechnologie brauchen wir die Module der Omics (Kap. 12).

Das Methodenarsenal ist vielfältig geworden. Es besteht vor allem aus Enzymen, mit denen man an den Makromolekülen der Ribonukleinsäure (RNA) und Desoxyribonukleinsäure (DNA) herumbasteln kann. Das Folgende ist keine Hexerei. Man sollte es sich vereinfachend als eine Auflistung der verschiedenen Instrumente im Werkzeugkasten des ingenieurmäßig vorgehenden Biotechnologen vorstellen.

Wenn man noch gar nicht viel weiß, kann man die sogenannte Schrotschussmethode anwenden. Man isoliert DNA und zerlegt diese Spender-DNA in lauter kleine Bruchstücke. Die Enzyme, die das machen, heißen **Restriktionsenzyme**. Die Bruchstücke kann man dann mithilfe der **Ligaseenzyme** in Empfänger-DNA einbauen, z. B. in Plasmide. Diese bringt man in Wirtszellen ein. Dann kann man mithilfe von Zell- und Gewebekulturen suchen, ob man etwas Interessantes findet. Man setzt dazu Medien mit verschiedenen selektionierenden Zusätzen ein, auf denen nur Zellen mit Eigenschaften wachsen können, für die man sich interessiert, ganz so, wie wir das schon für die Suche nach brauchbaren Mutationen kennengelernt haben (Abb. 24.3).

Wenn man mehr weiß, kann man gezielter vorgehen. Dabei spielen Bioinformatik und Biomathematik eine zunehmende Rolle, die zeigen, was vorliegt und wie es mathematisch vernetzt ist. Die DNA wird ja bei der Genexpression in Botschafter-RNA (englisch *messenger RNA* = mRNA) umgeschrieben (Transkription). Das machen Enzyme, die **Transkriptasen** heißen. Die mRNA sorgt dann für die Bildung der verschiedenen Proteine als der eigentlichen Genprodukte.

Die Biomathematik kann unter den Omics der mRNA und der Proteine nach Korrelationen suchen. Welche dieser Module treten unter ganz bestimmten Bedingungen gemeinsam auf, unterliegen einer Koexpression und dienen besonderen Funktionen? Wenn es gelingt, mRNA und Protein zu korrelieren und die mRNA zu isolieren, kann man die mRNA wieder zurück in ihre komplementäre DNA (cDNA) umschreiben. Das machen Enzyme, die man **reverse Transkriptasen** nennt. Die DNA kann man sequenzieren. Wenn man dadurch die Abfolge oder Sequenz ihrer Basenbausteine hat, kann man sie direkt chemisch synthetisieren. Kleine Mengen von DNA kann man mit Hilfe einer Kettenreaktion der **DNA-Polymerase** vermehren. Die DNA in Plasmiden kann mit der Anzucht von Bakterien vermehrt werden. Wenn man dadurch genügend DNA oder in Plasmiden DNA-Konstrukte hat, kann man weiterarbeiten und neue Eigenschaften in Empfängerpflanzen realisieren.

24.7 Neue Eigenschaften in Empfängerpflanzen: Transformation

Wenn man die gesuchte und gewünschte DNA hat, muss man sie in das Eukaryontengenom der Empfängerpflanzen einbauen. Man nennt das in der molekularen Biotechnologie Transformation. Es gibt verschiedene Möglichkeiten. Die wichtigsten sind die Ti-Plasmide und die Biolistik (Abb. 24.4).

Ti-Plasmide werden mithilfe von Restriktionsenzymen aufgeschnitten. Ihre DNA wird zur Empfänger-DNA bereitet. Die Geber-DNA wird ebenfalls durch Restriktionsenzmye zurechtgeschnitten. Ligasen bauen dann beide zusammen. Die Arbeit, das neue Konstrukt zu übertragen, besorgen dann die *Agrobacterium*-Zellen, wie wir oben gesehen haben.

Biolistik ist biologische Ballistik. Man zieht die Spender-DNA auf 1 bis 2 μm große Metallkügelchen, meist Goldkügelchen, auf. Diese schießt man dann in die Gewebeproben der Empfängerpflanzen hinein. Am Anfang hat man tatsächlich Schrotflinten vom Kaliber 0,22 genommen. Inzwischen

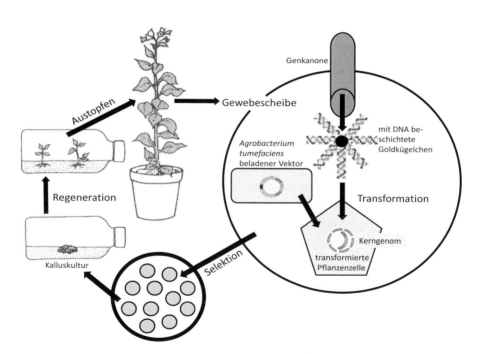

Abb. 24.4 Transformation von Gewebestücken mit Ti-Plasmid-Konstrukten in *Agrobacterium tumefaciens* oder mit der Genkanone. Auslese gewünschter Transformanten auf Selektionsmedien und Regeneration der genetisch modifizierten Pflanzen über die Kalluskultur (Bilder z.T. nach Schopfer und Brennicke 2010)

wurden besondere „Genkanonen" entwickelt, die die Goldkügelchen mit einer Geschwindigkeit von 40 m s^{-1} (ca. 150 km/h) torpedieren.

Die Auslese gewünschter Transformanten erfolgt dann auf Selektionsmedien in der Zell-, Gewebe- und Kalluskultur (Abb. 24.3 und 24.4).

24.8   Die molekularbiologische Revolution und ihre neuen Produkte

Wie die molekulare Biotechnologie verändert auch die herkömmliche Züchtung Genome. Sie ist aber darauf angewiesen, eine große Reserve an Genen in Pflanzen zur Verfügung zu haben, von denen man Mutanten auslesen und die man kreuzen kann. Da gibt es Beschränkungen, zumal bei der Pflanzenzüchtung selbst durch das Aussterben primitiverer Kulturpflanzen und von Wildarten die Reserven genetischer Vielfalt dezimiert werden.

Als Beispiel macht dies die Geschichte des Weizens deutlich. Der wilde Emmer (*Triticum dicoccoides*) wurde von Nahrung sammelnden Menschen schon vor 17.000 Jahren eingetragen, wie wir aus archäologischen Grabfunden wissen. Domestizierter Emmer (*Triticum dicoccon*) ist von neolithischen Lokalitäten seit etwa 12.000 Jahren bekannt. Im pharaonischen Ägypten wurden Emmer und Einkorn (*Triticum monococcum*) kultiviert. In Mitteleuropa wurde *Triticum monococcum* seit der Pfahlbauzeit und *Triticum dicoccon* seit der Steinzeit angebaut. Den wilden Emmer kann man in der Natur noch im Nahen Osten finden. Dem Anbau von Emmer (*Triticum dicoccon*) begegnet man als Relikt noch in Bergregionen von Europa und Asien, da er auf armen Böden noch angemessene Ernten bringt. Der Dinkel (*Triticum spelta*) wird seit der Bronzezeit bei uns kultiviert. Er findet sich noch zerstreut und als Winterfrucht im Schwäbischen Jura und im Spessart, erfährt aber wieder mehr Aufmerksamkeit, da der Spelzweizen oder Dinkel weniger klimaempfindlich ist und wertvolle kleberreiche Körner für Mehlspeisen liefert. *Triticum monococcum* und *Triticum dicoccon* sind heute vom Aussterben bedroht. Solcher Verlust an Genpools stellt für die herkömmliche Züchtung eine große Einschränkung dar. Dies bringt bei der bleibenden großen Bedeutung der herkömmlichen Züchtung ein Risiko mit sich. Demgegenüber ist aber die molekulare Biotechnologie eine echte Revolution. Nun können aus allen möglichen Quellen interessante Gene identifiziert und isoliert werden. Die Genreserven sind quasi beliebig groß.

Die molekularbiologische Revolution ist besonders in zwei Bereichen wegweisend. Das eine ist die quantitative und qualitative Verbesserung der landwirtschaftlichen Produktion. Bei einer steigenden Weltbevölkerung gibt uns die molekulare Biotechnologie einen Schlüssel von existenzieller Bedeutung für die Menschheit in die Hand. Das wird uns im folgenden Kap. 25 beschäftigen. Das andere ist die Herstellung von neuen Produkten. Dazu gehören medizinische Anwendungen, wie das Exprimieren menschlicher Proteine in Pflanzen, z. B. von Insulin für die Diabetestherapie und von menschlichem Wachstumshormon für die Behandlung von Entwicklungsstörungen. Vielversprechend sind auch Forschungen, Impfstoffantigene für Cholera, Tetanus, Anthrax und die Pest in Chloroplasten zu exprimieren. Auf diese Weise kann man Medikamente landwirtschaftlich erzeugen und die kostspieligeren energieaufwendigen Reaktoren der mikrobiellen Pharmaindustrie umgehen. Wenn die Proteine in essbaren Nutzpflanzen exprimiert werden, kann die Applikation besonders einfach und verträglich oral mit der Nahrung erfolgen.

24.9 Segen und Fluch – Nutzen und Risiken: die Ambivalenz unseres Tuns

Schon bei der ersten Bearbeitung von Steinen und bei der Erfindung von Bronze und Stahl haben sich die Menschen wichtige, das Leben erleichternde Werkzeuge und gleichzeitig Waffen erschaffen, um sich gegenseitig umzubringen. Die Ambivalenz unseres Tuns ist unübersehbar. Wohltat und Sünde, Nutzen und Risiken, Segen und Fluch lagen immer schon nahe beieinander. Das gilt auch heute für die molekulare Biotechnologie und die synthetische Biologie. Angesichts des Problems der Welternährung (Kap. 25) haben wir gar nicht die Wahl, auf Wohltat, Nutzen und Segen zu verzichten. Die Wissenschaft ist gleichzeitig gefordert, den Sorgen nachzugehen und Risiken zu erforschen.

Es wird befürchtet, dass aus den gentechnisch veränderten Pflanzen ein Gentransfer auf andere Lebewesen erfolgen könnte. Das ist sehr unwahrscheinlich. Da auch die konventionellen Züchtungsverfahren Genome verändern, hätte so etwas längst beobachtet werden müssen. Der natürliche Gentransfer durch *Agrobacterium tumefaciens* ist noch sehr viel älter. Er ist ohne das Zutun des Menschen in der Evolution entstanden, ohne dass ein Gentransfer von befallenen Wirtspflanzen auf alle möglichen anderen Organismen eingetreten wäre. Andererseits kann aber Gentransfer von Kulturvarietäten auf Wildformen derselben Pflanzenart erfolgen. Es ist zu prüfen, ob dabei neue Unkrautformen entstehen.

Die Eigenschaften der neuen Produkte können durch Nebeneffekte der genetischen Veränderung auf vielfältige Weise betroffen sein. Dies ist aber kein besonderer Aspekt der molekularen Biotechnologie. Es gilt ebenso für jedes Produkt der konventionellen Lebensmittelindustrie. Wie dort ist dies bei der Produktprüfung genau zu testen. Strenge Regeln und Prüfungsverfahren müssen dauernd kritisch angepasst, befolgt und kontrolliert werden.

Literatur

Schopfer P, Brennicke A (2010) Pflanzenphysiologie, 7. Aufl. Spektrum Akademischer Verlag, Heidelberg

Wink M (Hrsg) (2011) Molekulare Biotechnologie, 2., überarb. Aufl. Wiley-VCH, Weinheim

25

Unser täglich Brot – die Ernährung der Menschen

Markt im Dorf Goyota, Tal des Großen Grabens, Äthiopien

25.1 Urtümliche Landwirtschaft und das Problem der Welternährung

Im Hochland von Äthiopien durchzieht ein Bauer einsam und barfüßig mit seinem Pflug von einer Technologie wie in biblischen Zeiten den steinigen Boden (Abb. 25.1). Die Menschen bauen dort auf den Bergen bis auf 4000 m Höhe

© Springer-Verlag GmbH Deutschland 2017
U. Lüttge, *Faszination Pflanzen*, DOI 10.1007/978-3-662-52983-6_25

Abb. 25.1   Landwirtschaft in den Simien-Bergen in Äthiopien

Gerste an. Sie werden ihre Familien hoffentlich ernähren können und vielleicht noch etwas übrig behalten. Solche Bemühungen örtlich begrenzten Erfolges verdienen überall auf der Welt, wo sie noch vorkommen, unsere Bewunderung, Anerkennung, Sympathie und Unterstützung. Aber das Problem der „Welternährung" – dies ist das griffige Schlagwort für die Ernährung der Menschen auf der Welt – hat eine andere Qualität. Es nimmt erschreckende globale Dimensionen an. Versuche zu entkommen können in Teufelskreisen münden.

25.2   Was kann der Mensch „herausholen"? Geschichte der Agroökosysteme

Die Anfänge der Landwirtschaft liegen zehn Jahrtausende zurück. Die Menschen haben begonnen die Pflanzen anzubauen, von denen sie vorher einfach nur Verwertbares gesammelt hatten. Im Nahen Osten war es vor allem Weizen, bei den Indianern in Mexiko Mais. Es war ein gewaltiger Schritt in der kulturellen Entfaltung der Menschheit, die auf das Engste mit der Landwirtschaft verbunden ist. Die ersten Anbauer wurden bald zu den ersten Züchtern und damit gleichsam zu den ersten Biotechnologen (Kap. 24). Dies setzte kreative Kräfte frei und hat den Grundstein für die Entwicklung der ersten Hochkulturen der Menschheit gelegt.

Es gab dann weitere Meilensteine. An der Wende zwischen Mittelalter und Neuzeit führten die Eroberungs- und Entdeckungsreisen der Europäer zu einem globalen Austausch von Kulturpflanzen. Darunter waren viele Gewürze und Genussmittel. Für die Welternährung besonders wichtig sind der Mais und die Kartoffel, die nach den Entdeckungen von Christoph Kolumbus im 16. Jahrhundert über Spanien nach Europa kamen, der Mais aus Zentralmexiko, die Kartoffel aus den Bergen der Anden. Die Kartoffel wurde wegen der schönen Blüten und Blätter in Europa zunächst nur als Zierpflanze kultiviert.

Die Abstände der Entwicklungssprünge wurden kürzer. Im 18. und 19. Jahrhundert schuf die industrielle Revolution die technischen Voraussetzungen für eine moderne Landwirtschaft. Dazu gehörte auch die Entdeckung von Justus von Liebig, dass einfache anorganische Verbindungen für die Pflanzenernährung vollkommen ausreichen und keinerlei organische Verbindungen aus der Humusauflage des Bodens benötigt werden (1840: Widerlegung der „Humustheorie"; Kap. 9), was zur Entwicklung synthetischer Dünger führte. In der zweiten Hälfte des 20. Jahrhunderts ereignete sich dann die sogenannte „grüne Revolution" auf der Grundlage konsequenter Züchtungsprogramme und hoch entwickelter landwirtschaftlicher Technologien. Heute erleben wir Umbrüche durch gentechnisch präparierte Kulturpflanzen. Wir können dies die „molekularbiologische Revolution" nennen, von der in diesem Kapitel noch die Rede sein wird.

Bei der in der Zeit und im Raum immer rasanter werdenden Entwicklung stellt sich die Frage: Was kann der Mensch aus den Agroökosystemen „herausholen"? Es ist eine existenzielle Frage und die zentrale Frage des vorliegenden Kapitels. In Teil I dieses Buches wurde gezeigt, dass die Primärproduktion organischer Biomasse in der Fotosynthese die Grundlage für alles Leben ist. Das grüne Pflanzenkleid der Erde absorbiert die Sonnenstrahlung. Wie es in Abb. 25.2 für ein Landökosystem dargestellt ist, treibt die absorbierte Strahlungsenergie die ökologischen Stoffkreisläufe und die verschiedenen vernetzten Nahrungsketten an. Heterotrophe Konsumenten leben von den autotrophen Primärproduzenten. Atmung und Fotosynthese setzen die Gase CO_2 und O_2 um. Zersetzer, vor allem Mikroorganismen, führen tote organische Substanz in anorganisches Material zurück (Abb. 9.2). Der Mensch entnimmt Produkte und damit die in den Produkten steckenden Ressourcen des Ökosystems, wie Mineralstoffe, Wasser, Energie. Er belastet das Ökosystem durch Abgabe seiner verschiedenen Abfälle. Entnommene Ressourcen muss er zurückerstatten (Düngung, Bewässerung). Der Produktivität des Ökosystems und der Belastbarkeit der beteiligten Organismen sind aber Grenzen gesetzt. Dies setzt auch dem Eingreifen des Menschen Grenzen. Wie weit kann er das treiben?

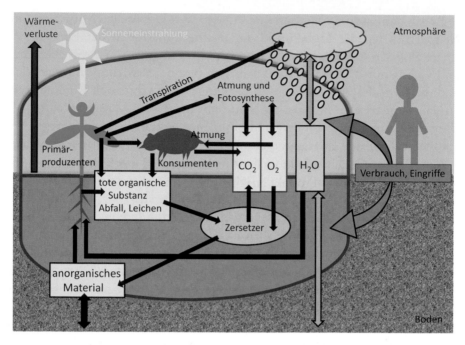

Abb. 25.2   Einige der wichtigsten Stoffkreisläufe in einem Landökosystem und seine Austauschvorgänge mit der Umgebung. (Nach Larcher 2001)

25.3   Der Planet Erde mit seinem grünen Kleid und seiner Sonne: Absorbierte Strahlung und was kommt dabei heraus?

Die auf die ganze Erde auftreffende Strahlungsenergie ist durch die sogenannte Solarkonstante festgelegt. Es sind $2,3 \times 10^{24}$ Joule pro Jahr. Da die Landoberfläche 30 % der Gesamtoberfläche der Erde ausmacht, entfallen davon auf die Landoberfläche $0,7 \times 10^{24}$ Joule pro Jahr. Die jährliche Primärproduktion ist in den Ozeanen $0,055 \times 10^{18}$ g und auf der Landoberfläche $0,125 \times 10^{18}$ g Trockensubstanz. Wenn man den Brennwert dieser organischen Trockensubstanz abschätzt (Kalorimetrie), ergibt sich, dass die in der Biomasse eingefangene Energie 3×10^{21} Joule/Jahr ausmacht, also gerade einmal 0,13 % der auftreffenden Strahlungsenergie. Es erscheint relativ gesehen als verschwindend gering, was da herauskommt. Absolut gesehen ist es viel. Was da allein durch die Fotosynthese umgesetzt wird, ist etwa das Zehnfache des gesamten jährlichen

Energieverbrauches der Menschheit. Aber wie kommt es dazu, dass der Gewinn relativ gesehen so niedrig ist? Hierzu müssen wir ein bisschen rechnen.

25.4 Ein bisschen rechnen: Was lehrt uns der Zwang der Zahlen?

Bei der Welternährung kommt es auf die Erträge der Landwirtschaft an. Ein entscheidender Gesichtspunkt ist das Ertragspotenzial der Kulturpflanzen. Es ist im Wesentlichen das Produkt aus drei Faktoren:

Ertragspotenzial = absorbierte Strahlung × Ausnutzung der Strahlung × Ernteindex

Von der absorbierten Strahlung war oben gerade die Rede. Der Ernteindex gibt an, wie viel von der Primärproduktion in Pflanzenteile eingeht, die geerntet und konsumiert werden können, zum Beispiel in die Körner beim Getreide oder in die Knollen der Kartoffeln. Ein begrenzender Faktor ist die Ausnutzung der Strahlungsenergie.

Aus den Elektronenübertragungsprozessen (Abb. 2.3) und den biochemischen Reaktionen der Fotosynthese können wir ableiten, wie viele Photonen absorbiert werden müssen, um ein Traubenzuckermolekül (Glucose) mit 6 Kohlenstoffatomen zu synthetisieren. Das sind unabänderlich 60 Photonen. Dies ist allein durch die Struktur der zugrunde liegenden Mechanismen bedingt. Die 60 Photonen enthalten die Energie von etwa 11×10^6 Joule. Der kalorimetrische Brennwert der Glucose beträgt $2{,}8 \times 10^6$ Joule. Das entspricht also auf dieser Ebene einem Wirkungsgrad der Ausnutzung der Strahlung von 25 %. Daran lässt sich nichts ändern.

Der tatsächlich experimentell gemessene Bedarf an Photonen ist nun aber doppelt so groß wie dieser theoretische Bedarf. Dies ist durch verschiedene Energieverluste in der Pflanze bedingt. Ein Teil der auf die Pflanzen auftreffenden Strahlung wird reflektiert, ohne absorbiert zu werden. Dazu kommt, dass die Atmung der Pflanzen selber etwa 30 % der Energie aus ihrer primären Produktion verbraucht. Dadurch sinkt die unüberwindbare Obergrenze für die Ausnutzung der Sonnenenergie durch die Primärproduktion der Pflanzen auf etwas unter 10 %. Tatsächlich erreichte Werte sind in Zuckerrohrplantagen 4 % und in anderen Anbauflächen unter optimalen landwirtschaftlichen Bedingungen 2 %. So kommen wir von den theoretischen 25 % langsam auf die globalen Werte herunter. Dazu trägt noch bei, dass die Versorgung mit Wasser und Mineralstoffen Einschränkungen bedingt und nicht alle Ökosysteme der Landoberfläche hohe Produktivität hervorbringen können. Hier gibt es aber Spielraum.

25.5   Über neun Milliarden Menschen: Die Zahl der Individuen einer einzigen Art wächst und wächst

Lassen Sie uns zum Bevölkerungswachstum zunächst eine Bakterienkultur betrachten. Wir impfen ein paar wenige Zellen in einem Kulturmedium an. Wir halten das Kulturgefäß dann geschlossen und beobachten die Kultur (Abb. 25.3). Wir sehen zunächst keine Zunahme der Zahl der Zellen. Die einzelnen Zellen wachsen. Dann vermehren sich die Zellen durch Teilung, und die Teilungsrate der Zellen nimmt zu. Die Vermehrung tritt in die sogenannte logarithmische Phase ein, in der sich die Zahl der Zellen bei jedem Teilungsschritt potenziert. Das folgt der Formel $a \times b^n$, wobei a die Zahl der

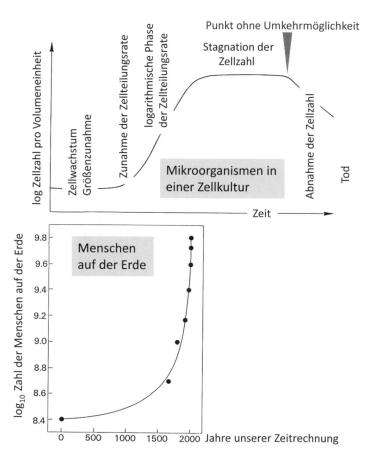

Abb. 25.3 Entwicklung der Zahl der Zellen in einer Bakterienkultur und der Zahl der Menschen auf der Erde

Zellen am Anfang, b die Zahl der Tochterzellen bei jeder Teilung und n die Anzahl der Teilungsschritte sind.

Nehmen wir als Zahlenbeispiel 100 Zellen am Anfang ($a = 100$) und eine reine Zweiteilung ($b = 2$), dann ergeben sich nach 4 Teilungsschritten 1600 und nach 8 Teilungsschritten schon 25.600 neue Zellen. Wenn b größer ist, ist der Anstieg entsprechend steiler. Die Zellen verbrauchen aber die Ressourcen im Kulturgefäß und „verschmutzen" ihre Umgebung durch Ausscheidungen. Zellen sterben. Das führt zuerst zu einer Stagnation der Zellzahl und dann zum Absterben der ganzen Kultur. Daneben ist in Abb. 25.3 die Zunahme der menschlichen Bevölkerung auf der Erde gezeichnet. In unserem „Kulturgefäß" Erde oder Gaia (siehe Kap. 14) sind wir untergebracht wie die Bakterien in ihrem Glaskolben: (1) Wir sehen, dass wir uns in der logarithmischen Phase der Vermehrung befinden. (2) Der Raum ist begrenzt, wir können nicht entkommen. (3) Wir verbrauchen Ressourcen in nicht nachhaltiger Weise. (4) Wir verschmutzen die Umwelt und schränken damit unsere Lebensbedingungen ein. Das Bevölkerungswachstum ist das prinzipielle Problem bei der Frage der Welternährung. Wann erreichen wir die Phase der Stagnation und auf welche Weise? Sind wir am Ende schon nahe an dem Punkt, wo keine Umkehr mehr möglich ist? Eine kleine Aufstellung beinhaltet eine letzte Warnung vor einer möglichen Apokalypse:

- **im Jahre 1700** 600 Millionen Menschen (6×10^8)
- **im Jahre 2014** 7 Milliarden Menschen (7×10^9), 1 Milliarde Menschen leiden unter Hunger (in Afrika südlich der Sahara 30 % der Bevölkerung)
- **im Jahre 2050 vorausgesagt**
  - bei der gegenwärtigen Fruchtbarkeit und Vermehrung: 12,8 Milliarden Menschen ($12,8 \times 10^9$)
  - Vorhersage der Vereinigten Nationen von 2014: 9,6 Milliarden Menschen ($9,6 \times 10^9$), unter der Voraussetzung, dass Familienplanung fortgeführt wird und Erfolg hat, danach Stagnation oder leichter Rückgang
  - James Lovelock (2009): ein paar hundert Millionen Menschen wie 1700 zur Zeit der so kreativen Renaissance, wenn unter dem Einfluss der Menschen die selbstregulierende Potenz von Gaia erlahmt und erlischt

Wie erreichen wir die Phase der Stagnation? Auf aufrechte menschenwürdige Weise durch Familienplanung? Oder mit schrecklichen menschlichen Tragödien durch Epidemien, Hunger, Kriege und Naturkatastrophen, wie sie schon jetzt durch Überbevölkerung kritischer Regionen verstärkt werden?

Die Ernährung der 9,6 Milliarden Menschen um 2050 bedeutet, dass wir die landwirtschaftliche Produktion bis dahin jährlich um 2 % erhöhen müssen. Das ist die Herausforderung, die sich der nutzbaren Primärproduktion durch die Fotosynthese der Pflanzen stellt. Es wird aber immer schwieriger, das zu leisten, wenn wir bedenken, dass jetzt schon 1 Milliarde Menschen hungern. Die riesige Zahl der Menschen, die auf der Erde leben, hat neben der Notwendigkeit, sie zu ernähren, viele andere Konsequenzen. Jegliches Leben verändert seine Umwelt. Das haben wir schon bei den Bakterien in ihrem Kulturgefäß gesehen. Durch die ausufernde Nutzung von Raum und Ressourcen und die Umweltverschmutzung erzeugt die Menschheit massive globale Veränderungen. Dazu gehören auch die Treibhausgase:

- Kohlendioxid (CO_2), Freisetzung durch den Verbrauch fossiler Energiequellen (Kohle, Erdöl, Erdgas) und durch die großflächige Abholzung von Wäldern besonders in den Tropen
- Methan (CH_4), Freisetzung in der Rinderzucht, durch die neuen Energiequellen fester Methaneinschlüsse der Tiefsee und durch das Auftauen permanent gefrorener Böden der arktischen Tundra bei globaler Erwärmung
- Stickstoffoxid (N_2O), Freisetzung durch intensive Landwirtschaft
- Ozon (O_3), Bildung durch Umsetzungen in der Atmosphäre aus Produkten von Verbrennungsprozessen der Industrie, des Verkehrs und der Brandrodungen infolge von Veränderungen der Landnutzung

Die gegenwärtige Debatte über die globale Erwärmung durch die Treibhausgase sieht nur die Spitze des Eisbergs. Selbst dabei gibt es nur halbherzige Reaktionen einer unfähigen internationalen globalen Politik. Das macht den Albtraum noch böser.

25.6 Schwindende Ressourcen: Bringen wir unser Erbe durch?

Unsere Erde stellt uns Ressourcen zur Verfügung. Wir haben sie in unserer Evolution ererbt. Wir leben von ihnen. Wir sollten sie uns durch nachhaltige Bewirtschaftung erhalten, wie schon 1713 Hans Carl von Carlowitz warnend gefordert hat (siehe Ende von Kap. 21). Tatsächlich schwinden sie aber. Wir leben nicht von ihren Zinsen, sondern verbrauchen ihr Kapital. Bringen wir unser Erbe durch? Der bedrohlichste Schwund von für effektive Landwirtschaft erforderlichen Ressourcen liegt in den Bereichen

- anbaufähige Landflächen,
- Wasser,

- mineralische Nährstoffe der Pflanzen, besonders Stickstoff und Phosphor,
- landwirtschaftliches Ertragspotenzial.

Anbaufähige Landflächen sind gegenwärtig weltweit $1,5 \times 10^9$ ha. Davon sind 18 % bewässerte Flächen, die 30–40 % der globalen Nahrungsmittel-produktion erzeugen. Wenn wir die Entwicklung der bewässerten Flächen in die Kurve der Entwicklung der Weltbevölkerung einzeichnen, sehen wir, dass sie bis in das Jahr 2000 mit der Weltbevölkerung Schritt hielt, aber seitdem abflacht (Abb. 25.4). Es geht dauernd nutzbare Fläche verloren, und es ist schwer, neue Flächen zu gewinnen.

Verluste von 1 Million Hektar pro Jahr entstehen durch Verödung und Erosion bei Übernutzung. 200.000 Hektar pro Jahr gehen durch Versalzung bei Bewässerung verloren. Auch das beste Süßwasser enthält gewisse Mengen Salz, das sich bei Verdunstung in den oberen Bodenschichten ansammelt. Viel Land wird durch Versiegelung und Verstädterung verbraucht. In Mittel-europa, in einem Land wie Frankreich sind das 35.000 Hektar pro Jahr, in China sind es 500.000 Hektar pro Jahr. Das sind in Frankreich 0,5 % bzw. in China 7 % der Fläche des größten deutschen Bundesstaates Bayern. Wenn sich nichts ändert, werden die Verluste bis zum Jahre 2050 global 3 % der jetzt vorhandenen Anbauflächen sein. Beim Gewinn neuer Flächen bewegen

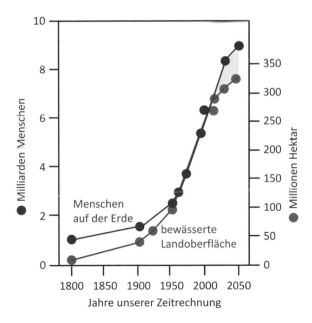

Abb. 25.4 Entwicklung der bewässerten Landoberfläche im Bezug zur Weltbe-völkerung

wir uns in Teufelskreisen. Es kann sein, dass sich durch globale Erwärmung auf der Nordhalbkugel Anbauflächen, z. B. für Mais in Nordamerika, weiter nach Norden ausdehnen lassen. Abgesehen davon, dass die Böden dort nicht so fruchtbar sind, bedingt dies aber auch die Abholzung großer Waldflächen, was wiederum die Kohlendioxidbelastung der Atmosphäre erhöht.

Wasser ist die Ressource, um die wohl Kriege geführt werden, um die es zumindest schon schwere Auseinandersetzungen zwischen Völkern gibt. Die Wasserreserven der Erde sind in Abb. 25.5 dargestellt. Das für die meisten Pflanzen und die Landwirtschaft brauchbare Süßwasser macht ganze 0,76 % aus. Eine Prognose für 2025 besagt, dass dann mehr als die Hälfte der Weltbevölkerung unter Wassermangel leiden wird. Die Wassernutzungseffizienz der Landwirtschaft muss unbedingt verbessert werden. Die Entsalzung von Meerwasser ist nur unter hohem Energieaufwand möglich.

Die **mineralischen Nährstoffe der Pflanzen** sind mengenmäßig gesehen vor allem Stickstoff und Phosphor. Die natürlichen Ressourcen erschöpfen sich. Stickstoff ist zwar in unbegrenzter Menge vorhanden, denn 78 % unserer Atmosphäre bestehen aus N_2. Im technischen Haber-Bosch-Verfahren kann der Luftstickstoff (N_2) zum für die Pflanzen verfügbaren Ammonium (NH_4^+) reduziert werden:

$$N_2 + 3\,H_2 \xrightarrow[\text{500 bis 600 °C}]{\text{250 bis 350 bar}} 2\,NH_3 + 2\,H_2O \longrightarrow 2\,NH_4 + 2\,OH^-.$$

Wir sehen aber, dass die notwendigen hohen Drücke und Temperaturen einen hohen Energiebedarf mit sich bringen. Zurzeit sind es 1,4 % des

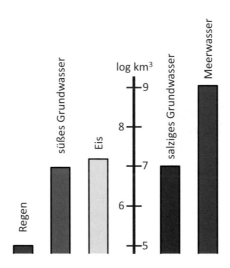

Abb. 25.5 Globale Wasserreserven in Kubikkilometern und in logarithmischer Skalierung

weltweiten Energieverbrauches. Außerdem wird der in zukünftigen Technologien wichtige Energieträger Wasserstoff (H_2) verbraucht.

Prekärer ist die Situation beim Phosphor. Gegenwärtig wandern etwa 95 %
des Phosphors aus dem Abbau von Lagerstätten in die Landwirtschaft. Die
ökonomisch gut abbaubaren Reserven gehen in etwa 60 Jahren zur Neige und
sind wohl in 100–130 Jahren ganz erschöpft. Im Prinzip ist auf der Erde genügend Phosphor vorhanden, aber das Erschließen neuer Reserven ist nur unter
hohem Energieaufwand möglich.

Das **landwirtschaftliche Ertragspotenzial** hat eine dramatische Entwicklung durchgemacht, seitdem die Menschen Landwirtschaft betreiben. In
der Antike konnte man für jedes ausgesäte Weizenkorn drei Körner ernten.
Im Mittelalter waren es 6 Körner, und heute sind es 50. An solchen Anstieg
haben wir uns gewöhnt. Ein kontinuierlicher Anstieg der Erträge war für viele
Produkte noch in der zweiten Hälfte des 20. Jahrhunderts ein offensichtlich
verlässlicher Trend. Aber das ging nicht so weiter, obwohl wir es bei der Herausforderung, in ein paar Jahrzehnten 9,6 Milliarden Menschen ernähren zu
müssen, so dringend bräuchten. Noch vor zweieinhalb Jahrzehnten war der
Gewinn des Ertragspotenzials spürbar, dann verlangsamte er sich drastisch
oder ging sogar in einen gewissen Rückgang über, wie die Zahlen für den auf
die Fläche bezogenen globalen Anstieg der Produktivität für Weizen und Reis
deutlich machen (Tab. 25.1).

Manche theoretischen Modelle sagen jetzt sogar einen ganz dramatischen
weiteren Rückgang voraus. Das Stagnieren kann daran liegen, dass Möglichkeiten herkömmlicher Pflanzenzüchtung erschöpft sind, die in der Vergangenheit sehr zum Anstieg beigetragen haben. Der Rückgang und seine
weiteren Prognosen beruhen auf den beobachteten und weiter angesagten
globalen Umweltveränderungen.

Bei der Betrachtung schwindender Ressourcen haben wir oben verschiedent-
lich gesehen, dass wir uns bei der Suche nach möglichen Auswegen immer wieder in Teufelskreisen bewegen. Die intensive Landwirtschaft, die wir brauchen,
benötigt Stickstoffdüngung, und das erzeugt das Treibhausgas N_2O. Die Suche
nach neuen Anbauflächen bringt Abholzung von Wäldern mit sich, und das
erzeugt das Treibhausgas CO_2 und führt zum Verlust der Biodiversität, die für
Stabilität und Nachhaltigkeit so wichtig ist (Kap. 21). Die Gewinnung von

Tab. 25.1 Globaler Produktivitätsanstieg
für Weizen und Reis

Weizen	1987–1997	+20 %
	1997–2007	−1 %
Reis	1987–1997	+17 %
	1997–2007	+2 %

Süßwasser aus Meerwasser und die Erschließung neuer Mineralstoffreserven benötigen viel Energie, und das hat alle bekannten nachteiligen Nebeneffekte der Energiegewinnung.

Haben wir unser Erbe schon verspielt? Wir müssen alle unsere soziopolitischen Wunschvorstellungen kritisch und ohne ideologische Festlegungen hinterfragen. Sie mögen schön und angenehm sein. Aber können wir sie uns angesichts der letzten Warnung, die drohende Apokalypse doch noch zu vermeiden, überhaupt leisten?

25.7   Wunschvorstellungen von Gesellschaft und Politik

James Lovelocks pessimistisches Szenarium, dass die Erde bei einem durch den Menschen verschuldeten Erlahmen der selbstregulierenden Potenz von Gaia nur noch einige hundert Millionen Menschen tragen kann, würde zu einem Massensterben führen. Wir dürfen das nicht abtun und müssen es als ernste Herausforderung sehen. Uneingeschränkt durch soziopolitische Wunschvorstellungen müssen wir alle menschliche Fantasie und Kreativität mobilisieren, um die mögliche Apokalypse abzuwenden. Dazu gehört vor allem auch die pflanzliche Biotechnologie für die Landwirtschaft (Kap. 24). Besonders auffallende Wunschvorstellungen, die mit der Welternährung zu tun haben, betreffen in meinen Augen folgende Bereiche:

- Sexualmoral und Familienplanung
- Ernährungsgewohnheiten
- Energieformen
- Anbau von „Energiepflanzen"
- Biolandwirtschaft
- Abwehr gegen genetisch modifizierte Organismen (GMOs)

Die Frage ist nicht mehr, was wir uns wünschen, sondern, was wir uns leisten können.

25.8   Was können wir uns leisten und was nicht?

Sexualmoral betrachtet in weltweit einflussreichen religiösen Institutionen vor allem das Gebären. Wir sind oben davon ausgegangen, dass der Anstieg der Weltbevölkerung das Grundproblem der Welternährung ist. Das Bevölkerungswachstum ist in den weniger entwickelten Ländern am stärksten.

Im Jahre 2003 betrug es pro Jahr

- global 1,22 %,
- in den entwickelten Ländern 0,25 %,
- in weniger entwickelten Ländern 1,46 %,
- in den 49 ärmsten Ländern 2,41 %.

Vorausgesagt für das Jahr 2050 sind

- global 0,33 %,
- in den entwickelten Ländern minus 0,14 % (eine leichte Abnahme!),
- in weniger entwickelten Ländern 0,40 %.

Nur Familienplanung kann zu einer menschenwürdigen Stagnation führen (Abb. 25.3). Wir brauchen eine Sexualmoral, die den Sinn des menschlichen Lebens in ökologischem Zusammenhang mit der Umgebung der Biosphäre sieht. Ethische Normen müssen sich in Beziehung setzen zu dem, was unser Planet tragen kann, ohne in der unmenschlichen Apokalypse eines Massensterbens zu enden.[1]

Ernährungsgewohnheiten großer Bevölkerungsgruppen ändern sich bei zunehmender wirtschaftlicher Entwicklung (Indien, China) gegenwärtig zu immer mehr Verzehr von Fleisch. In den ökologischen Nahrungsnetzen (Abb. 25.2) geht bei jeder Stufe von einer zur anderen Ebene der beteiligten Organismen durch Atmung und Unterhalt mit der Nahrung aufgenommene Energie verloren. Es ist, wie wenn beim monetären Geldtransfer bei jedem Schritt jemand sein Scherflein abkassiert. Um 1 kg menschliche Biomasse zu erzeugen, würden bei ausschließlich fleischlicher Ernährung 21 kg Rindfleisch benötigt, zu deren Produktion 170 kg Luzerne erforderlich sind (Abb. 25.6). Gegenüber direkter vegetarischer Ernährung ist das eine Verschwendung von Ressourcen und Energie. Allerdings ist der Mensch in seiner Evolution omnivor, d. h. ein „Allesfresser", und nicht ein reiner Vegetarier geworden. An dieses evolutionäre Erbe müssen wir denken, wenn wir abschätzen wollen, wie weit wir uns Fleischverbrauch global leisten müssen und dürfen.

Die **Energieformen** werden soziopolitisch nicht alle durchwegs akzeptiert. Besonders gegen Kohle und vor allem Kernenergie gibt es zunehmenden Widerstand. Wir haben oben gesehen, dass wir die landwirtschaftliche Produktion jährlich um 2 % steigern müssen, um 2050 9,6 Milliarden Menschen angemessen ernähren zu können. Dazu brauchen wir eine hoch technisierte Landwirtschaft mit enorm anwachsendem Energiebedarf, der auch durch das

---

[1] Siehe Mieth 1998.

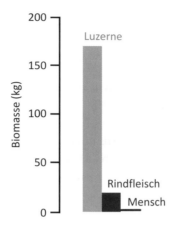

Abb. 25.6 Bedarf an primär produzierter Biomasse in Form von Luzernen, um über den Konsumenten 1. Ordnung (Rind) 1 kg des Konsumenten 2. Ordnung (Mensch) zu produzieren. (Nach Daten von Odum 1959, aus Wittig, Streit 2004)

Problem der schwindenden Ressourcen (Wasser, mineralische Nährstoffe der Pflanzen) erhöht wird. Werden die sogenannten erneuerbaren Energien ausreichen? Das wird gegenwärtig in Bezug auf die neuen Anforderungen der Welternährung nicht abgeschätzt. Können wir es uns leisten, irgendeine Energieform grundsätzlich auszuschließen, einschließlich der Kernenergie? Müssen wir nicht jetzt enorme Anstrengungen der Ingenieurwissenschaften für verbesserte und sicherere Technologien unternehmen, bevor wir feststellen, dass es zu spät ist? Die Energiefrage ist ein typisches Beispiel des Dilemmas zwischen Risiko und Notwendigkeit angesichts der drohenden Apokalypse der Welternährung.

Der **Anbau von „Energiepflanzen"** wird vielfach staatlich subventioniert. Können wir es uns leisten, Pflanzen zur Energiegewinnung anzubauen? Die Konkurrenz mit dem Anbau von Pflanzen zur Ernährung ist immer gegeben: Nahrungsmittel oder Treibstoff, „Teller oder Tank"? In Mittel- und Südamerika erhöht die Produktion von Alkohol für die Energiegewinnung aus Mais, dem Grundnahrungsmittel der ärmeren Bevölkerung, schon jetzt das Problem des Hungers unter den Armen. In Europa kommt der Alkohol, der zum Autotreibstoff zugesetzt wird, aus Mais, Weizen und Zuckerrüben.

Selbst wenn wir damit rechnen, dass die Energiepflanzen der zweiten und dritten Generation nicht unmittelbar Nutzpflanzen der Ernährung sind, bleiben uns die Probleme erhalten. Jegliche Pflanzenkultur bedeutet Konkurrenz um anbaufähiges Land, eine der kostbarsten Ressourcen für die Welternährung.

Kulturland wird auch zerstört. In Europa werden die ökologischen Nachteile – besonders der Verbrauch von Wasser, der hohe Bedarf an Düngemitteln bzw. die Verarmung des Bodens – des gesteigerten Maisanbaus für die Energiegewinnung jetzt schon nach wenigen Jahren der Subvention erkannt. Verbleibende natürliche Ökosysteme werden rasant zerstört. In Indonesien werden riesige Regenwaldflächen für den Anbau von Ölpalmen abgeholzt. Das liefert keine erneuerbare Energie. Die verlorenen Regenwälder sind nicht erneuerbar. Die Freisetzung des Treibhausgases Kohlendioxid ist größer als bei den fossilen Energiequellen (Erdöl). Das Kosten-Nutzen-Gleichgewicht kann man mit dem EROI-Faktor quantifizieren. EROI bedeutet Energiegewinn bezogen auf die Energieinvestition (Energy Return On Investment). Der EROI-Faktor liegt für die Energiepflanzen unter 1, es kommt weniger heraus, als hineingesteckt wird. Es ist ein Umweltdesaster. Das können wir uns nicht leisten.

Biolandwirtschaft gibt es mit wenigstens drei verschiedenen Ansätzen. Wir können sie biodynamische, organische und ökologische Landwirtschaft nennen. **Biodynamische Landwirtschaft** ist anthroposophischer Okkultismus. Die **organische Landwirtschaft** ist eine zunehmend erfolgreiche Wunschvorstellung. Sie erobert sich immer mehr Märkte. Weltweit werden 1 % und in Europa 8 % der anbaufähigen Flächen von ihr genutzt. Sie verbietet den Einsatz von künstlichen Düngemitteln, Pestiziden, Hormonen und Antibiotika. Interessanterweise akzeptieren einige Anhänger der organischen Landwirtschaft genetisch modifizierte Pflanzen (GMOs), die Eigenschaften mit sich bringen, welche sie diesen Kulturbedingungen anpassen. Die organische Landwirtschaft unterstützt eine höhere Biodiversität, die zu Stabilität beiträgt (Kap. 21).

Dennoch bleibt sie kontrovers, und wir müssen fragen, ob wir sie uns auf die Dauer leisten können. Die Qualität der Produkte kann leiden. Bei eingeschränkter Stickstoffdüngung kann durch N-Limitierung der Proteingehalt pflanzlicher Nahrungsmittel geringer sein. Ohne Mineralstoffzufuhr kann der für die Qualität unserer Ernährung wichtige Gehalt an Mineralien in den Kulturpflanzen sinken. Ohne ausreichende Düngung werden die Böden ausgebeutet, und das kann zum Verlust von Anbauflächen führen. Der Ertrag ist im Durchschnitt, wenn eine breite Palette von Kulturpflanzen einbezogen wird, um 10 % niedriger als bei der herkömmlichen Landwirtschaft, und das ist in Bezug auf die Welternährung ein erheblicher Nachteil. Der Nobelpreisträger Norman Borlaug, der in der Mitte des 20. Jahrhunderts durch Programme konsequenter Pflanzenzüchtung zum Vater der grünen Revolution der Landwirtschaftserträge geworden ist, schätzt, dass die organische Landwirtschaft etwa 4 Milliarden Menschen ernähren könnte. Heute haben wir schon 7 Milliarden.

Von der **ökologischen Landwirtschaft** oder Agroökologie war im Zusammenhang mit der die Nachhaltigkeit stabilisierenden Funktion von Plastizität, Diversität und Komplexität schon die Rede (Kap. 21). Hier liegt ein großes Potenzial für interdisziplinäre Forschung von Pflanzenbiologie, Ökologie und Landwirtschaft. Ökologische Prinzipien sollten in der Landwirtschaft gegenüber den hohen Umweltrisiken immer intensiverer Landwirtschaft zur Geltung gebracht werden können, damit die nachhaltige Funktion der Agroökosysteme erhalten bleibt.

Die **Abwehr gegen genetisch modifizierte Organismen (GMOs)** ist eine regelrechte Feindschaft besonders in Europa, in Ländern wie Deutschland und Frankreich unter anderen, und auch in Japan. Andere Länder, wie die USA, Kanada, Indien und China sind eher positiv eingestellt. Der Anbau von GMOs ist auch gar nicht mehr aufzuhalten. Die gesamte Anbaufläche von sieben biotechnologisch modifizierten Kulturarten[2] ist bereits 10^8 ha, also etwa 7 % der global verfügbaren Anbaufläche von $1,4 \times 10^9$ ha. Wenn man die pflanzenbiologische Literatur liest, findet man in bald jeder Arbeit, wo neue Funktionen und die zugrunde liegenden Gene identifiziert werden, den Hinweis, dass dies ein wichtiger Beitrag für die biotechnologische Verbesserung von Kulturpflanzen sei. Wir befinden uns in der irrationalen Situation, dass die ganze Wissenschaftlergemeinschaft von Nutzen und Notwendigkeit der GMOs überzeugt ist und Gesellschaft und Politik ihnen feindlich gegenüberstehen.

Die verschiedenen Möglichkeiten, Kulturpflanzen biotechnologisch zu verbessern, werden wir gleich noch ansprechen. Dazu gehört auch das Einsparen von Pestiziden. Das sind gegenwärtig schon etwa 14 %, was die Umwelt und die Gesundheit der beteiligten Landwirte schont. Die Angst vor den GMOs bezieht sich auf die Furcht vor Umwelt- und Gesundheitsschäden und vor der Dominanz des wirtschaftlichen Monopols einiger weniger Firmen mit Patenten auf „lebende Ressourcen". Das Erste ist ein Problem der Naturwissenschaft und muss bei der GMO-Entwicklung im Auge behalten werden (Kap. 24). Das Zweite ist ein wirtschaftspolitisches Problem und muss von der Politik gelöst werden, sobald die Notwendigkeit der GMOs für die Welternährung immer deutlicher wird, d. h. jetzt oder sehr bald.

Es wäre aber der falsche Grund, jetzt die biologische GMO-Forschung einzustellen, denn dann kann es zu spät sein, wenn wir die neuen Kulturpflanzen brauchen. Wenn einzelne Gene betroffen sind, dauert es bis zu 5 Jahren, bis einsatzfähige Kulturpflanzen entwickelt sind. Wenn ganze Genkaskaden beteiligt sind, braucht die Forschung viel mehr Zeit, wohl 10 bis 20 Jahre. Das Jahr 2050 sehen wir noch in so weiter Ferne, aber so weit weg ist es mit seinen

---

[2] Mais, Raps, Baumwolle, Sojabohne, Papaya, Zuckerrübe, Kürbis.

9,6 Milliarden Menschen gar nicht mehr. Wir werden die GMOs brauchen. Mit großer Wahrscheinlichkeit ist die Biotechnologie unser alles entscheidender Rettungsanker. GMO-Feindschaft können wir uns nicht leisten.

25.9 Was können wir tun? Biotechnologie

In seiner pessimistischen Sicht dessen, was die Biosphäre Gaia in der Zukunft noch für die Menschheit wird leisten können, diskutiert James Lovelock mit großem Ernst die Möglichkeiten von synthetischen Nahrungsmitteln. Es ist ein extremer Blick auf eine Biotechnologie angesichts der möglichen Apokalypse. Die Ressourcen wären Wasser, einige Mineralstoffe und Bestandteile der Atmosphäre, nämlich CO_2 und N_2. Die Technologien wären die chemische Synthese von Aminosäuren und Zuckern, die mit einem enormen Energieaufwand verbunden wäre, und eine Gewebekultur zur Erzeugung der Nahrungsmittel. Viel Forschung wäre dafür zu leisten. Die kulinarischen Implikationen kann sich jeder vorstellen. Was für eine menschenwürdige Alternative sind demgegenüber doch die GMOs!

Die herkömmliche Alternative der Pflanzenzüchtung, die ja durchaus auch Genome verändert, wird weiterhin große Bedeutung behalten. Dass zunehmend leichter und preisgünstiger ganze Genome durch Sequenzanalysen der DNA erfasst werden können, macht die genetische Ausstattung der zu hybridisierenden Pflanzen bekannt und erleichtert damit die Pflanzenzüchtung durch Kreuzung. Die molekularbiologische Revolution fördert damit auch die traditionelle Pflanzenzüchtung. Sie ist aber langsam und zudem dadurch begrenzt, dass zu kreuzendes Pflanzenmaterial nicht in beliebiger Qualität und Diversität zur Verfügung steht.

Demgegenüber ist das Potenzial der Gen-Biotechnologie schier unermesslich. Sobald ein interessantes Gen bekannt ist, kann sein Nutzen für die Ertragssteigerung in GMOs unter verschiedenen äußeren Bedingungen erforscht und schließlich die Entwicklung neuer Kulturpflanzen in Angriff genommen werden. Die Feldtauglichkeit stellt dann die große Herausforderung dar. Eine Palette von Beispielen, an denen man arbeitet und bei denen man schon erfolgreich war, zeigt die folgende Aufzählung.

- Entwicklung von Kulturvarietäten, die gegen verschiedene Stressfaktoren resistent sind, wie Temperatur, Trockenheit, limitierte Mineralstoffversorgung, toxische Metalle im Boden, Salinität, hohe Sonneneinstrahlung. Dadurch kann der Anbau auf Flächen ausgedehnt werden, die für die vorhandenen Kulturpflanzen kaum geeignet sind. Es kann neues anbaufähiges Land gewonnen werden.

- Erniedrigung von Verlusten durch Schädlinge (Pathogene) und Pflanzenfresser (Herbivoren). Ein prominentes, schon jetzt verwirklichtes Beispiel sind transgene Kulturpflanzen, vor allem Mais, denen das Gen für ein Gift (Toxin) aus dem Bakterium *Bacillus thuringiensis* (Bt) gegen die Larven von Insekten eingebaut wurde. Solcher Mais wird in den USA angebaut. In Deutschland ist es untersagt, obwohl die viel weniger saubere Methode, ganze Felder mit dem Bakterium zu besprühen, erlaubt wäre.
- Steigerung der Resistenz gegen Viren. Bei virusresistenten Papayapflanzen ist das schon realisiert.
- Minimierung von Verlusten nach der Ernte. Solche Verluste beim Transport und bei der Speicherung sind oft enorm. Das Reifen von Früchten wird durch das gasförmige Pflanzenhormon Äthylen gesteuert. Es gibt transgene Kulturvarietäten der Tomate, wo die endogene Äthylenbildung gestört ist und der Reifungsprozess bei Transport und Lagerung besser kontrolliert werden kann (Kap. 16).
- Verbesserung der Qualität der Nahrungsmittel für den menschlichen Konsum. Das ist ein wesentliches Anliegen. Neben der Quantität (Ertragssteigerung für die Makronährstoffe) ist die Qualität (Mikronährstoffe) ein essenzieller Bestandteil des Problems der gesunden Welternährung. In pflanzlichen Nahrungsmitteln gehört dazu der gesteigerte Gehalt von Inhaltsstoffen wie z. B. des β-Carotins für die Bildung des für unseren Sehprozess so wichtigen Vitamin A. Im sogenannten goldenen Reis ist das durch Gentechnologie gelungen („golden" durch die orangerote Farbe des Carotins). Dies erweist sich für die Gesundheit von großen Bevölkerungen in Asien als wichtig, die unter Erblindung und anderen Störungen vor allem schon im Kindesalter leiden. Auch der erniedrigte Gehalt an ungesunden gesättigten Fettsäuren in transgenen Sojabohnen- und Rapspflanzen ist hier zu erwähnen. Ein weiteres breites Feld ist die Versorgung der Menschen mit essenziellen Mineralstoffen, wie z. B. Eisen, Jod, Selen und Zink, über die pflanzliche Nahrung durch gentechnische Verbesserung der Aufnahme aus dem Boden durch die Nahrungspflanzen.

25.10 Ausnutzung der Sonnenstrahlung: Können wir der Fotosynthese „Beine machen"?

Die Fotosynthese ist die primäre Grundlage der Welternährung. Können wir ihr Ertragspotenzial steigern und ihr damit „Beine machen"? Dazu müssen wir in Erinnerung rufen, dass das Ertragspotenzial das Produkt von absorbierter Strahlung × Ausnutzung der Strahlung × Ernteindex ist. An den Schrauben der primären biophysikalischen Mechanismen der Strahlungsabsorption können wir nicht drehen. Es gibt aber zwei wissenschaftliche Ansätze von Versuchen, die Ausbeute der absorbierten Strahlung in der Produktion der Fotosynthese zu erhöhen. Das Ziel des einen ist eine **Verbesserung der C$_3$-Fotosynthese**, das des anderen die **Ausweitung der C$_4$-Fotosynthese**. Beide Ansätze und die damit verbundenen Hoffnungen fußen im Wesentlichen auf der Gen-Biotechnologie.

Bei der **C$_3$-Fotosynthese** richtet sich das Augenmerk auf eine intensivierte Aufnahme und Konzentrierung von anorganischem Kohlenstoff in Form des Kohlendioxids (CO$_2$) und Bikarbonats (HCO$_3^-$) durch Transportprozesse in die fotosynthetisch aktiven Zellen hinein bis hin zum fixierenden Enzym Ribulose-bisphosphat-Carboxylase-Oxygenase (RuBisCO, Kap. 7) in den Chloroplasten. Ein anderes Ziel widmet sich der Aktivität der Enzyme der CO$_2$-Reduktion. Sehr spannend und bei einem Gelingen besonders wirksam ist der Versuch der Unterdrückung der Fotorespiration. Wie wir gelernt haben (Kap. 8), beruht sie darauf, dass die RuBisCO neben CO$_2$ auch Sauerstoff bindet. Durch die Fotorespiration gehen wesentliche Anteile der primären Strahlungsausnutzung schon innerhalb der Pflanzen verloren. Das Verhältnis der CO$_2$-Fixierung zur O$_2$-Fixierung hat sich im Laufe der Evolution verbessert. Es ist bei höheren C$_3$-Pflanzen um das 5- bis 10-Fache günstiger als bei ursprünglicheren Prokaryonten. Es gibt aber in einer thermophilen Rotalge (*Galdieria partita*), eine RuBisCO, die noch einmal um das 2- bis 3-Fache effektiver CO$_2$ fixiert als O$_2$. Der Einbau eines solchen Gens in Kulturpflanzen kann eine erhebliche Ertragssteigerung bewirken. Allerdings sieht es nur auf den ersten Blick nach einer einfacheren Biotechnologie eines einzelnen Gens aus. Die Fotorespiration ist in das Netzwerk einer Mehrzahl anderer biochemischer Reaktionswege eingebunden. Bei einer punktuellen Veränderung können an anderer Stelle Störungen auftreten.

Besonders ehrgeizig ist die Ausweitung der **C$_4$-Fotosynthese**. Wir haben sie in Kap. 7 als einen der biochemischen Auswege aus dem Dilemma Verhungern oder Verdursten der Landpflanzen kennengelernt. Dabei haben wir gesehen, dass ihr CO$_2$-Konzentrierungsmechanismus ihre Wassernutzungseffizienz und ihre Produktivität erhöht. Gegenwärtig sind nur wenige unserer Kulturpflanzen C$_4$-Arten, nämlich unter den sechs führenden Kulturarten nur Mais und Hirse (Tab. 25.2). Auch das Zuckerrohr ist eine C$_4$-Pflanze.

Der einfachere Ansatz zur intensiveren Nutzung der C$_4$-Fotosynthese ist eine Gentechnologie zur Anpassung von C$_4$-Pflanzen an alle möglichen Bedingungen, wie sie in der Palette oben aufgelistet wurden. Dadurch könnte die agroökologische Breite der Anbaumöglichkeiten vorhandener C$_4$-Pflanzen unter verschiedenen Umweltbedingungen ausgedehnt werden. Nach der C$_4$-Pflanze Mais führen die C$_3$-Pflanzen Reis und Weizen die Liste der wichtigsten Kulturpflanzen an (Tab. 25.2). Hier besteht nun der große Ehrgeiz, diese

Tab. 25.2 Die wichtigsten Kulturpflanzen in der Reihenfolge ihrer weltwirtschaftlichen Bedeutung (globaler Ertrag) im Jahre 2004 (Siehe Long et al. 2006)

Kulturpflanze	Modus der Fotosynthese	globaler Ertrag (Millionen Tonnen)
Mais	C4	823
Reis	C3	725
Weizen	C3	555
Sojabohne	C3	186
Gerste	C3	142
Hirse	C4	59

Pflanzen zur C_4-Fotosynthese umzuprogrammieren. Besonders in Japan ist dazu intensive gentechnische Forschung im Gange, da der Reis in Asien das Grundnahrungsmittel breiter Bevölkerungsgruppen ist. Mehr als die Hälfte der 1 Milliarde Menschen, die Hunger leiden, sind Asiaten.

Das Unterfangen, C_3-Pflanzen zu C_4-Pflanzen zu machen, ist eine besonders große Herausforderung, weil sowohl anatomische Strukturen als auch eine Mehrzahl von Enzymen beteiligt sind und deshalb ganze Kaskaden von Genen berücksichtigt werden müssen. Die ersten Fortschritte sind zaghaft und haben auch nachteilige Nebenwirkungen. Manche Wissenschaftler bezweifeln, dass das Vorhaben je gelingen kann. Andere sind optimistisch. Sollte es Erfolg haben, wäre es ein ganz entscheidender Schritt, die landwirtschaftliche Produktion bis 2050 zu verdoppeln.

Neue Entwürfe von Stoffwechselwegen, wie die Unterdrückung der Fotorespiration und die Etablierung der C_4-Fotosynthese in C_3-Pflanzen, erfordern eine umfangreiche Multigen-Biotechnologie. Auf dem Hintergrund der Herausforderung, 9,6 Milliarden Menschen ernähren zu müssen, sind eine ganze Reihe von Laboratorien weltweit an der Arbeit.

25.11 Kann es eine konzertierte Aktion zwischen der wissenschaftlichen Forschung zum Leben der landwirtschaftlichen Kulturpflanzen, einer weiseren Gesellschaft und einer handlungsfähigeren Politik geben oder werden wir untergehen?

Das Grundproblem der wachsenden Weltbevölkerung für die Welternährung ist erkannt. Die wissenschaftliche Forschung kann Lösungen erarbeiten und hat vielleicht Erfolg damit. Eine Anzahl von soziopolitischen Wunschvorstellungen erschwert dies oder macht es unmöglich. Darüberhinaus machen

Egoismus und Korruption der Horden, Stämme und Nationen des Primaten Mensch die globale Politik handlungsunfähig. Dies mag die kaum zu überwindende Konsequenz seiner eigenen evolutionären Vorgeschichte sein (Lovelock 2009).

Das Problem der Treibhausgase und der damit verbundenen möglichen globalen Erwärmung ist nur die Spitze des Eisbergs. Die Halbherzigkeit beim Umgang damit illustriert das Versagen mehr als deutlich. Es ist zutiefst deprimierend, denn verantwortungsvoll vorausschauender Handlungsbedarf besteht jetzt und nicht erst dann, wenn uns die Schwierigkeiten überwältigen. Es betrifft alle Facetten der Politik. Landwirtschaftliche Forschung muss intensiviert werden. Landnutzung und Raumplanung müssen angepasst werden. Energiepolitik muss sehr offen bleiben. Wirtschaft, Handel und Finanzen müssen integriert sein.

In der Erdgeschichte gab es schon vor dem Auftreten des Menschen eine Anzahl großer, natürlicher Aussterbewellen. Gegenwärtig erleben wir ein vom Menschen verantwortetes massives Aussterben von Arten. Damit und ob sich der Mensch selber in eine aktuelle Aussterbewelle mit hineinreißt, werden wir uns im folgenden Kapitel beschäftigen.

Literatur

Deutsche Akademie der Naturforscher Leopoldina – Nationale Akademie der Wissenschaften (2012) Bioenergy: chances and limits. Deutsche Akademie der Naturforscher Leopoldina, Halle (Saale)

Long SP, Ainsworth EA, Leakey ADB, Nösberger J, Ort DR (2006) Food for thought: lower-than-expected crop yield stimulation with rising CO_2 concentrations. Science 312:1918–1921

Lovelock J (2009) The vanishing face of Gaia – a final warning. Basic Books, New York

Lüttge U (2013) The planet earth: can it feed nine billion people? In: Matyssek R, Lüttge U, Rennenberg H (Hrsg) The alternatives growth and defense: resource allocation at multiple scales in plants. Nova Acta Leopoldina NF 114(391):345–364

Mieth D (1998) Interkulturelle Ethik. Auf der Suche nach einer ethischen Ökumene. In: Küng H, Kuschel KJ (Hrsg) Wissenschaft und Weltethos. Piper, München, S 359–382

26

Gaia: dynamisches Gleichgewicht der Biosphäre und Imperativ des Lebens auf der Erde

Ausgestorben: Dinosaurier (DM7/Fotolia)

© Springer-Verlag GmbH Deutschland 2017

U. Lüttge, *Faszination Pflanzen*, DOI 10.1007/978-3-662-52983-6_26

26.1 Kommen und Gehen der Partner im Supra-Holobiont Gaia

In Kap. 14 haben wir erkannt, dass wir die gesamte Biosphäre unserer Erde als Emergenz eines Supra-Holobionten ansehen können. Dies ist die Grundlage der naturwissenschaftlich fundierten Vision von Gaia durch James Lovelock. In der griechischen Mythologie ist die Göttin Gaia aus dem Chaos entstanden als Mutter der Erde und Erzeugerin allen Lebens und Wachsens. Lovelocks Konzept der Gaia ist aber nicht mythologisch, sondern streng naturwissenschaftlich. In der ersten optimistischen Phase 1979 hat er Gaia eine sich selbst organisierende und selbst regulierende Kraft zuerkannt. So sollte das Leben selbst sein dynamisches Fließgleichgewicht (Kap. 1) stabilisieren.

Dies hat aber schon damals Kritik ausgelöst, denn in der Tat gab es in der Erdgeschichte immer Fluktuationen, ein ständiges Kommen und Gehen. Ganze Vegetationen und Faunen haben gewechselt. Die Vegetation hat verschiedene erdgeschichtliche Zeitalter geprägt. Die Pflanzen haben im Zeitalter der Pteridophyten das feste Land erobert (Kap. 3). Im Kommen und Gehen wurden die Pteridophyten zurückgedrängt. Es kamen die Gymnospermen und dann schließlich die Angiospermen. Dies ist alles aber eher eine Stütze als eine Schwäche des Gaia-Konzeptes. Auch wenn immer die biologischen und ökologischen Umbrüche heftig waren, so ist das Leben auf der Erde doch nie erloschen. Im Gegenteil, es ging gestärkt mit höher entwickelten Lebensformen aus solchen natürlichen Krisen hervor.

Die ganze Geschichte wird in Abb. 26.1 auf dem Hintergrund der erdgeschichtlichen Entwicklung der CO_2- und O_2-Gehalte unserer Atmosphäre noch einmal in Erinnerung gerufen. Hier sind auch zwei aufregende Ereignisse eingetragen. Das Kommen war so dramatisch wie das Gehen. In einem einzigartigen Ereignis von Emergenz sind vielzellige Organismen offenbar vor 630 bis 542 Millionen Jahren blitzartig in aufsehenerregender Fulguration (Kap. 13) aufgetreten. Diese Fauna wird nach dem ersten Fundort der Fossilien bei Ediacara in Australien Ediacara-Fauna genannt. Im Kambrium setzte sich das dann vor 535 bis 525 Millionen Jahren noch weiter explosionsartig fort. Man spricht von der kambrischen Explosion des höher organisierten Lebens auf der Erde. Das Gehen spielte sich in mehreren Aussterbewellen ab, die uns gleich noch intensiver beschäftigen sollen.

Auch einzelne Arten sind gekommen und gegangen. Nach der Evolutionstheorie von Charles Darwin und Alfred Russel Wallace sind Arten nicht stabil und dauerhaft. Die beiden englischen Biologen haben unabhängig voneinander in der Mitte des 19. Jahrhunderts entdeckt, dass in der natürlichen Selektion neue Arten gebildet werden; vorhandene Arten müssen weichen. Funde von Fossilien zeugen von ihnen.

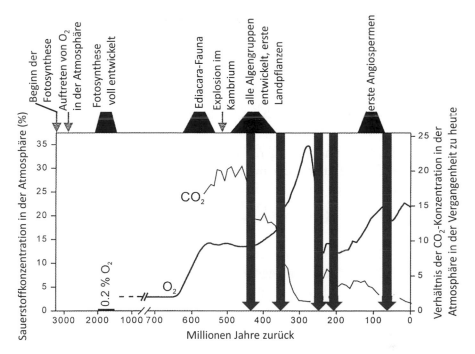

Abb. 26.1 Wichtige Formen und Aktivitäten des Lebens auf der Erde (obere x-Achse) auf dem Hintergrund der Entwicklung der Gehalte an Kohlendioxid und Sauerstoff in der Erdatmosphäre und die fünf großen Aussterbewellen (rote Pfeile). (Nach Matyssek und Lüttge 2013; mit freundlicher Genehmigung der Deutschen Akademie der Naturforscher Leopoldina - Nationale Akademie der Wissenschaften)

26.2 Auch Menschen kamen und gingen

Der Mensch ist Teil des Holobionten Gaia. Es muss uns nachdenklich stimmen, dass auch Menschen vom Kommen und Gehen betroffen waren. Den allerersten Anfang der Evolution von Menschen der Gattung *Homo* kann man vielleicht auf 7 Millionen Jahre zurückdatieren. Die Linie der Evolution der Hominiden, die schließlich zur Gattung *Homo* geführt hat, hat sich vor 10 bis 8 Millionen Jahren von der Linie getrennt, aus der die Höheren Menschenaffen hervorgegangen sind. Der erste uns durch Fossilienfunde bekannte Hominide, den die Evolution der Menschenaffen hervorgebracht hatte, ist der *Sahelanthropus tchadensis*. Er hatte einen aufrechten Gang und lief auf zwei Beinen. Die ersten Vertreter der Gattung *Homo* sind vor 2 Millionen Jahren aufgetreten. Verschiedene Arten haben sich im Kommen und Gehen abgelöst:

- *Homo rudolfensis* vor 1,9 Millionen Jahren
- *Homo habilis* vor 1,9 bis 1,44 Millionen Jahren
- *Homo erectus* vor 1,9 bis 0,5 Millionen Jahren

- *Homo heidelbergensis* vor 0,8 bis 0,3 Millionen Jahren
- *Homo neanderthalensis* vor 0,2 bis 0,03 Millionen Jahren
- *Homo sapiens*, der heutige „denkende"[1] Mensch, seit 0,2 Millionen Jahren

Wie diese Zahlen zeigen, lebten einige dieser Menschenarten sogar gleichzeitig auf der Erde. Stellen Sie sich vor, Sie würden beim Einkaufen einem Neandertaler begegnen! Was würde es bei der heutigen unsinnigen Fremdenfeindlichkeit bedeuten? Wir haben aber keine Gattungsgenossen mehr. Sie sind alle ausgestorben.

26.3 Fünf Aussterbewellen der Erdgeschichte

Es gab in der Erdgeschichte immer wieder Wellen des massiven Aussterbens von Lebewesen. Die fünf umfangreichsten sind in Abb. 26.1 eingezeichnet. Die Organismen der Ediacara- und Kambrium-Revolution sind in den ersten beiden Wellen wieder verschwunden:

- vor 444 Millionen Jahren am Übergang vom Ordovicium zum Silur,
- vor 364 Millionen Jahren am Übergang vom Devon zum Karbon.

Weitere Aussterbewellen folgten.

- Vor 251 Millionen Jahren am Übergang vom Perm zur Trias sind 90–95 % aller Arten ausgestorben, mit ihnen auch die bekannten Trilobiten und die Urkrebse mit ihrer Kopfschild-, Brustschild- und Schwanzschild-Region und dem charakteristischen dreigelappten Rückenpanzer.

Dann sind die Saurier aufgetreten, eine große Gruppe zum Teil riesiger Tiere, die aber erdgeschichtlich gesehen nur ein relativ kurzes Gastspiel von 140 Millionen Jahren Dauer gegeben haben.

- Vor 206 Millionen Jahren am Übergang von der Trias zum Jura ist mit dem Artensterben das Auftreten der Dinosaurier verbunden gewesen.
- Vor 65 Millionen Jahren am Übergang von der Kreide zum Tertiär starben die Ammoniten, schwimmende Meerestiere mit einem schneckenförmig gewundenen Kalkgehäuse, und eben auch die Dinosaurier aus. Damals waren es im Gegensatz zum Ende des Perm „nur" 75 % der Arten. Diesmal folgten auf das Artensterben die Ausbreitung und der Siegeszug der Säugetiere.

---

[1] Das Wort *sapiens* („weise") erscheint nach den Ausführungen in Kap. 25 eher schmeichelhaft. Denken hat noch lange nichts mit Weisheit zu tun.

Die Ursachen waren immer natürliche Katastrophen mit der Folge globaler Klimaveränderungen. Den Menschen gab es damals noch nicht. Hauptsächlich waren periodisch ungeheure Aktivitäten des Vulkanismus verantwortlich, die mit gewaltiger Dynamik dramatische Umweltveränderungen auf unserem Planeten hervorriefen. Zunächst sorgt die Akkumulation vulkanischer Staubwolken für eine Abschirmung der Sonnenstrahlung und damit für eine kurzzeitige Abkühlung. Dann wird der Ozonschild der Stratosphäre angegriffen, was die lebensbedrohende ultraviolette Strahlung auf der Erdoberfläche erhöht. Vulkanische Aktivität setzt Kohlendioxid aus dem Erdinneren frei, das sich in der Atmosphäre anhäuft, was zu langfristiger Erwärmung führt. In geodynamischen Kreisprozessen wird CO_2 auch wieder in Form von Karbonatgesteinen durch tektonische Kräfte in das Erdinnere verlagert.

So scheinen Aussterbewellen mit der Gaszusammensetzung der Atmosphäre korreliert zu sein (Abb. 26.1), die erste mit steigendem O_2 und sinkendem CO_2, die zweite mit einer Beschleunigung dieser Veränderungen, vor allem mit steigendem O_2, die dritte mit sinkendem O_2 und steigendem CO_2 und die vierte mit einem Tal beider Gase. Besonders die sehr hohen O_2-Konzentrationen vor Beginn der dritten Aussterbewelle sind bemerkenswert, denn O_2-Konzentrationen über 25 % sind für Lebewesen giftig und führen auch zur Selbstentzündung organischer Materie. Jetzt erleben wir die sechste Aussterbewelle, und es ist der Mensch, der die Veränderung der Atmosphäre und manches andere verantwortet.

26.4 Die Antworten der Gaia

Angesichts dieser Fluktuationen wird man auch die erste optimistische Erwartung einer selbstregulierenden Kraft der Biosphäre von James Lovelock (Kap. 14) ablehnen mögen. Es ist natürlich die Frage, was man erwartet. Wie alles Leben ist auch die Biosphäre ein offenes System, und ein Gleichgewicht kann nicht starre Stabilität bedeuten, sondern nur ein dynamisches Fließgleichgewicht (Kap. 1). Man wird fragen, wie groß die Ausschläge der Fluktuationen sein mögen, damit man noch von solch dynamischer Stabilität sprechen kann. Nach der Evolutionstheorie von Darwin und Wallace darf man auch nicht erwarten, dass Gaia die stabile Existenz ganz bestimmter Arten schützt. Aber Gaia hat in der ganzen Geschichte des Lebens von 3,5 Milliarden Jahren trotz der Aussterbekatastrophen das Leben als solches mit sich wandelnden Lebensformen erhalten. Es gab immer wieder Innovationen, die die Emergenz neuer Formen mit sich gebracht hat (Kap. 13 und 14). Nach der vierten Aussterbewelle traten die Dinosaurier auf. Nach der fünften Aussterbewelle und dem Verschwinden der Dinosaurier übernahmen Vögel und Säugetiere und schließlich das dominante Säugetier Mensch das „Ruder" auf der Erde.

26.5 Die sechste Aussterbewelle in der Gegenwart

Das Artensterben in der Gegenwart ist groß. Wertvolle und einmalige Genome gehen unwiderruflich verloren. Natürlich ist auch das Leben der Pflanzen vom Aussterben betroffen. Manche Arten überleben nur noch in botanischen Gärten, denen damit eine ganz besondere Aufgabe zu ihrem letzten Schutz zufällt. Von der Cycadee *Dioon caputoi* leben am natürlichen Standort in Mexiko noch ganze 300 Exemplare (Abb. 26.2).

Die prächtigen Blüten der Glockenblume *Nesocodon mauritianus* auf der Insel Mauritius sezernieren Nektar, der durch das Aurin, einen im sekundären

Abb. 26.2 Cycadee *Dioon caputoi*. Die Pflanze wurde 1908 von C. A. Purpus in Mexiko gesammelt und kam in den Botanischen Garten der Technischen Universität Darmstadt. Es ist das älteste Exemplar in Kultur. Am natürlichen Standort in Mexiko leben noch etwa 300 Individuen. (Die Pflanze war zunächst falsch bestimmt und nach C. A. Purpus benannt; erst vor Kurzem wurde entdeckt, dass es *D. caputoi* ist.) (Fotografie St. Schneckenburger)

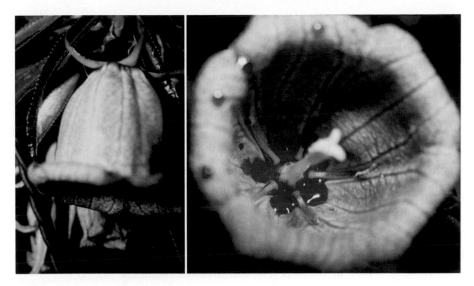

Abb. 26.3   Glockenblume *Nesocodon mauritianus,* Botanischer Garten der Technischen Universität Darmstadt

Pflanzenstoffwechsel erzeugten Farbstoff, scharlachrot gefärbt ist (Abb. 26.3). Solch eine Farbe lockt Vögel als Bestäuber an. Die Bestäuber der Glockenblume sind unbekannt und jetzt auch ausgestorben. Die Pflanze wird nur in Kultur in botanischen Gärten überleben können.

Wie antwortet Gaia auf die sechste Aussterbewelle? Was nimmt diese Aussterbewelle alles an höher entwickeltem Leben mit? Geht der Mensch mit oder behält er eine Bleibe im Holobionten? Lovelock (2009) selber ist 30 Jahre nach seinem hoffnungsfrohen ersten Buch sehr pessimistisch geworden. Gibt es anderswo auf Planeten im Universum Leben? Es türmen sich Fragen auf. Viele der Antworten darauf sind spekulativ. Es gibt Hoffnung, aber manche Wissenschaftler sind sehr pessimistisch.

Der niederländische Nobelpreisträger, Meteorologe und Atmosphärenchemiker Paul J. Crutzen hat vorgeschlagen, unser Zeitalter wegen der Dominanz des Menschen *Anthropozän* zu nennen. Der amerikanische Evolutionsbiologe Stephen Jay Gould hält dem entgegen, dass die prokaryotische Organisation der Bakterien aufgrund von Verbreitung und Wachstum immer noch die erfolgreichste Lebensform ist. Bakterien und Viren können den Menschen mit Infektionskrankheiten merklich „in Schach" halten. Wenn eine besonders katastrophale Auslöschung alle Lebensformen höherer Komplexität mit sich reißt, könnte die ganze Evolution vielleicht mit einfacheren prokaryotischen Mikroorganismen von Neuem beginnen. Bakterielle Biofilme (Kap. 3) könnten wieder zu den ersten Holobionten werden, von denen eine Evolution komplexerer Organismen ausgeht. Bakterien haben auch am Anfang der Evolution extreme Bedingungen gemeistert. Sie standen damals unter der Einwirkung von Selektionsfaktoren mit einer Härte, wie sie mit den heutigen Umweltproblemen bei Weitem nicht verglichen werden kann. Dazu gehörten Radioaktivität und UV-Strahlung.

Eine starke Einschränkung für diesen Gedankengang eines zweiten Versuches der Evolution ist, dass dem Leben für seine Entfaltung auf der Erde von einfachen bis zu höchst komplexen Formen nicht noch einmal soviel Zeit gegeben ist wie in der Vergangenheit. Das Universum ist 13,7 Milliarden Jahre alt. In 5 Milliarden Jahren wird der Stern Sonne zu einem sogenannten Roten Riesen werden. Bevor unsere Sonne schließlich aufhört Energie abzugeben, wird sie die Erde auf über 1000 Grad aufheizen. Das ist ein langer kosmischer Prozess. Schon vorher wird die Sonne auf dem Weg zum Roten Riesen viel mehr Energie abgeben als jetzt und dadurch die Erde austrocknen. Alles flüssige Wasser geht dabei verloren. In einer Milliarde Jahren werden die Bedingungen auf der Erde kein Leben mehr zulassen. Das Leben ist 4 Milliarden Jahre alt. Die Fotosynthese grüner Organismen gibt es seit etwas mehr als 3 Milliarden Jahren (Abb. 26.1). Das Leben hat also schon 80 % der ihm auf der Erde gegebenen Zeit verbraucht. Der moderne Mensch, *Homo sapiens*, ist da ganz spät aufgetreten und war nur für 0,05 % dieser Zeit mit dabei.

26.6 Der Mensch auf der Erde: ein kategorischer Imperativ?

Das sogenannte anthropische Prinzip besagt in seiner schwächeren Form, dass das Universum genau so strukturiert ist, dass Evolution und Bestand des Lebens möglich sind. Alle grundlegenden physikalischen Naturkonstanten haben ganz präzise die erforderlichen Werte. In seiner härteren Form besagt das anthropische Prinzip, dass die Struktur des Universums das Leben einschließlich der Existenz denkender Wesen mit Selbstbewusstsein, wie der Menschen, unvermeidbar macht. Der Philosoph Hans Jonas hat die Existenz des Menschen auf der Erde einen kategorischen Imperativ genannt, als eine ethische Herausforderung für unseren Umgang mit Gaia.

Der Naturwissenschaftler Simon Conway Morris arbeitet vor allem mit dem Phänomen der Konvergenz. Konvergenz bedeutet, dass in stammesgeschichtlich ganz weit voneinander entfernten Evolutionslinien unter dem Selektionsdruck der herrschenden Bedingungen analoge Funktionen und Strukturen ausgebildet werden. Beim Kommen und Gehen der Menschenarten ist es durchaus nicht ausgeschlossen, dass auch der *Homo sapiens* vom Gehenmüssen betroffen sein mag. Morris ist überzeugt, dass die Evolution dann wieder denkende Wesen mit Selbstbewusstsein hervorbringen würde und dass diese auch anderswo im Universum entstanden sein könnten. Wie dem auch sei, mit solchen Überlegungen verlassen wir die Naturwissenschaft mit ihrer methodischen und erkenntnistheoretischen Selbstbeschränkung und treten in den spekulativen Bereich der Metaphysik ein.

Kehren wir zurück zu dem, was wir am Ende von Kap. 25 im Zusammenhang mit der Verantwortung des Menschen im Umgang mit den ökologischen Grundlagen des Lebens der Pflanzen und ihrer Primärproduktion für seine eigene Welternährung als problematisch erkannt haben. Es ist ein essenzieller Zug von Lovelocks Konzeption, dass der Mensch ein Bestandteil, ein Mieter und nicht ein Vermieter im Hause Gaia ist. Mit Lovelocks eigenen Worten bedeutet dies für den Menschen Folgendes:

> *It may be that the destiny of mankind is to become tamed, so that the fierce, destructive, and greedy forces of tribalism and nationalism are fused into a compulsive urge to belong to the commonwealth of all creatures which constitutes Gaia. It might seem to be a surrender, but I suspect that the rewards, in the form of an increased sense of well-being and fulfillment, in knowing ourselves to be a dynamic part of a far greater entity, would be worth the loss of tribal freedom.*[2]

Literatur

Gould SJ (2002) The structure of evolutionary theory. Harvard University Press, Cambridge, MA

Jonas H (2003) Das Prinzip Verantwortung. Versuch einer Ethik für die technologische Zivilisation. Suhrkamp, Frankfurt a. M

Lovelock J (1979) Gaia. A new look at life on earth. Oxford University Press, Oxford [Deutsche Ausgabe: (1982) Unsere Erde wird überleben. Gaia, eine optimistische Ökologie (Übers: Ifantis-Hemm C). Piper, München]

Lovelock J (2009) The vanishing face of Gaia – a final warning. Basic Books, New York

Matyssek R, Lüttge U (2013) The planet holobiont. In: Matyssek R, Lüttge U, Rennenberg H (Hrsg) The alternatives growth and defense: resource allocation at multiple scales in plants. Nova Acta Leopoldina NF 114(391):325–344

Morris SC (2003) Life's solution: inevitable humans in a lonely universe. Cambridge University Press, Cambridge, MA [Deutsche Ausgabe: (2008) Jenseits des Zufalls. Wir Menschen im einsamen Universum (Übers: Schneckenburger S). Berlin University Press, Berlin]

---

[2] Siehe Lovelock 1979.

Teil VII

Verständnis des Lebens

Teil VII

27

Eine Herausforderung

Jakobsleiter an einer englischen Kathedrale: Metapher für das Auf- und Absteigen von Skalierungsebenen, ihre Integration in ganzheitlichen Pflanzenorganismen und die Grenzüberschreitung zum Transzendenten

© Springer-Verlag GmbH Deutschland 2017
U. Lüttge, *Faszination Pflanzen*, DOI 10.1007/978-3-662-52983-6_27

27.1 Schock und Herausforderung

In philosophisch-theologischen Vorlesungen sagte der Neurologe und Philosoph Viktor von Weizsäcker 1919/1920 über die Biologie als Wissenschaft: „Denn jeder Schritt, den diese Biologie tut, und jeder Erfolg, den sie hat, ist ein Nagel zum Sarge des Lebens."[1] Und: „Daß der mechanische Weg der Biologie zwangsläufig vom Leben fort statt zu ihm hin führt; daran liegt der Urwiderspruch und eine Tragödie dieser Wissenschaft."[2]

Wenn man sich über ein halbes Jahrhundert lang forschend mit der Biologie beschäftigt hat und dieses Buch dem Leben der Pflanzen, ihrer Faszination und ihren Leistungen für das Leben der Menschen widmet, ist das zuerst einmal ein Schock. Dann ist es eine Herausforderung. Wenn von Weizsäcker sich philosophisch auf transzendentale Dimensionen der Suche nach Werten und Sinn bezieht, kann man sich auf den Standpunkt stellen, dass man als Naturwissenschaftler nicht direkt betroffen ist. In einem methodischen Dualismus gehen Naturwissenschaft und Theologie ganz verschiedene Wege in ihrer Suche nach Wahrheit.[3] Aber die Herausforderung kommt auch aus der Mitte der Naturwissenschaft. Der Publizist und Journalist Andreas Weber, der 2009 in den Gaterslebener Gesprächen der Deutschen Akademie der Wissenschaften, Leopoldina, zu Wort kam, hat es auch aufgegriffen: „Alles, was die Erfahrung des Lebens von innen ausmacht, kommt in seiner wissenschaftlichen Erklärung nicht vor."[4]

Wir müssen uns der Herausforderung stellen. Wenn die Biologie ganz allgemein davon betroffen ist, um wie viel mehr ist dann die Biologie der Pflanzen, die Botanik betroffen, als Wissenschaft des Lebens nicht beseelter Organismen?

27.2 Was versteht die Botanik vom Leben?

Das Leben der Pflanzen ist das Thema dieses Buches. Haben wir uns damit vom Leben wegbewegt? Sind wir einen rein mechanistischen Weg gegangen? Haben wir die Erfahrungen des Lebens übersehen?

Ich habe in Kap. 11 zitiert, dass manche Biologen die Pflanzen als rein modulare Organismen, als Nebenprodukte ihrer Module ansehen. Dies ist

---

[1] Siehe von Weizsäcker 1961, S 73.
[2] Siehe von Weizsäcker 1961, S 67.
[3] Siehe Lüttge und Mayer 2012.
[4] Siehe Weber 2010a, S 28.

uneingeschränkt mechanistische Betrachtungsweise. Soweit muss man von Weizsäcker recht geben.

Ich hoffe aber, dass dieses Buch immer wieder weit darüber hinausgeht. Wir haben das vielfach bei der Emergenz als Folge von Integration gesehen, wo neue Strukturen völlig neue Eigenschaften und Funktionen hervorgebracht haben. Aus vollkommener Wüstenei heraus hat das Pflanzenkleid die Erde bedeckt und damit für alles andere Leben die Grundlage geschaffen, auch für uns und unser Denken als Menschen (Teil I). Ohne dass wir die Grenze zu einer neurobiologischen Betrachtung der Pflanzen überschreiten mussten, konnte gezeigt werden, dass Pflanzen die mit Reizen übermittelten Signale aufnehmen und die darin enthaltene Information verarbeiten können, bis hin zur Speicherung in einem Gedächtnis, aus dem alles wiederholt abgerufen werden kann (Teil IV).

Gewiss ist es in der biologischen Wissenschaft unerlässlich, modular zu arbeiten, denn wir müssen die Module kennen. Ich denke aber, dass ich gezeigt habe, dass die Pflanzenbiologie ganz weit darüber hinausgehen kann. Auch Andreas Weber sieht das durchaus, wenn er sagt: „Die Biologie, die ... an der Schwelle zu einem Paradigmenwechsel steht, kann heute entscheidende Impulse für die neue Art eines ‚holistischen‘, eines ganzheitlichen Wirtschaftens geben.“[5]

Einen Paradigmenwechsel, d. h. einen grundlegenden Wechsel auf eine ganz neue umfassende Betrachtungsebene, brauchen wir aber gar nicht. Die wissenschaftliche Biologie praktiziert dies längst und steht nicht nur an der Schwelle dazu. Selbstorganisation ist eine Kategorie holistischer Einstellung. Integration und die daraus geborene Emergenz führen uns über alle denkbaren Skalierungsebenen hinweg bis hin zur ganzen Biosphäre und der ganzheitlichen Gaia unseres ganzen Planeten (Teil III). Wo durch die Entdeckung von immer mehr erdähnlichen Planeten im Weltall Spekulationen über weiteres Leben im Universum rein statistisch gesehen an Unwahrscheinlichkeit verlieren, können wir am Ende noch weiter gehen.

27.3 Transzendenz braucht Naturwissenschaft

Damit bleiben wir im methodischen Dualismus von Natur und Geist immer noch auf der streng wissenschaftlichen Seite, aber nicht bei rein materialistischem Denken. Nach dem englischen Nobelpreisträger, Mathematiker, Physiker und Theologen John Charlton Polkinghorne gibt es *„eine unausweichliche*

---

[5] Siehe Weber 2010b, S 21, dazu auch S 123–125.

Interaktion zwischen den Naturwissenschaften und der Theologie".[6] Die beiden Disziplinen brauchen einander. Wenn das so ist, braucht die transzendentale Betrachtungsweise die naturwissenschaftliche Betrachtungsweise der Biologie als Partner, wenn sie nicht vollständig von jeglicher Realität abheben will. Diese Denkweise zeigt, dass die wissenschaftliche Biologie und die Pflanzenbiologie – selbst wenn sie die selbst auferlegte methodische Beschränkung der stringenten naturwissenschaftlichen Erkenntnistheorie nicht verlässt – durchaus mit zum tieferen Verständnis des Lebens hinführen. Wir können Viktor von Weizsäckers Herausforderung standhalten.

Literatur

Lüttge U, Mayer E (2012) Natur und Geist. Konfliktgeschichte und Kooperationsmöglichkeit, EZW–Texte 217. Evangelische Zentralstelle für Weltanschauungsfragen, Berlin

Schwarz H (2012) 400 Jahre Streit um die Wahrheit – Theologie und Naturwissenschaft. Vandenhoeck & Ruprecht, Göttingen

von Weizsäcker V (1961) Am Anfang schuf Gott Himmel und Erde, 5. Aufl. Vandenhoeck & Ruprecht, Göttingen

Weber A (2010a) Zwischen Biomaschine, Artenkollaps und Wachstumswahn: Was ist der Irrtum in unserem Bild vom Leben? In: Wobus AM, Wobus U, Parthier B (Hrsg) Der Begriff der Natur. Wandlungen unseres Naturverständnisses und seine Folgen. Nova Acta Leopoldina NF 109(376):25–43

Weber A (2010b) Biokapital. Die Versöhnung von Ökonomie, Natur und Menschlichkeit. Berliner Taschenbuch Verlag, Berlin

---

[6] Zitiert nach Schwarz 2012, S 172.

28

Schönheit

Rose (Fotografie Manfred Kluge)

© Springer-Verlag GmbH Deutschland 2017
U. Lüttge, *Faszination Pflanzen*, DOI 10.1007/978-3-662-52983-6_28

Abb. 28.1 *Bromelia humilis*

28.1 Scientia amabilis

Die Botanik schmückt sich gern mit dem Ehrentitel „liebliche Wissenschaft",
scientia amabilis. Es kommt sicher vor allem von der Schönheit der liebens-
werten unendlichen Formen- und Farbenfülle der Blüten, aber auch von
unserer Freude an begrünter Landschaft. Aus Pollenfunden in Gräbern wissen
wir, dass der Neandertaler-Mensch Tote auf Blumen gebettet hat. In abstrak-
terer Weise begegnet uns Schönheit im Beispiel des Goldenen Schnittes. Bei
Pflanzen ist der Goldene Schnitt bei Blattrosetten (Abb. 28.1) und wirteligen
Blüten und Fruchtständen verwirklicht, wie bei Sonnenblumen und anderen
Korbblütlern und bei den Schuppen der Zapfen von Nadelbäumen.

28.2 Der Goldene Schnitt

Die technische Anweisung für den Goldenen Schnitt ist eine mathematisch-
geometrische: Man nehme eine gerade Linie, die einen Punkt A mit einem
Punkt B verbindet. Man errichte über dem Punkt B senkrecht zur Strecke AB
eine gerade Strecke von der Länge 1/2 AB und erhält so an deren Ende den
Punkt C. Dann verbinde man C durch eine gerade Linie mit A und zeichne
über C einen Kreisbogen mit dem Radius 1/2 AB, der die Verbindungsstrecke
AC im Punkt D schneidet (1/2 AB = BC = CD). Nun zeichne man über A
einen Kreisbogen mit dem Radius AD, der die Grundlinie AB im Punkt E

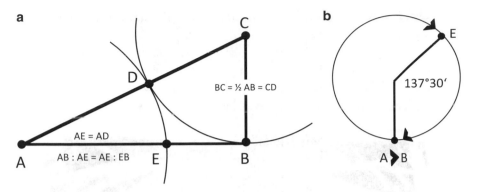

Abb. 28.2 (a) Goldener Schnitt einer geraden Linie. (b) Goldener Schnitt des Kreisbogens und goldener Winkel

schneidet. Diese letzte Operation ist der Goldene Schnitt, denn nun ist die Linie AB durch den Goldenen Schnitt geteilt. Dabei ist das Verhältnis der ganzen Länge AB zum größeren Teilabschnitt AE gleich dem Verhältnis des größeren Teilabschnitts AE zum kleineren Teilabschnitt BE. Diese trockene Anweisung lässt sich gut auf einem Stück Papier nachvollziehen und genau ausführen, wenn man Zirkel und Lineal zur Hand hat (Abb. 28.2a). Setzen wir AB = Φ + 1, AE = Φ und EB = 1, erhalten wir die quadratische Gleichung

$$\Phi : 1 = (\Phi + 1) : \Phi \text{ oder } \Phi^2 - \Phi = 1.$$

Die Auflösung ergibt $\Phi = (\sqrt{5} + 1):2 = 1{,}6180339\ldots$

$\sqrt{5}$ ist eine irrationale Zahl, d. h. eine reelle Zahl, die sich nicht als Quotient zweier ganzer Zahlen ausdrücken lässt. Das Besondere daran ist aber noch, dass es die irrationalste Zahl ist, die die Mathematik überhaupt kennt. Man kommt ihr von allen denkbaren Zahlen am schlechtesten nahe, wenn man Reihen rationaler Zahlen summiert. Der Goldene Schnitt ist zuallererst einmal von einfacher und großartiger mathematischer Schönheit. Man hat Φ auch goldene Zahl oder sogar göttliche Zahl genannt. Diese von der Mathematik empfundene Schönheit ist allerdings etwas sehr Abstraktes. Ist Schönheit ein immanentes und doch verborgenes geistiges Prinzip?

28.3 Der Goldene Winkel

Aber die Blattrosetten führen uns das im wahrsten Sinne ganz handgreiflich vor. Da kommen wir zu einer botanischen Anweisung: Man nehme eine Blattrosette in die Hand. Die Blätter sind hier spiralig an einem stark gestauchten Spross angeordnet. Man nehme ein Blatt im unteren Teil einer Rosette zwischen die Finger. Dann gehe man Schritt für Schritt von Blatt zu Blatt zu immer jüngeren Blättern weiter, bis man bei einem Blatt ankommt, das ganz genau über dem Blatt steht, mit dem man angefangen hat. Dabei muss man sich sehr gut merken, wie viele Blätter man berührt hat und wie viele Umläufe man gemacht hat. Was hat das mit dem Goldenen Schnitt zu tun?

Nun wird es wieder mathematisch. Dazu brauchen wir den Goldenen Winkel. Wenn wir statt einer geraden Linie einen Kreisumfang nach dem Verhältnis des Goldenen Schnittes schneiden (AE–EB in Abb. 28.2b) und durch den auf dem Kreisbogen erhaltenen Punkt den Kreisradius einzeichnen, haben wir den Kreis durch den Goldenen Winkel geteilt, er ist 137°30' (Abb. 28.2b). Bei den Blattrosetten ergibt der Bruch, den wir bei obiger Übung aus der Zahl der Umläufe dividiert durch die Zahl der berührten Blätter erhalten, den Divergenzwinkel zwischen zwei aufeinanderfolgenden Blättern. Beim Wegerich (*Plantago major* L.) werden drei Umläufe benötigt und dabei acht Blätter berührt. Der Divergenzwinkel ist also $3/8 \times 360° = 135°$, bei der *Bromelia humilis* Jacq. (Abb. 28.1) ist er $5/13 \times 360° = 138°28'$.

Wenn man sich verschiedene in der Natur vorkommende Blattstellungen anschaut, stellt man fest, dass sich die gefundenen Brüche nach einem Schema aufreihen lassen, wo Zähler und Nenner für sich jeweils einer sogenannten Fibonacci-Reihe entsprechen. Die Reihe ist nach Leonardo Pisano oder Leonardo Fibonacci (ca. 1180–1250), dem italienischen Mathematiker am Hofe von Kaiser Friedrich II., benannt. Die Fibonacci-Zahlenreihe ist 1, 1, 2, 3, 5, 8, 13, 21 usf., d.h., die jeweils nächstfolgende Zahl ist die Summe der beiden vorangegangenen Zahlen. Die beobachteten Blattstellungsbrüche sind danach 1/2, 1/3, 2/5, 3/8, 5/13, 8/21 usf. Diese Reihe strebt dem Goldenen Schnitt zu. Sie erreicht aber die irrationalste Zahl doch nie. Die Brüche $(3/8) \times 360° = 135$ und $5/13 \times 360° = 138°28'$ ergeben schon Divergenzwinkel, die ganz nahe am Goldenen Winkel von 137°30' liegen. Legen wir den Breitwegerich (*Plantago major* L.) in den Kreis mit dem Goldenen Winkel hinein, sehen wir, wie nahe seine Blattstellung daran herankommt (Abb. 28.3).

28.4 Die Evolution des Goldenen Winkels und die Schönheit

Das Vorkommen des Goldenen Schnittes in der Natur können wir naturwissenschaftlich erklären. Die Selektion der biologischen Evolution der Blattrosetten hat dieses abstrakte mathematische Zahlenspiel in der Natur

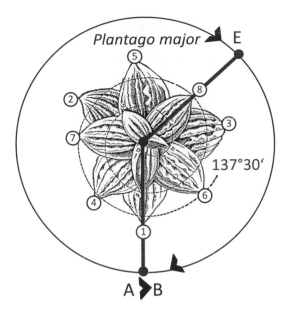

Abb. 28.3 *Plantago major* (nach W. Troll, aus Kadereit et al. 2014) im Goldenen Winkel

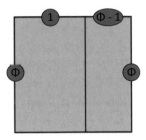

Abb. 28.4 Goldenes Rechteck

konkret verwirklicht (Abb. 28.3). Es sichert nämlich den besten Lichtgenuss der Blätter für die Fotosynthese. Es lässt sich tatsächlich experimentell und durch mathematische Modelle mit Computersimulation zeigen, dass sich durch den Goldenen Winkel die gegenseitige Beschattung der Blätter so einstellt, dass den Fotosynthese betreibenden Blättern optimaler Lichtgenuss gesichert ist.

Der Goldene Schnitt begegnet uns in vielfältiger Weise in der Kunst und Architektur. Er spielt in der Ästhetik eine herausragende Rolle. Mit dem Goldenen Schnitt können wir auch ein Goldenes Rechteck zeichnen (Abb. 28.4). Die Anwendung des Goldenen Schnittes als ideales Prinzip ästhetischer Proportionen sehen wir als Maßverhältnis schon in der antiken Architektur und

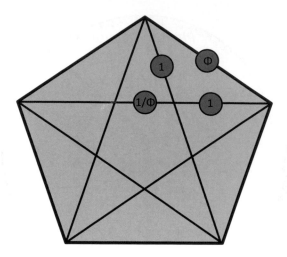

Abb. 28.5 Pentagramm

bei Kunstwerken der Gotik und der Renaissance. Versuchen Sie einmal das Goldene Rechteck in Grundrisse und Bilder, z. B. des Parthenon in Athen oder der Westfassade der Kathedrale Notre-Dame in Paris, hineinzuprojizieren!

Es ist so leicht zu erklären, wie man den Goldenen Schnitt ausführt und was er darstellt. Können wir aber auch erklären, warum wir ihn so schön finden? Warum löst eine mathematisch so abstrakte Zahl, die wir goldene oder göttliche Zahl nennen, in uns ein Empfinden von Schönheit aus? Wir erkennen diese Zahl im ganzen Universum wieder. Der Goldene Schnitt und der Goldene Winkel stellen offenbar ein universales Prinzip physikalischer Optimierung dar. Dies zeigt sich auch im sogenannten Pentagramm, dem fünfzackigen Stern, bei dem sich sämtliche Linien im Goldenen Schnitt teilen (Abb. 28.5). Alle radiären Blüten mit fünf Kronblättern oder auch das Kerngehäuse eines Apfels (Abb. 28.6) verwirklichen dieses Prinzip. Fibonacci-Spiralen finden wir nicht nur bei Pflanzen, sondern auch bei Schneckenhäusern und bei dem schneckenartigen Gehäuse des Tintenfisches *Nautilus*, ja sogar bei den Spiralkrümmungen ganzer Galaxien im Weltraum. Hat die Evolution unseres Verhaltens zur Selektion eines Schönheitsempfindens für dieses universale Optimierungsprinzip geführt?

Bei der wahrnehmungspsychologischen Frage des ästhetischen Empfindens der Menschen lässt uns die Naturwissenschaft im Stich. Die ästhetische Wirkung des Goldenen Schnittes auf die Menschen können wir durch die biologische Evolution des Menschen nicht erklären. Ebenso könnten wir auch fragen, warum wir Blumen schön finden. In der Selektion der Evolution der Pflanzen ist das meiste davon nicht für den Menschen entstanden, sondern

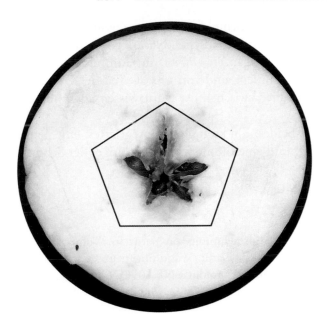

Abb. 28.6 Apfel mit Pentagramm

für verschiedene Tiere als Bestäuber und zur Verbreitung von Samen und Früchten. Die Evolution der Blütenpflanzen hat vor 140 bis 130 Millionen Jahren begonnen, die des Menschen erst viel später vor 7 Millionen Jahren.

So bleiben Ästhetik und Schönheit transzendentale Kategorien im methodischen Dualismus von Natur und Geist neben der Naturwissenschaft. Unter Naturwissenschaftlern ist umstritten, ob es in dieser Wissenschaft Schönheit überhaupt gibt. Martin Heidegger sagte: „Schönes gibt es überhaupt nicht in den Wissenschaften."[1] Dagegen hält der französische Mathematiker und Physiker Jules Henri Poincaré 1902: „Der Gelehrte studiert die Natur nicht, weil das etwas Nützliches ist; er studiert sie, weil er daran Freude hat, und er hat Freude daran, weil sie so schön ist. Wenn die Natur nicht so schön wäre, so wäre es nicht der Mühe wert, sie kennenzulernen",[2] und der Philosoph Josef Simon spricht vom „Glück der Erkenntnis".[3] Werner Heisenberg sagt: „Die Schönheit der Natur spiegelt sich in der Schönheit der Naturwissenschaft"[4] und der Physiker und

[1] Zitiert nach Schmidt 2015.
[2] Zitiert aus Fischer 2010, S 49.
[3] Simon 1978; vgl. Simon 1989.
[4] Zitiert aus Schmidt 2015.

Philosoph Jan Cornelius Schmidt schreibt: „Zusammengenommen zeigt sich, dass Ästhetisches den mathematischen Naturwissenschaften immanent ist."[5]

Vielleicht ist der im ganzen Universum auffindbare Goldene Schnitt das von uns nicht verstandene und von uns als Teil des Universums auch nicht verstehbare Bindeglied zwischen der Naturwissenschaft und der transzendentalen Dimension.

Eine Rose ist beides: Ein komplexes, integriertes, emergentes pflanzenbiologisches System und eine Blume von überwältigender Schönheit.

Literatur

Fischer EP (2010) Zur Wahrnehmung von Natur. In: Wobus AM, Wobus U, Parthier B (Hrsg) Der Begriff der Natur. Wandlungen unseres Naturverständnisses und seine Folgen. Nova Acta Leopoldina, NF 109(376):49–55

Hemenway P (2008) Der geheime Code. Die rätselhafte Formel, die Kunst, Natur und Wissenschaft bestimmt (Übers: Weinberger A). Evergreen, Köln

King S, Beck F, Lüttge U (2004) On the mystery of the golden angle in phyllotaxis. Plant Cell Environ 27:685–695

Lüttge U, Mayer E (2012) Natur und Geist. Konfliktgeschichte und Kooperationsmöglichkeit, EZW-Texte 217. Evangelische Zentralstelle für Weltanschauungsfragen, Berlin

Schmidt JC (2015) Das Andere der Natur. Neue Wege zur Naturphilosophie. Hirzel, Stuttgart

Simon J (1978) Glück der Erkenntnis. In: Bien G (Hrsg) Die Frage nach dem Glück. Frommann-Holzboog, Stuttgart; vgl. Josef Simon, Philosophie des Zeichens, Berlin 1989

Simon J (1989) Philosophie des Zeichens. Walter de Gruyter, Berlin

---

[5] Schmidt 2015.

Literatur

In diesem Buch, das auf unserem breiten Wissen vom Leben der Pflanzen fußt, wurde absichtlich darauf verzichtet, viele Einzelzitate anzubringen. Das sollte den Fluss des Textes nicht unterbrechen. Es gibt eine ganze Anzahl von wunderbaren Büchern zum allgemeinen Thema, wo man nachschlagen und vertiefend lesen kann. Am Ende vieler Kapitel sind verschiedene für die jeweiligen Kapitel und Abbildungen spezifische Literaturhinweise angefügt. Eine weitere Auswahl deutschsprachiger Werke ist hier aufgelistet. Es handelt sich im Wesentlichen um Lehrbücher für den Unterricht an Hochschulen.

Alberts B, Johnson A, Lewis J, Raff M, Roberts K, Walter P (2004) Molekularbiologie der Zelle, 4. Aufl. Übers. Hrsg. Jaenicke L. Wiley-VCH, Weinheim

Braune W, Leman A, Taubert H (2007) Pflanzenanatomisches Praktikum I. Zur Einführung in die Anatomie der Samenpflanzen, 9. Aufl. Spektrum Akademischer Verlag, Heidelberg

Frey W, Lösch R (2004) Lehrbuch der Geobotanik. Pflanze und Vegetation in Raum und Zeit, 2. Aufl. Elsevier, München

Heldt HW, Piechulla B (2008) Pflanzenbiochemie, 4. Aufl. Spektrum Akademischer Verlag, Heidelberg

Heß D (2008) Pflanzenphysiologie, 11. Aufl. Ulmer, Stuttgart

von Humboldt A (1845) Kosmos. Entwurf einer physischen Weltbeschreibung, Bd 1. J. G. Cotta'scher Verlag, Stuttgart, S 340

Kadereit JW, Körner C, Kost B, Sonnewald U (2014) Strasburger. Lehrbuch der Pflanzenwissenschaften, 37. Aufl. Springer Spektrum, Berlin

Kratochwil A, Schwabe A (2001) Ökologie der Lebensgemeinschaften. Biozönologie. Ulmer, Stuttgart

de Kroon H, Huber H, Stuefer JF, van Groenendael JM (2005) A modular concept of phenotypic plasticity in plants. New Phytol 166:73–82

© Springer-Verlag GmbH Deutschland 2017

U. Lüttge, *Faszination Pflanzen*, DOI 10.1007/978-3-662-52983-6

Larcher W (2001) Ökophysiologie der Pflanzen, 6. Aufl. Ulmer, Stuttgart

Leins P, Erbar C (2008) Blüte und Frucht. Morphologie, Entwicklungsgeschichte, Phylogenie, Funktion, Ökologie, 2., überarb. Aufl. Schweizerbart, Stuttgart

Lüttge U, Kluge M, Thiel G (2010) Botanik. Die umfassende Biologie der Pflanzen. Wiley-VCH, Weinheim

Raven PH, Evert RF, Eichhorn SE (2006) Biologie der Pflanzen, 4. Aufl. Walter de Gruyter, Berlin

Schulze ED, Beck E, Müller-Hohenstein K (2002) Pflanzenökologie. Spektrum Akademischer Verlag, Heidelberg

Taiz L, Zeiger E (2000) Physiologie der Pflanzen (Übers: Dreßen U). Spektrum Akademischer Verlag, Heidelberg

Weiler E, Nover L (2008) Allgemeine und molekulare Botanik. Thieme, Stuttgart

Wittig R, Streit B (2004) Ökologie. Ulmer, Stuttgart

Stichwortverzeichnis

© Springer-Verlag GmbH Deutschland 2017

363

U. Lüttge, *Faszination Pflanzen*, DOI 10.1007/978-3-662-52983-6

Vögel, 341
Volvox, 28f
Voraussicht, 134
Vulkaninsel, 274f

W

Wachstum, 257f
 raumorientiertes, 133
Waldtyp, 246
Wasser, 324
Wasserfluss, osmotischer, 147
Wasserkultur, 108
Wassernutzungseffizienz (WUE), 89, 91
Wasserpotenzial, 58, 181f, 184
Wasserpotenzialgradient, 182
Wasserspeicher, 78
Wasserspeichergewebe, 70, 74, 76f,
 91, 94
Wasserverdunstung, 58
Weißfäule, 50f
Weizen, 303–305, 311, 325
Welken, 295
Weltbevölkerung, 253, 312, 323f, 334
Welternährung, 109, 119, 266, 312,
 315–317, 319, 321, 326,
 328f, 332, 334, 345
Weltraumstation, 211
Welwitschia, 38
Wirkungsgrad, Ausnutzung der
 Strahlung, 319
WUE (Water Use Efficiency;
 Wassernutzungseffizienz),
 89, 91

Wüste, 246f, 249, 251
Wurzeldruck, 183

X

Xylem, 53, 179f, 183, 185f

Z

Zanonie, 285
Zeitgeber, 219, 227f
Zellkultur, 306f, 311
Zellulose, 47f, 51
Zellwand, 49f
 Fibrillenstruktur, 48
Zentrifugalkraft, 211
Zieralge, 28, 30
Zonobiom, 245–250
 äquatoriales, 245
 arid temperiertes kontinentales, 247
 arktisches, 247
 kalt temperiertes boreales, 247
 mediterranes, 246
 nemorales, 280
 subtropisch-arides, 246
 tropisches, 245
 typisch temperiertes nemorales, 247
 warm und kalt temperates, 247
Zonoökoton, 245
Zuckerrohr, 92
Züchter, 316
Züchtung, 301, 303–306, 311, 316
Zugholz, 55
Zweihäusigkeit, 123

Printing: Bariet Ten Brink, Meppel, The Netherlands
Binding: Bariet Ten Brink, Meppel, The Netherlands